21 世纪全国高职高专土建立体化系列规划教材

建筑 CAD 项目教程
（2010 版）

主　编　郭　慧

副主编　李　敏　穆　雪　曹　鸽
　　　　张　璐

参　编　翁　梅　薛　蓉　李小霞
　　　　鞠　洁

主　审　刘乐辉

北京大学出版社

PEKING UNIVERSITY PRESS

内 容 简 介

本书以建筑和结构施工图为线索，遵循"在做中学"的原则，循序渐进地介绍 AutoCAD 2010 的基本概念和实用绘图技巧，图文并茂、内容丰富，具有极强的实用性。

本书共分 6 个项目，分别介绍 AutoCAD 2010 使用入门、宿舍楼底层平面图的绘制(一)、宿舍楼底层平面图的绘制(二)、绘制宿舍楼立面图和剖面图、结构施工图的绘制和绘制三维图形，通过对一套建筑结构施工图的介绍，将 AutoCAD 2010 的基本命令、使用技巧和专业知识三者有机地结合起来，从二维平面图的绘制到三维实体建模等均作了详细介绍。同时本书配有附录及参考答案，可供读者学习参考。

本书可以作为高职高专建筑类专业的专业教材，也可作为计算机培训班的辅导教材。对于希望快速掌握 AutoCAD 软件的入门者，本书同样也是一本不可多得的参考书。

图书在版编目(CIP)数据

建筑 CAD 项目教程：2010 版/郭慧主编. —北京：北京大学出版社，2012.9

(21 世纪全国高职高专土建立体化系列规划教材)

ISBN 978-7-301-20979-0

Ⅰ. ①建… Ⅱ. ①郭… Ⅲ. ①建筑设计—计算机辅助设计—AutoCAD 软件—高等职业教育 Ⅳ. ①TU201.4

中国版本图书馆 CIP 数据核字(2012)第 163422 号

书　　　　名：	建筑 CAD 项目教程（2010 版）	
著作责任者：	郭　慧　主编	
策 划 编 辑：	赖　青　杨星璐	
责 任 编 辑：	杨星璐	
标 准 书 号：	ISBN 978-7-301-20979-0/TU·0250	
出 版 者：	北京大学出版社	
地　　　　址：	北京市海淀区成府路 205 号　100871	
网　　　　址：	http://www.pup.cn　http://www.pup6.cn	
电　　　　话：	邮购部 62752015　发行部 62750672　编辑部 62750667　出版部 62754962	
电 子 邮 箱：	pup_6@163.com	
印 刷 者：	三河市北燕印装有限公司	
发 行 者：	北京大学出版社	
经 销 者：	新华书店	

787 毫米×1092 毫米　16 开本　19 印张　插页 3　457 千字

2012 年 9 月第 1 版　　2020 年 7 月第 9 次印刷

定　　　　价：38.00 元

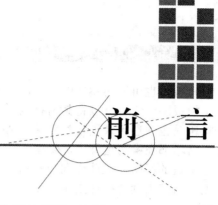

前　言

　　AutoCAD 2010 在建筑设计和装饰设计领域中有着广泛的应用。使用 AutoCAD 2010 绘制建筑和装饰施工图可以提高绘图精度和速度、缩短设计周期。因此，熟练掌握 AutoCAD 2010 绘图软件已经成为大、中专院校学生和建筑业从业人员的一项基本技能要求。

　　本书以某宿舍楼的建筑和结构施工图为线索，体现"在做中学"的原则，将 AutoCAD 的基本命令融和到案例中进行介绍，这样就避免了由于单一地介绍命令造成学生虽对基本命令很熟悉，但绘制施工图时却不知所措的理论和实际相脱节的问题。本书详细描述了建筑平面图、立面图、剖面图和基础平面图、标准层结构布置平面图、现浇楼板的配筋图、梁的断面图及楼梯配筋图等二维图形和建筑的三维模型的绘制命令和技巧，以及 AutoCAD 模板的建立和使用、多重比例的出图、打印出图的方法和图形格式的转换等。编者结合多年的教学经验，在编写过程中对命令的使用做出尽可能详细的描述，并专门针对学生难以理解的命令作了总结和分析。同时，操作步骤配有大量真实的屏幕截图，详尽地展示了各种命令的操作过程及效果，从而让读者循序渐进地掌握 AutoCAD 2010 的绘图方法和技巧。

　　本书由 6 个项目和 2 个附录组成，河南建筑职业技术学院的郭慧担任主编，乌兰察布职业学院李敏、辽宁建筑职业技术学院穆雪、商丘工学院曹鸽、淄博职业学院张璐担任副主编，河南工业职业技术学院翁梅、河南四建股份有限公司的薛蓉、河南建筑职业技术学院李小霞和鞠洁参编。其中，曹鸽编写项目 1，郭慧和李敏编写项目 2，翁梅编写项目 3，张璐和穆雪共同编写项目 4，薛蓉编写项目 5，李小霞和鞠洁共同编写项目 6。河南建筑职业技术学院的刘乐辉对本书进行了审读，并提出了很多宝贵意见。同时，本书还得到了河南建筑职业技术学院的吴承霞、张谓波和白丽红的大力支持和帮助，在此一并表示感谢！

　　本书的教学任务建议安排 64 学时，通过理论教学和上机实践教学，使学生掌握 AutoCAD 的基本绘图、编辑方法与技巧，各个学校可根据情况结合不同专业灵活安排。具体的课时分配建议如下。

序号	教学单元	课程内容	课时分配		
			总学时	理论学时	实践学时
1	项目 1	AutoCAD 2010 使用入门	6	3	3
2	项目 2	宿舍楼底层平面图的绘制(一)	14	6	8
3	项目 3	宿舍楼底层平面图的绘制(二)	12	6	6
4	项目 4	绘制宿舍楼立面图和剖面图	14	6	8
5	项目 5	结构施工图的绘制	10	4	6
6	项目 6	绘制三维图形	8	6	2
		课程总学时	64	31	33

　　为了方便读者学习，本书配套的电子课件、习题参考答案及案例的过程图已整理成素材压缩包可供网上下载(www.pup6.cn)，读者可以利用这些素材压缩包中文件分阶段地自

学，教师也可以将案例的过程图作为学生训练的条件图使用。另外，素材压缩包中还收录了模板图，读者可以将其另存到自己安装的 AutoCAD 软件的 Temple 文件夹中。同时，素材压缩包中也收录了较为完备的 AutoCAD 字体库，希望能给读者带来方便。

本书在编写过程中，参考和引用了国内外大量与 AutoCAD 相关的文献资料，吸取了很多宝贵的经验，在此谨向原资料作者表示衷心的感谢。由于编者水平有限，书中的不妥之处敬请广大读者批评指正。

编　者
2012 年 7 月

目　录

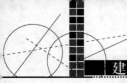

项目 1

AutoCAD 2010
使用入门

教学目标

通过学习 AutoCAD 2010 的基础知识，了解 AutoCAD 2010 的用户界面，掌握命令的启动方法、观察图形的方法和选择对象的方法，为以后能够方便快捷地进行 AutoCAD 绘图打下坚实的基础。

教学要求

能力目标	知识要点	权重
了解 AutoCAD 2010 的用户界面	标题栏、菜单栏、工具栏、命令行、状态栏	10%
掌握命令的启动方法	图标启动、菜单启动、命令行启动及启动刚刚使用过的命令	25%
掌握观察图形的方法	平移、范围缩放、窗口缩放、前一视图、实时缩放、动态缩放、重画和重生成	30%
掌握选择对象的方法	拾取、窗选、交叉选、全选、栅选、快速选择及从选择集中剔除	35%

1.1 CAD 技术和 AutoCAD 软件

CAD 即计算机辅助设计(Computer Aided Design),是指发挥计算机的潜能,使其在各类工程设计中起辅助设计作用的技术总称,而不单指某个软件。CAD 技术一方面可以在工程设计中协助完成计算、分析、综合、优化和决策等工作;另一方面也可以协助工程技术人员绘制设计图纸,完成一些归纳和统计工作。

AutoCAD 软件是美国 Autodesk 公司推出的通用计算机辅助设计和绘图软件包,是当今世界上应用最为广泛的 CAD 软件。它集二维、三维交互绘图功能于一体,在工程设计领域的使用相当广泛,目前已成功应用到建筑、机械、服装、气象和地理等各个领域。自 1982 年 12 月发布的 AutoCAD V1.0 版本起,AutoCAD 一共经历了 21 次重要的版本升级,现在的最新版本为 AutoCAD 2011。

AutoCAD V1.0 版本于 1982 年正式发行。最初的 AutoCAD 软件在功能和操作上都有很多不尽如人意的地方,因此它的出现并没有引起业界的广泛关注。然而,AutoCAD V1.0 的推出却标志着一个新生事物的诞生,是计算机辅助设计的一个新的里程碑。

AutoCAD 的发展可分为初级阶段、发展阶段、高级发展阶段、完善阶段和进一步完善阶段等 5 个阶段,各阶段版本的发行时间和大致特点见表 1-1。

表 1-1 AutoCAD 版本发展历程

发展阶段	版本	发行时间	特点
初级阶段	AutoCAD V(ersion)1.0	1982.11	正式出版,容量为一张 360KB 的软盘,无菜单,命令需要背,其执行方式类似 DOS 命令
	AutoCAD V1.2	1983.4	具备尺寸标注功能
	AutoCAD V1.3	1983.8	具备文字对齐及颜色定义功能、图形输出功能
	AutoCAD V1.4	1983.10	图形编辑功能加强
	AutoCAD V2.0	1984.10	图形绘制及编辑功能增加,如:MSLIDE VSLIDE DXFIN DXFOUT VIEW SCRIPT 等。至此,在美国许多工厂和学校都有 AutoCAD 的备份
发展阶段	AutoCAD V2.17~V2.18	1985.5	出现了 Screen Menu,命令不需要背,Autolisp 初具雏形,两张 360KB 软盘
	AutoCAD V2.5	1986.7	Autolisp 有了系统化语法,使用者可改进和推广,出现了第三开发商的新兴行业,五张 360KB 软盘
	AutoCAD V2.6	1986.11	新增 3D 功能,AutoCAD 已成为美国高校的 inquired course
	AutoCAD R(Release)9.0	1988.2	出现了状态行下拉式菜单。至此,AutoCAD 开始在国外加密销售
高级发展阶段	AutoCAD R10.0	1988.10	进一步完善 R9.0,Autodesk 公司已成为千人企业
	AutoCAD R11.0	1990.8	增加了 AME(Advanced Modeling Extension),但与 AutoCAD 分开销售
	AutoCAD R12.0	1992.8	采用 DOS 与 Windows 两种操作环境,出现了工具条

续表

发展 阶段	版本	发行 时间	特点
完善 阶段	AutoCAD R13.0	1994.11	AME 纳入 AutoCAD 之中
	AutoCAD R14.0	1998.1	适应 Pentium 机型及 Windows 95/NT 操作环境，实现与 Internet 网络连接，操作更方便，运行更快捷，无所不到的工具条，实现中文操作
	AutoCAD 2000 (AutoCAD R15.0)	1999.1	提供了更开放的二次开发环境，出现了 Vlisp 独立编程环境。同时，3D 绘图及编辑更方便
进一步 完善阶段	AutoCAD 2002 (R15.6)	2001.6	在整体处理能力和网络功能方面，都比 AutoCAD 2000 有了极大的提高：整体处理能力提高了 30%，其中文档交换速度提高了 29%，显示速度提高了 39%，对象捕捉速度提高了 24%，属性修改速度则提高了 23%。AutoCAD 2002 还支持 Internet/Intranet 功能，可协助客户利用无缝衔接协同工作环境，提高工作效率和工作质量
	AutoCAD 2004(R16.0)	2003.3	在速度、数据共享和软件管理方面有显著的改进和提高。在数据共享方面，AutoCAD 2004 采用改进的 DWF 文件格式——DWF6，支持在出版和查看中安全地进行共享；并通过参考变更的自动通知、在线内容获取、CAD 标准检查、数字签字检查等技术提供了方便、快捷、安全的数据共享环境。此外，AutoCAD 2004 与业界标准工具 SMS、Windows Advertising 等兼容，并提供免费的图档查看工具 Express Tools，在许可证管理、安装实施等方面都可以节省大量的时间和成本
	AutoCAD 2005(R16.1)	2004.3	增加了新的绘图和编辑工具，使用图纸集管理器，增加了表格等工具
	AutoCAD 2010(R16.2)	2005.3	增加了动态图块的操作功能，在数据输入和对象选择方面更简单；增强了图形注释功能，更有效地填充图案；进一步增强了绘图和编辑功能、自定义用户界面；等等
	AutoCAD 2007(R17.0)	2010.3	将直观强大的概念设计和视觉工具结合在一起，促进了 2D 设计向 3D 设计的转换。同时它有强大的直观界面，可以轻松而快速地进行外观图形的创作和修改
	AutoCAD 2008(R17.1)	2007.3	(1)注释性对象：可以在各个布局视口和模型空间中自动缩放注释，可以为常用于注释图形的对象打开注释性特性等； (2)多重引线对象是一条线或样条曲线，其一端带有箭头，另一端带有多行文字对象或块； (3)字段：包含说明的文字，这些说明用于显示可能会在图形生命周期中修改的数据，字段可以插入到任意种类的文字(公差除外)中，激活任意文字命令后，将在快捷菜单上显示"插入字段"； (4)动态块中定义了一些自定义特性，可用于在位调整块，而无须重新定义该块或插入另一个块； (5)表格对象可以将块属性提取为一个明细表格，并且可以实时更新，也可以将表格数据链接至 Microsoft Excel 中的数据

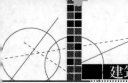

续表

发展阶段	版本	发行时间	特点
进一步完善阶段	AutoCAD 2009(R17.2)	2008.3	(1)图层对话框：新的图层对话框能够让图层特性的创建和编辑工作速度更快、错误更少； (2)ViewCube 与 SteeringWheels 功能：ViewCube™是一款交互式工具，能够用来旋转和调整任何 AutoCAD 实体或曲面模型的方向，新的 SteeringWheels™工具还提供对平移、中心与缩放命令的快速调用。SteeringWheels 是一项高度可定制的功能，用户可以通过添加漫游命令来创建并录制模型漫游； (3)菜单浏览器：支持用户浏览文件和缩略图，并可为用户提供详细的尺寸和文件创建者信息。此外还可以按照名称、日期或标题来排列近期使用过的文件； (4)快速属性：可轻松定制的快速属性菜单通过减少访问属性信息的所需步骤，能够帮助确保信息针对特定用户与项目进行了优化，从而极大提升工作效率； (5)Action Recorder(动作记录器)：用户可以快速录制正在执行的任务，并添加文本信息和输入请求，之后即可快速选择和回放录制的文件； (6)Ribbon(功能区)：Ribbon 能够通过减少获取命令所需的步骤，帮助用户提高整体绘图效率。条状界面以简洁的形式显示命令选项，便于用户根据任务迅速选择命令； (7)快速视图：快速视图功能支持用户使用缩略图而非文件名称，能够更快速地打开所需图形与布局，减少打开不必要的图形文件所耗费的时间
	AutoCAD 2010(R18.0)	2009.3	AutoCAD 2010 版本继承了 AutoCAD 2009 版本的所有特性，新增动态输入、线性标注子形式、半径和直径标注子形式、引线标注等功能，并进一步改进和完善了块操作，如块中实体可以如同普通对象一般参与修剪延伸、参与标注、参与局部放大功能中去等

　　AutoCAD 是我国建筑设计领域最早接受的 CAD 软件，几乎成为默认的设计软件，主要用于绘制二维建筑图形。由于 AutoCAD 具有易学易用、功能完善、结构开放等特点，因此它已经成为目前最流行的计算机辅助设计软件之一。特别是在建筑设计领域，它极大地提高了建筑设计的质量和工作效率，已经成为工程设计人员不可缺少而且必须掌握的技术工具。本书以 AutoCAD 2010 版本为模板，讲解建筑制图教程。

　　AutoCAD 2010 是在对以前的版本继承和创新的基础上开发出来的，由于具有轻松的设计环境，强大的图形组织、绘制和编辑功能以及完整的结构体系，所以其使用起来更加方便。为了能够使读者系统地掌握 AutoCAD 2010 并为后面的学习打下良好的基础，下面先来学习 AutoCAD 2010 的入门知识。

1.2 AutoCAD 2010 的用户界面

AutoCAD 2010 有二维草图与注释、三维建模、AutoCAD 经典和初始设置工作空间等 4 个工作空间，初次打开 AutoCAD 2010，进入初始设置工作空间，如图 1.1 所示。其中【AutoCAD 经典】工作空间延续了从 AutoCAD R14 至今一直保持的工作界面，这里用【AutoCAD 经典】工作空间界面来介绍 AutoCAD 2010。

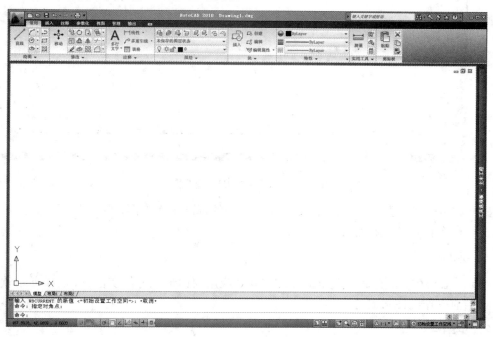

图 1.1　AutoCAD2010 初始界面

单击图 1.1 右下角【初始设置工作空间】旁边的下拉箭头(即黑三角▼)，打开工作空间菜单，如图 1.2 所示，选择【AutoCAD 经典】命令后进入【AutoCAD 经典】工作空间，如图 1.3 所示。

图 1.2　AutoCAD2010 工作空间

建筑 CAD 项目教程（2010 版）

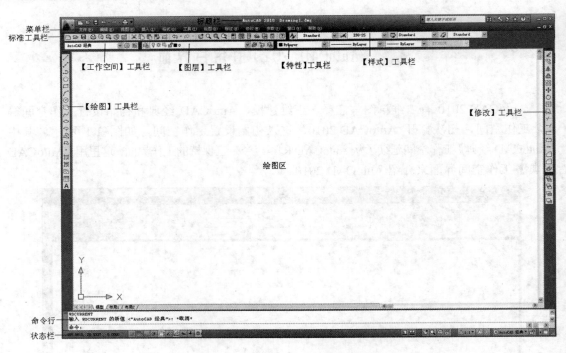

图 1.3　AutoCAD 2010 经典界面

【AutoCAD 经典】用户界面是 Windows 系统的标准工作界面，包括标题栏、菜单栏、工具栏、命令行、状态栏等元素。

1．标题栏

AutoCAD 2010 的标题栏是 AutoCAD 2010 应用窗口最上方的灰色条，用于显示软件的名称和当前操作的图形名称。

2．菜单栏

AutoCAD 2010 的菜单栏是 Windows 应用程序标准的菜单栏形式，包括【文件】、【编辑】、【视图】、【插入】、【格式】、【工具】、【绘图】、【标注】、【修改】、【参数】、【窗口】和【帮助】等菜单。

3．工具栏

工具栏包含的图标代表用于启动命令的工具按钮，这种形象而又直观的图标形式能方便初学者记住复杂繁多的命令。通过单击工具栏上相应的图标启动命令是初学者常用的方法之一。

一般情况下，AutoCAD 2010 的用户界面显示的工具栏有【标准】工具栏、【绘图】工具栏、【修改】工具栏、【图层】工具栏、【样式】工具栏和【对象特征管理器】等。用户可以对工具栏做如下操作。

1）工具栏按钮的光标提示

当想知道工具栏上某个图标的作用时，可以将光标移到这个图标上，此时会出现光标提示，显示出该工具按钮的名称与具体用法，如图 1.4 所示。

图 1.4 工具栏按钮的光标提示

2) 嵌套式按钮

有些工具按钮旁边带有黑色小三角符号，表示它是由一系列相关命令组成的嵌套式按钮。将光标指向该按钮并单击鼠标左键，便可展开该按钮组，如图 1.5 所示。在嵌套式按钮中，通常将刚刚使用过的按钮放在最上面。

3) 显示、关闭及锁定、解锁工具栏

(1) 显示工具栏：将光标指向屏幕上任意一个工具栏的按钮并单击鼠标右键，将显示工具选项菜单。注意，在工具选项菜单中带"√"的都是目前在屏幕上已经存在的工具栏，选择所需的工具栏，即可在屏幕上显示该工具栏，如图 1.6 所示。

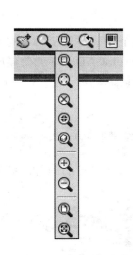

图 1.5 嵌套式按钮

图 1.6 工具选项菜单

(2) 关闭工具栏：将屏幕上已经存在的工具栏拖到绘图区域的任意位置，使其变成浮动状态后，单击工具栏右上角的关闭按钮▇即可关闭该工具栏，如图 1.7 所示。

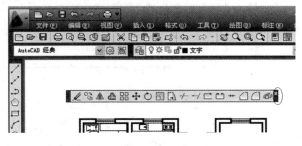

图 1.7 关闭工具栏

(3) 锁定、解锁工具栏：锁定、解锁工具栏有两种方法。

① 将光标指向状态栏右侧的锁定图标并单击鼠标右键，将显示工具栏和窗口的控制菜

单，选择【固定的工具栏/面板】命令可以将屏幕所显示的全部工具栏锁定或开锁。当工具栏被锁定时，只有解锁后才能够将工具栏关闭，这样可以避免初学者由于鼠标操作不熟练而经常将工具栏弄丢的现象，如图 1.8 所示。

② 选择菜单栏中的【窗口】|【锁定位置】|【固定工具栏】命令，也可以进行工具栏的锁定、解锁操作，如图 1.9 所示。

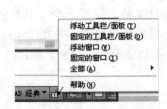

图 1.8　锁定、解锁工具栏　　　　图 1.9　通过【窗口】菜单对工具栏进行锁定或解锁操作

4．命令行

命令行是绘图窗口下端的文本窗口，它的作用主要有两个：一是显示命令的步骤，它像指挥官一样指挥用户下一步该干什么，所以在刚开始学习 AutoCAD 时，就要养成看命令行的习惯；二是可以通过命令行的滚动条查询命令的历史记录。

特别提示

标准的绘图坐姿为双腿直立，左手放在键盘上，右手放在鼠标上，眼睛不断地看命令行。

按 F2 键可将命令文本窗口激活(图 1.10)，可以帮助用户查找更多的信息，更方便查询命令的历史记录。再次按 F2 键，命令文本窗口即可消失。

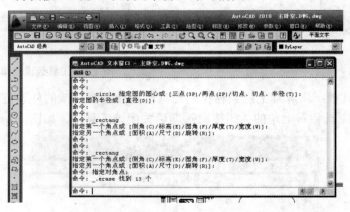

图 1.10　命令文本窗口

5．状态栏

状态栏位于 AutoCAD 2010 窗口的最下端，如图 1.11 所示。

图 1.11　状态栏

(1) 在状态栏的左边，显示当前光标所处位置的坐标值，按 F6 键可以控制坐标是否显示。

特别提示

在默认状态下，状态栏上显示的是绝对直角坐标。Coords 值可以控制坐标系的显示，在命令行内输入 "Coords" 命令，在输入 **COORDS** 的新值：提示下，输入 "2" 并按 Enter 键，状态栏上将显示极坐标；输入 "0" 将关闭坐标；输入 "1" 则显示绝对直角坐标。

(2) 在状态栏的中间，显示【正交】、【极轴】、【对象捕捉】、【对象追踪】等非常重要的作图辅助工具的开关按钮，这些作图辅助工具将在后面的内容中边用边学。

特别提示

状态栏上的【正交】等作图辅助工具开关按钮凹进去为打开状态，凸出来则为关闭状态，就像室内墙壁上安装的电灯开关一样，按一下打开，再按一下则关闭。

光标对着状态栏上的任何一个作图辅助工具开关按钮右击后弹出菜单，选择【使用图标】命令(图1.12)后所有的作图辅助工具切换到图标显示。

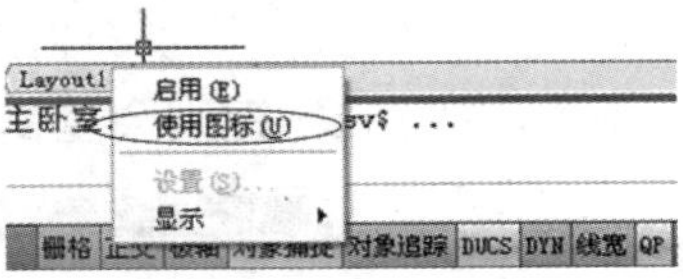

图 1.12　作图辅助工具开关按钮显示切换

看着状态栏上的【正交】按钮并反复按 F8 键，会发现【正交】按钮在不断地起伏变化。也就是说，状态栏上的作图辅助工具的开关还可以通过快捷键进行操作，F1~F12 快捷键的作用见表 1-2。

表 1-2　F1～F12 快捷键作用

快　捷　键	作　　用	快　捷　键	作　　用
F1	打开 AutoCAD 的帮助	F7	栅格开关
F2	文本窗口开关	F8	正交开关
F3	对象捕捉开关	F9	捕捉开关
F4	数字化仪开关	F10	极轴开关
F5	等轴测平面开关	F11	对象追踪开关
F6	坐标开关	F12	动态输入开关

1.3　命令的启动方法

下面以绘制矩形为例介绍命令的启动方法。

(1) 单击工具栏上的图标启动命令。

这是最常用的一种方法，绘制矩形时，单击【绘图】工具栏上的 ▭ 图标即可启动【矩形】命令。

(2) 通过菜单来启动命令。

选择菜单栏中的【绘图】|【矩形】命令来启动绘制矩形命令。

(3) 在命令行输入快捷键启动命令。

在命令行输入"Rec"后按 Enter 键即可启动绘制矩形命令。常用命令的快捷键见附录 1。

特别提示

在命令行输入快捷键时应关闭中文输入法，输入的英文字母不区分大小写。除了在文字输入状态下，一般情况下按空格键与按 Enter 键的作用相同，按 Esc 键可中断正在执行的命令。

(4) 启动刚刚使用过的命令的方法。

① 在绘图区内单击鼠标右键，通过快捷菜单来启动刚刚使用过的命令，如图 1.13 所示。

特别提示

在 AutoCAD 2010 中，单击鼠标右键是非常有意义的操作。AutoCAD 2010 对用户右键的定义是："当你不知道如何进行下一步操作时，请单击鼠标右键，它会帮助你"。

② 在命令行为空的状态下，按 Enter 键或空格键会自动重复执行刚刚使用过的命令。例如，如果刚才执行过绘制矩形命令，按 Enter 键则会重复执行该命令。

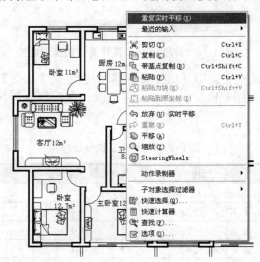

图 1.13　通过快捷菜单来启动刚刚使用过的命令

1.4　观察图形的方法

在绘制图形的过程中经常会用到视图的缩放、平移等控制图形显示的操作，以便更方便、更准确地绘制图形。AutoCAD 2010 提供了很多观察图形的方法，这里只介绍最常用的几种。打开素材压缩包中的"住宅标准层平面图.dwg"文件，下面将借助住宅标准层平面图来学习观察图形的方法。

1．平移

使用【平移】命令相当于用手将桌子上的图纸上下左右来回挪动。

学习对"住宅标准层平面图"进行平移：单击【标准】工具栏上的 图标或在命令行输入"P"后按 Enter 键，这时光标变成"手"的形状，按住鼠标左键并拖动光标即可上下左右随意挪动视图。

2．范围缩放

使用【范围缩放】命令可以将图形文件中所有的图形居中并占满整个屏幕。

学习对"住宅标准层平面图"进行范围缩放：前面将视图用【平移】命令做了上下左右随意挪动，这时可以在命令行输入"Z"后按 Enter 键，然后输入"E"后按 Enter 键，或者单击【标准】工具栏上嵌套式按钮中的【范围缩放】图标，如图 1.14 所示，即可执行范围缩放命令，此时会发现刚才被移动的图形居中并占满整个屏幕。

> ⏰ **特 别 提 示**
>
> 【范围缩放】命令会执行重生成操作，所以对于大型的图形文件，此操作所需时间较长。对于无限长的射线和构造线来说，【范围缩放】命令不起作用。

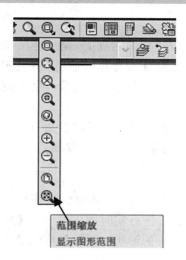

图 1.14　嵌套式按钮中的【范围缩放】图标

3．窗口缩放

使用【窗口缩放】命令放大局部图形是很常用的操作。

学习对"住宅标准层平面图"进行窗口缩放：前面对图形执行了【范围缩放】命令，单击【标准】工具栏上的【窗口缩放】图标 或在命令行输入"Z"后按 Enter 键，再输入"W"后按 Enter 键。然后在如图 1.15 所示的 A 处单击鼠标左键，将光标向右下角移动并移至 B 处单击鼠标左键，窗口所包含的图形居中并占满整个屏幕。窗口缩放的对象窗口是由任意一个角点拉向它的对角点形成的。

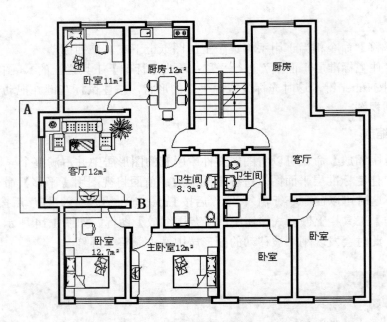

图 1.15　窗口缩放的对象窗口

4．前一视图

使用【前一视图】命令可以使视图回到上一次的视图显示状态，当图形相对复杂时，【前一视图】命令经常和【窗口缩放】命令配合使用，用【窗口缩放】命令放大图形，进行观察或修改后，通过【前一视图】命令返回。然后再用【窗口缩放】命令放大其他部位，观察或修改图形后再返回。

学习前一视图：在上一步执行了【窗口缩放】命令后，下面单击【标准】工具栏上的【前一视图】图标 🔍，就会返回到第 2 步缩放的视图。

5．实时缩放

使用【实时缩放】命令可以将图形任意地放大或缩小。

学习对"住宅标准层平面图"进行实时缩放：单击【标准】工具栏上的【实时缩放】图标 🔍，这时光标变成"放大镜"的形状，按住鼠标左键将鼠标向前推则图形变大，向后拉则图形变小。

> ⏰ **特 别 提 示**
>
> 　　按住鼠标的中轴，光标会变成"手"的形状，可执行【平移】命令；上下滚动鼠标的中轴则执行【实时缩放】命令。

6．动态缩放

执行【动态缩放】命令后，视图中显示出的蓝色虚线框标注的是图形的范围，当前视图所占的区域用绿色的虚线显示，实线黑框是视图控制框，可通过改变视图控制框的大小和位置来实现移动和缩放图形。下面来学习对"住宅标准层平面图"进行动态缩放。

(1) 在命令行输入"Z"后按 Enter 键，然后输入"D"后按 Enter 键，启动【动态缩放】命令，此时显示如图 1.16 所示的蓝色的图形范围、绿色的当前视图所占的区域和黑色的视图控制框。在屏幕上移动光标，黑色的视图框会随着光标的移动而移动。

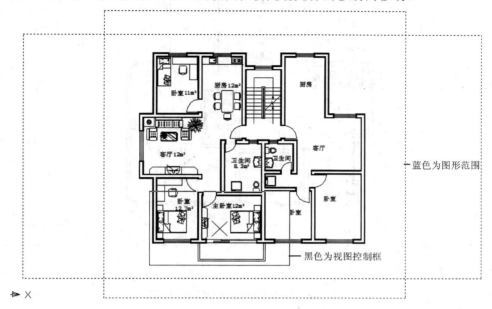

图 1.16　动态缩放的显示

(2) 单击鼠标左键，视图框中的"×"变成一个箭头，移动鼠标可以改变视图框的大小，如图 1.17 所示。

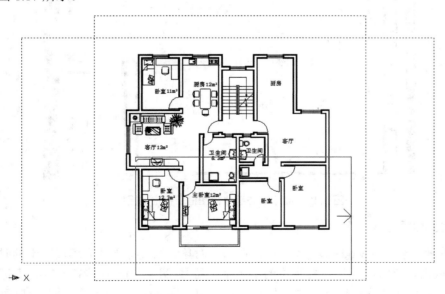

图 1.17　改变视图框的大小

(3) 调整视图框的大小后，将其放到将要观察的区域(如图 1.18 所示，将视图框放到"客厅"位置)，按 Enter 键，则视图框所框定的区域占满整个屏幕，结果如图 1.19 所示。

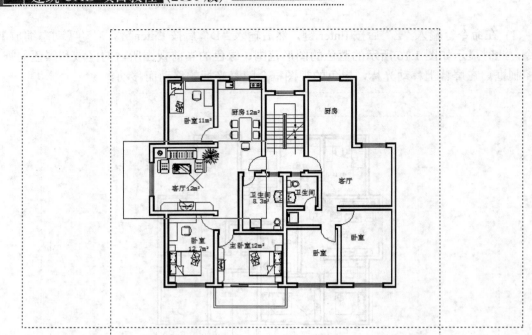

图 1.18　将视图框放到"客厅"位置

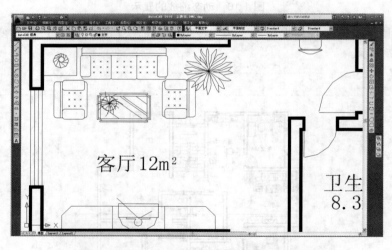

图 1.19　显示动态缩放视图框所框定的区域

7．重画和重生成

（1）重画：当 BlipMode 设置为 ON，在选择对象、绘制图形或者编辑图形的时候，会在绘图区域出现临时的标记光标点位的小十字叉符号(图 1.20)，这些符号称为点标记。这些点标记会帮助用户在绘图区域中定位，但也会使绘图区域显得非常零乱。这时可以使用【重画】命令刷新绘图区域，清除点标记。

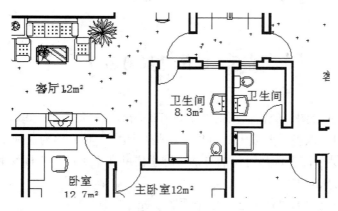

图 1.20　临时的标记光标点位的点标记

特别提示

在默认状态下，AutoCAD 2010 将系统变量 BlipMode 设置为 OFF，在选择对象或者绘制图形的过程中不会出现点标记，这样绘图区域就显得比较整洁。

（2）重生成：绘图进行一段时间后，绘图区域的某些弧线和曲线会以折线的形式显示，如图 1.21 所示，这时就需要执行【重生成】命令重新生成图形，并重新计算所有对象的屏幕坐标，使弧线和曲线变得光滑，如图 1.22 所示。同时，【重生成】命令还可以整理图形数据库，从而优化显示和对象选择的性能。

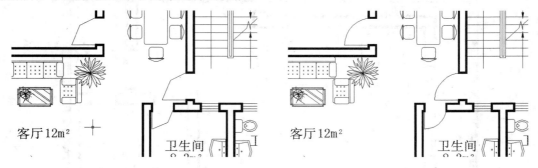

图 1.21　折线形式显示的圆弧　　　　图 1.22　执行【重生成】命令后的圆弧

特别提示

当使用物理打印机打印图形时，在屏幕上看到的图形是什么样，打印出来的就是什么样，也就是所见即所得。所以，如果看到屏幕上图形的弧线和曲线以折线的形式显示，最好先执行【重生成】命令，再进行打印。

除了上面所介绍的观察图形的方法外，AutoCAD 还提供了全部缩放、中心缩放、比例缩放、放大一倍、缩小一倍、鸟瞰视图等其他观察图形的方法。

特别提示

利用观察图形命令去观察图形，图形变大或缩小并不是将图形的尺寸变大或缩小了，而是类似于近大远小的原理，图形变大是将图纸移得离眼睛近了，图形变小则是将图纸移得离眼睛远了。

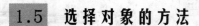

1.5 选择对象的方法

使用 AutoCAD 绘图，经常需要对图形进行编辑修改，如复制、移动、旋转、修剪等，这时就需要选择图形以确定要编辑的对象，这些被选中的对象称为选择集。

AutoCAD 提供了许多选择对象的方法，这里借助住宅标准层平面图和【删除】命令来介绍常用的选择对象的方法。

打开素材压缩包中的"住宅标准层平面图.dwg"文件。

1. 拾取

拾取是用小方块形状的光标分别单击要选择的对象。

(1) 调整视图：用【窗口放大】命令将标准层住宅平面图上的"沙发"区域放大，如图 1.23 所示。

(2) 单击修改工具栏上的【删除】图标 或在命令行内输入"E"并按 Enter 键，即可启动【删除】命令。

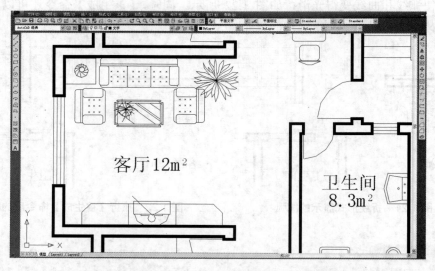

图 1.23　用【窗口放大】命令放大"沙发"区域

(3) 此时绘图区的光标变成一个小方块，看命令行，在**选择对象**：提示下，将光标移到"茶几"上并单击鼠标左键，"茶几"即被选中并呈虚线显示(图 1.24)，按 Enter 键结束命令后"茶几"即被删除。

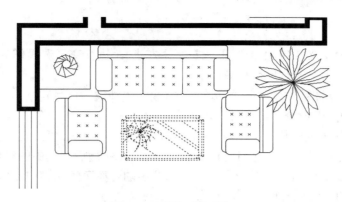

图 1.24　删除"茶几"

(4) 按 Ctrl+Z 键或者单击【标准】工具栏上的 ⬑ 图标，执行返回命令。Ctrl+Z 键相当于"后悔药"，前面删除了"茶几"，按 Ctrl+Z 键后，被删除的"茶几"又返回屏幕。

特别提示

被选中的对象呈虚线显示(这些对象将被擦除)，未被选中的对象呈实线显示(这些对象将被保留)。

2．窗选

从左向右选为窗选(左上至右下或左下至右上)，执行窗选操作后，包含在窗口内的对象被选中，与窗口相交的对象则不被选中。

(1) 仍然将视图调整至如图 1.23 所示的状态。

(2) 启动【删除】命令，请看命令行。

(3) 在**选择对象**：提示下，从左下 C 点至右上 D 点拉窗口。"茶几"和右侧的单个"沙发"含在窗口内，将会被选中，"长沙发"和"花"与窗口相交，则不会被选中，按 Enter 键后被选中的对象即被删除，如图 1.25 所示。

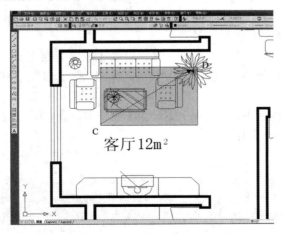

图 1.25　从左向右选为窗选

(4) 按 Ctrl+Z 键执行【返回】命令。

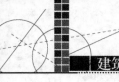

3．交叉选

从右向左选为交叉选(右上至左下或右下至左上)，执行交叉选操作后，包含在窗口内的对象以及与窗口相交的对象均将被选中。

(1) 仍然调整视图至如图 1.23 所示的状态(放大"沙发"区域)。

(2) 启动【删除】命令，命令行出现**选择对象：**提示。

(3) 如图 1.26 所示，从右上至左下拉窗口。"茶几"和单个"沙发"含在窗口内，"长沙发"和"花"与窗口相交，它们均将被选中。按 Enter 键后被选中的对象即被删除。

(4) 按 Ctrl+Z 键返回。注意到了吗？窗选拉出的是蓝色透明窗口，且窗口轮廓线为实线；交叉选拉出的是绿色透明窗口，且窗口轮廓线为虚线。

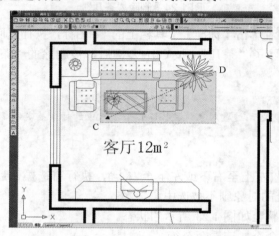

图 1.26　从右向左选为交叉选

4．全选

执行【全选】命令，所有图形对象均将被选中。

(1) 在命令行输入"Z"后按 Enter 键，然后输入"E"后按 Enter 键，执行【范围缩放】命令，所有的图形居中占满整个屏幕。

(2) 在命令行内输入"E"后按 Enter 键，启动【删除】命令。

(3) 在**选择对象：**提示下，输入"All"后按 Enter 键。此时，所有图形对象均呈虚线显示(即被选中)。

(4) 在**选择对象：**提示下，按 Enter 键结束【删除】命令，所有被选中的对象均被删除。

(5) 按 Ctrl+Z 键执行【返回】命令。

> **特别提示**
>
> 使用【全选】命令选择对象时，不仅能选择当前视图中的对象，视图以外看不到的对象也能被选中。【全选】命令不能选择被冻结的和锁定图层上的对象，但能选择被关闭图层上的对象。

5．栅选

想一想家庭小院前的栅栏，大家会理解栅选是"线"的概念。栅选是在绘图区域拉出虚线，虚线和谁相交，谁将被选中。

(1) 视图和图 1.23 相同(放大"沙发"区域)。

(2) 在命令行内输入"E"后按 Enter 键,启动【删除】命令。

(3) 在**选择对象**:提示下,输入"F"(Fence 的第一个字母)后按 Enter 键。

(4) 在**指定第一个栏选点**:提示下,在 A、B、C 处依次单击鼠标左键后,拉出如图 1.27 所示的虚线,虚线和两个"小沙发"相交,按 Enter 键后两个"小沙发"呈虚线显示(即被选中)。

(5) 在**选择对象**:提示下,按 Enter 键结束删除命令,两个"小沙发"即被删除。

(6) 按 Ctrl+Z 键执行返回命令。

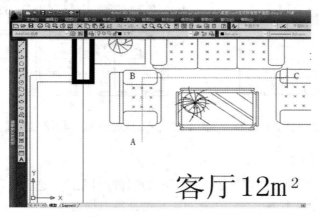

图 1.27　执行【栅选】命令

6．快速选择

快速选择是以对象的特性作为选择条件进行定义的,它可以将不符合条件的对象过滤掉。

(1) 输入"Z"后按 Enter 键,然后输入"E"按 Enter 键,执行【范围缩放】命令,将所有的图形显示在屏幕上。

(2) 选择菜单栏中的【工具】|【快速选择】命令,打开【快速选择】对话框。

(3) 如图 1.28 所示,在【特性】列表框中选中【图层】选项,指定将要按照图层选择对象。

(4) 在【运算符】下拉列表中选中【等于】选项。

(5) 在【值】下拉列表中选中【家具】选项,指定将要选择【家具】图层上的对象。

(6) 选择【包括在新选择集中】单选按钮,指定只选择【家具】图层上的对象;如果选择【排除在新选择集之外】单选按钮,则指定除【家具】图层上的对象外,其他图层上的对象均将被选中。

(7) 单击【确定】按钮关闭对话框,所有家具图层上的对象均被选中,如图 1.29 所示。

7．循环选择

用户可以用【循环选择】命令来选择彼此接近或重叠的对象,观察图 1.30 内的 AB 和 CD 线的关系,可知两条线处于重合状态,下面利用该图来学习循环选择命令。

(1) 在命令行内输入"E"后按 Enter 键,启动【删除】命令。

(2) 在**选择对象**:提示下,按住 Ctrl 键后反复单击 AB 和 CD 线重合的部位,会发现

AB 和 CD 线轮流亮显，处于亮显状态的图形就是被选中的对象，按 Esc 键可以关闭循环。

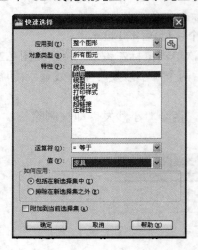
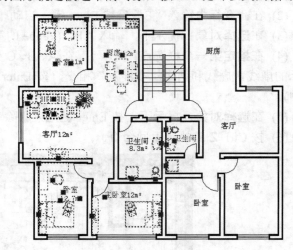

图 1.28　设置【快速选择】对话框　　　图 1.29　用【快速选择】对话框选择【家具】图层上的图形

8．从选择集中剔除

在编辑图形时，难免会选错对象，即将不该选择的对象选入选择集，这时可以使用【从选择集中剔除】命令将不该选择的图形对象从选择集中移出。

(1) 启动【删除】命令，命令行出现**选择对象：**提示，用前面学的选择对象的方法将"沙发"、"茶几"及"花"选中，如图 1.31 所示。

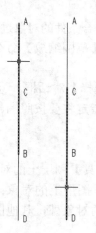
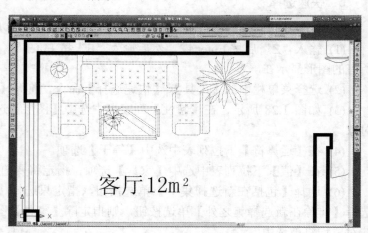

图 1.30　AB 和 CD 线的关系　　　　　　图 1.31　选择"家具"

(2) 将"茶几"从选择集中剔除：按 Shift 键后单击"茶几"，"茶几"由虚变实。被选中的对象呈虚线显示，没被选中的对象呈实线显示，"茶几"呈实线显示说明已经将其从选择集中移出了。

(3) 按 Enter 键后被选中的对象即被删除，按 Ctrl+Z 键返回。

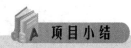

项目小结

　　本项目所讲的内容是 AutoCAD 最基本的知识和技巧，首先讲解了 AutoCAD 2010 用户界面的组成及工具栏、菜单栏、状态栏的基本使用方法，然后介绍了命令的启动方法等。为便于以后的学习，要求读者熟悉图 1.3 中所标出的工具栏、菜单栏、状态栏等的名称。

　　在绘图过程中，由于屏幕尺寸的限制，图形当前的显示可能不符合绘图需要，所以本项目还介绍了如何控制图形的显示状态。经过反复练习，读者必须掌握【平移】、【范围缩放】、【窗口缩放】、【实时缩放】及【前一视图】5 种基本的控制图形显示状态的方法。

习　　题

一、单选题

1. 嵌套式按钮是由一系列相关命令组成的按钮组，在嵌套式按钮中，通常将(　　)按钮放在最上面。

　　A．最常用的　　　　　　　B．刚刚使用过的　　　　　　C．过去使用过的

2. 正交的快捷键为(　　)。

　　A．F2　　　　　　　　　　B．F9　　　　　　　　　　　　C．F8

3. 一般情况下按空格键与按 Enter 键的作用(　　)。

　　A．相同　　　　　　　　　B．不相同　　　　　　　　　　C．差不多

4. 按(　　)键可中断正在执行的命令。

　　A．Esc　　　　　　　　　 B．Enter　　　　　　　　　　　C．Ctrl

5. 使用(　　)命令可以将图形文件中所有的图形居中并占满整个屏幕。

　　A．窗口缩放　　　　　　　B．平移　　　　　　　　　　　 C．范围缩放

6. 使用(　　)命令相当于用手将桌子上的图纸上下左右来回挪动。

　　A．前一视图　　　　　　　B．平移　　　　　　　　　　　 C．实时缩放

7. 当图形相对复杂时，【前一视图】经常和【(　　)缩放】命令配合使用。

　　A．窗口　　　　　　　　　B．实时　　　　　　　　　　　 C．范围

8. 从左上至右下或左下至右上为(　　)。

　　A．窗选　　　　　　　　　B．全选　　　　　　　　　　　 C．交叉选

9. 按住鼠标的(　　)，光标会变成"手"的形状，执行【平移】命令。

　　A．左键　　　　　　　　　B．中轴　　　　　　　　　　　 C．右键

10. 在编辑图形选择对象时，如果选错对象，可以使用(　　)命令将不该选择的对象从选择集中移出。

　　A．从选择集中剔除　　　B．栅选　　　　　　　　　　　 C．窗选

二、简答题

1. 指出 AutoCAD 2010 用户界面的标题栏、菜单栏、工具栏、命令行、状态栏。

2. 将【图层】工具栏关闭，并重新将其显示出来。

3. 将工具栏锁定后有什么好处？

4. 命令行有什么作用？

5. 学习 AutoCAD 时，什么样的姿势为标准的绘图姿势？

6.【正交】、【对象捕捉】、【极轴】、【对象追踪】等非常重要的作图辅助工具在界面中的什么位置？

7. 命令的启动方法有哪些？各有什么特点？

8. 观察图形的方法有哪些？

9. 选择对象的方法有哪些？

10. 利用观察图形命令去观察图形，图形的尺寸是否真的变大或缩小了？

三、自学内容

1. 打开网站上素材压缩包中的"住宅标准平面图.dwg"，反复训练观察图形的方法。

2. 打开网站上素材压缩包中的"住宅标准平面图.dwg"，反复训练选择对象的方法。

项目 2

宿舍楼底层平面图的绘制（一）

教学目标

通过本项目的学习，了解 AutoCAD 参数的设置方法和建筑平面图绘制的基本步骤，重点掌握绘制宿舍楼底层平面图时所涉及的基本绘图和编辑命令。理解图层的作用，掌握加载图层线型的方法、线型比例的设置方法以及坐标的输入方法。

教学要求

能力目标	知识要点	权重
了解创建新图形和保存图形的方法及图形参数的设定方法	创建新图形和保存图形的方法，单位、角度、角度测量、角度方向的设定方法	8%
在绘图过程中能够熟练地运用图层	掌握建立图层和加载线型的方法，掌握线型比例和当前图层的设定方法	12%
能够熟练地输入点的坐标	掌握相对直角坐标和相对极坐标的输入方法	10%
能够熟练地绘制宿舍楼底层平面图	了解平面图的绘制顺序，掌握绘制平面图中所涉及的基本绘图和编辑命令	70%

项目 1 介绍了 AutoCAD 2010 的基本操作，从本项目开始将介绍如何使用 AutoCAD 2010 绘制"附图 2.1 宿舍楼底层平面图"。

2.1 创建新图形

开始绘制"宿舍楼底层平面图"之前，需要建立一个新的图形。在 AutoCAD 2010 中创建一个新图形有以下几种方法。

1. 通过【启动】对话框新建图形

将系统变量 Startup 设定为 1 后，启动 AutoCAD 2010 后，出现如图 2.1 所示的【启动】对话框，单击【新建】按钮，并选择【公制】单选按钮，则进入一个新的图形文件。

特别提示

新图形文件的创建方法取决于系统变量 Startup，当变量值为 1 时，显示如图 2.1 所示的【启动】对话框；当变量值为 0 时，显示如图 2.2 所示的【选择样板】对话框。

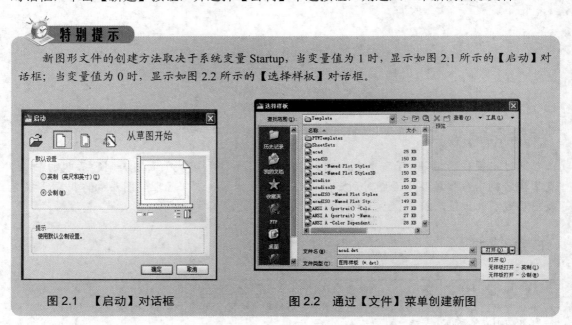

图 2.1 【启动】对话框   图 2.2 通过【文件】菜单创建新图

2. 通过【文件】菜单创建新图

选择菜单栏中的【文件】|【新建】命令，默认状态下会弹出【选择样板】对话框，选择"acadiso.dwt"文件，或单击【打开】按钮右边的箭头，选择列表中的【无样板-公制】命令(图 2.2)，这样就形成了一个新建图形。

特别提示

【选择样板】对话框中的 acadiso.dwt 为公制无样板打开；acad.dwt 为英制无样板打开。

3. 通过样板进入一个新图形

在如图 2.2 所示的【选择样板】对话框中所显示的图形样板的制图标准和我们所遵循的制图标准不一样，所以不适合在这里使用。在后面的章节中将介绍建立带有单位类型和精度、图层、捕捉、栅格和正交设置、标注样式、文字样式、线型和图块等信息的图形样板。通过用户自己建立的图形样板进入新图形，不需要再对单位类型和精度、标注样式等进行重复设置，这样可使绘图速度大大提高。

2.2 保存图形

AutoCAD 2010 保存文件的方法和其他软件相同，在此不再重复。这里提醒大家在利用 AutoCAD 2010 绘制图形时，需要经常保存已经绘制的图形文件，防止断电、死机等原因导致图形文件丢失。在高版本 AutoCAD 中绘制的图形，到低版本的 AutoCAD 中通常打不开。如果用 AutoCAD 2010 绘制一个图形，而该图形文件需要在 AutoCAD 2004 中打开，就需要将该文件另存为低版本的 AutoCAD 文件类型，如图 2.3 所示。

图2.3 另存为低版本文件

选择菜单栏中的【工具】|【选项】命令，打开【选项】对话框，在【打开和保存】选项卡中选择【自动保存】复选框，并在【保存间隔分钟数】文本框中输入设定值，如图 2.4 所示。文件自动保存的路径在【选项】对话框中的【文件】选项卡中可以查到，如图 2.5 所示。如果文件被删除，可以按照 C：\Docume～1\admin\locals～1\temp 路径打开 temp 临时文件夹，找到被自动保存的文件并将其复制到自己的文件夹中。

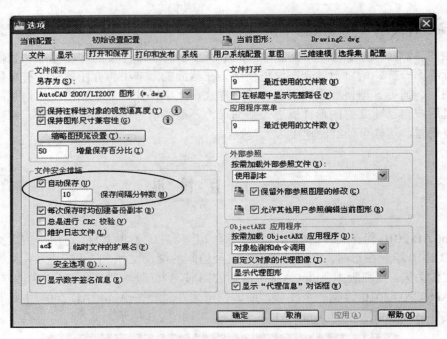

图 2.4　自动保存

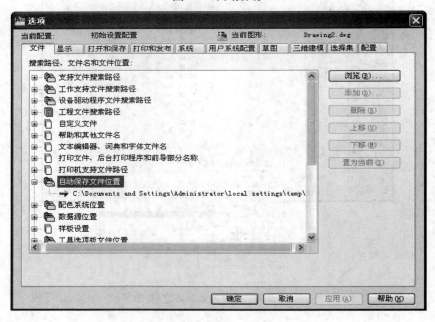

图 2.5　自动保存文件的路径

特别提示

　　自动保存的文件为备份文件格式，文件后缀为 .bak，只有将其后缀用重命名的方式改为 .dwg 后，才能在 AutoCAD 中打开该图形。

2.3 图形的参数

图形的参数主要包括图形单位、单位精度和绘图区域等。建筑施工图中以公制毫米为长度单位，以"度"为角度单位。这里借助于【创建新图形】对话框来介绍图形参数和基本规定。

启动 AutoCAD 2010 后，在命令行输入 Startup 后按 Enter 键，在**输入 STARTUP 的新值<0>:** 提示下，输入 1，这样将 Startup 的系统变量由 0 修改为 1。再次启动 AutoCAD 2010 时则会显示【启动】对话框；单击【标准】工具栏上的【新建】图标，屏幕上出现如图 2.6 所示的【创建新图形】对话框。

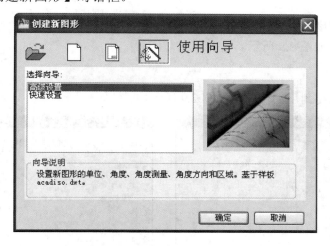

图 2.6 【创建新图形】对话框

特别提示

AutoCAD 2010【启动】对话框(图 2.1)和【创建新图形】对话框(图 2.6)两者在外观上基本相似，但在【创建新图形】对话框中不能打开图形，而利用【启动】对话框则可以在 AutoCAD 2010 启动时打开图形文件。

单击【使用向导】按钮并选中【高级设置】选项后单击【确定】按钮，进入【高级设置】对话框。下面通过【高级设置】对话框将分步骤学习以下内容。

1. 单位

选择【小数】单选按钮，精度设置为"0"，以确定长度单位为公制十进制，数值精度为小数点后零位，如图 2.7 所示。

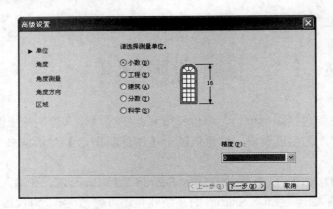

图 2.7　长度单位和精度

2．角度

选择【十进制度数】单选按钮，精度设置为"0"，以确定角度单位为"度"，数值精度为小数点后零位，如图 2.8 所示。

3．角度测量

设定东方向为零角度的位置，如图 2.9 所示。

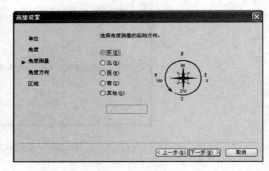

图 2.8　角度单位和精度　　　　　　　　图 2.9　零角度的设定

4．角度方向

选择逆时针旋转为正，顺时针旋转为负，如图 2.10 所示。这样，如果旋转一条 AB 水平线，旋转 45°和−45°结果不同，如图 2.11 所示。

5．区域

这里的绘图区域并非是在图板上绘图时所用图纸大小的概念，实际上 AutoCAD 所提供的图纸无边无际，想要多大就有多大，所以用 AutoCAD 绘图的步骤和在图板上绘图的步骤不同。在图板上绘图的顺序是先缩再画。如用 1：100 的比例绘制某建筑平面图，如果该建筑长度为 42600mm，首先计算 42600mm÷100=426mm(即将尺寸缩小到原来的 1/100)，再在图纸上绘制 426mm 长的线。用 AutoCAD 绘图则是先画再缩。同样绘制建筑长度为 42600mm 的某建筑平面图，先用 AutoCAD 绘制 42600mm 长的线(即按 1：1 的比例绘制图形)，打印时再将所绘制好的平面图整体缩小到原来的 1/100(即 42600mm÷100=426mm)即可。经过对比大家可以体会到，还是用 AutoCAD 绘图方便。

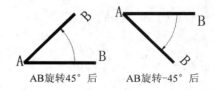

AB旋转45°后　　　AB旋转-45°后

图 2.10　角度测量方向　　　　　　　图 2.11　AB 线的旋转

那么这里的区域是什么概念呢？用过坐标纸吗？这里区域的大小决定的就是坐标纸显示的范围，坐标纸在 AutoCAD 里的概念就是"栅格"。

试一试，将【高级设置】对话框内的区域设置为 10000mm×10000mm，如图 2.12 所示，然后单击【确定】按钮关闭【高级设置】对话框。选择菜单栏中的【工具】|【草图设置】命令，则打开了【草图设置】对话框，选择【捕捉和栅格】选项卡，将捕捉和栅格的距离均设为 300mm，如图 2.13 所示(因为在建筑中常用的模数是 300mm)，然后单击【确定】按钮关闭【草图设置】对话框。将状态栏上的【捕捉】和【栅格】按钮打开(按钮如同家里灯具的按键开关一样，单击开启，再单击则关闭，状态栏上所有的按钮凹进去均为开启状态，凸出来均为关闭状态)，会发现屏幕上出现许多小点，小点显示的范围即区域的范围(这里是 10000mm×10000mm)，小点之间的距离为 300mm×300mm，同时还会发现光标在小点上蹦来蹦去，这是【捕捉】命令在捕捉栅格点。由于绘制建筑施工图时【栅格】辅助工具使用较少，而【捕捉】辅助工具又是和【栅格】辅助工具配套使用的，所以很少打开这两个按钮。

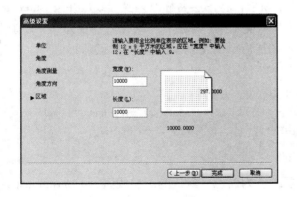

图 2.12　设定【区域】　　　　　　图 2.13　设定【捕捉和栅格】选项卡

特别提示

　　【捕捉】和【对象捕捉】是两个不同的作图辅助工具。【捕捉】功能用于捕捉栅格的点，而不能捕捉图形的特征点，这时需要打开【对象捕捉】功能来捕捉图形的特征点，如一条直线的两个端点或中点。

　　【捕捉】和【栅格】是配套使用的，在【草图设置】对话框中，【捕捉和栅格】选项卡的间距设定的尺寸也需相同。

　　栅格仅在图形界限中显示，它只作为绘图的辅助工具出现，而不是图形的一部分，所以只能看到，不能打印。

　　建筑施工图是以"毫米"为长度的绘图单位，在 AutoCAD 内输入"10000"就是 10000mm，不需再输入"mm"。同样，输入角度时也不需再输入角度单位，如输入"45"就是 45°。

2.4　绘制轴网

　　从本节开始，将逐步介绍如何绘制"附图 2.1 宿舍楼底层平面图"。用 AutoCAD 绘制建筑平面图和在图纸上绘图顺序是相同的，先画轴线，再画墙，然后开门窗和洞口。

1. 建立图层

　　(1) 打开【图层特性管理器】对话框：单击【图层】工具栏上的【图层特性管理器】图标 或选择菜单栏中的【格式】|【图层】命令，打开【图层特性管理器】对话框。在新建图形中 AutoCAD 自动生成一个特殊的图层，这就是【0】层，【0】层是 AutoCAD 固有的，因此不能为其重命名或将其删除。

　　(2) 建立新图层：单击【图层特性管理器】对话框中的【新建图层】图标 ，则产生一个默认名为"图层 1"的新层，将其名称改为"轴线"并按 Enter 键确认。再按 Enter 键(或再单击【新建图层】图标)就又建立了一个新层，将图层名称改为"墙线"并按 Enter 键确认。用相同的方法，下面接着建立"门窗"、"文本"、"标注"、"楼梯"、"室外"、"柱子"及"辅助"等图层。需要删除图层时，选中图层后单击【删除图层】图标 即可。

特别提示

　　按 Enter 键有两个作用：一是确认或结束命令(如将图名改为"轴线"后，按 Enter 键确认)，二是重复刚刚使用过的命令(如再按 Enter 键重复新建图层的命令，就又建立了一个新图层)。

　　只要不是处于文字输入状态，按空格键等同于按 Enter 键。

　　注意，这里新建的 9 个图层的默认图层颜色为白色，默认的图层线型为 Continuous(实线)，线宽为默认值，如图 2.14 所示。

　　(3) 修改图层颜色：单击"轴线"图层右边的"白色"两个字，弹出【选择颜色】对话框，选择个人喜欢的颜色作为该图层的颜色。用同样的方法给其他图层换颜色。

新建布局视口中冻结的图层 删除图层

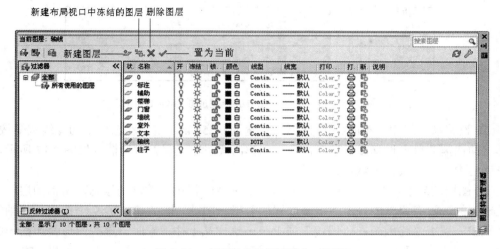

图 2.14 【图层特性管理器】对话框

特别提示

给图层设定不同的颜色便于用户观察和区分图形，下面是专业绘图软件所设定的主要图层的颜色，供大家参考：轴线层——红色、墙线层——灰色(9)、门窗层——青色、标注层——绿色、台阶层——黄色、楼梯层——黄色、阳台层——品红、文字层——白色。

(4) 修改图层线型：前面共建立了 9 个图层，每个图层默认的线型均为 Continuous(实线)，但是大家知道建筑施工图中的轴线不是实线而是中心线，所以需要将"轴线"图层的 Continuous 线型换成 CENTER 线型或 DASHDOT 线型。

光标对着"轴线"图层的 Continuous 线型单击鼠标左键，弹出【选择线型】对话框(将该对话框喻为小抽屉)，小抽屉里没有 CENTER 线型，单击【加载】按钮打开【加载或重载线型】对话框(将该对话框喻为大仓库)，如图 2.15 所示，找到 CENTER 线型并选中后单击【确定】按钮，这样就将大仓库内的 CENTER 线型拿到了小抽屉里。然后在【选择线型】对话框(即小抽屉)中选中 CENTER 线型后单击【确定】按钮，对话框关闭。这时会发现"轴线"图层的线型换为 CENTER 线型，如图 2.16 所示。

图 2.15 加载线型

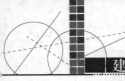

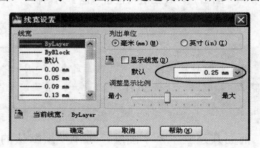

图 2.16　将"轴线"图层的线型加载为 CENTER

（5）设置默认线宽：AutoCAD 的默认线宽为 0.25mm，右击状态栏上的【线宽】按钮，在弹出的快捷菜单上选择【设置】命令，则弹出【线宽设置】对话框，如图 2.17 所示，在此对话框中可查询或修改默认线宽。

（6）图层的理解：为了便于管理图形，AutoCAD 提供了图层的概念，所谓图层，实际上是透明的、没有厚度的且上下重叠放置的若干张图纸。刚才建立了 9 个图层，将轴线画在"轴线"层上，将墙画在"墙线"层上……这样从上往下看时，这些图形叠加在一起就是一个完整的建筑平面图。由于每一个图层都是透明的，所以图层是无上下顺序的。

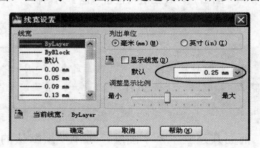

图 2.17　默认线宽设置

这里有 10 个图层，那么如果现在画一条线，该线画到哪个图层上了呢？"当前层"是哪个图层，该线就画在哪个图层上。【图层】工具栏上的【图层控制】选项窗口所显示的就是"当前层"，如图 2.18 所示。

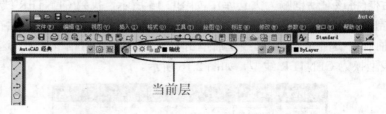

图 2.18　当前层

另外，在【图层特性管理器】对话框中还可以对每个图层进行关闭、冻结、锁定等操作。

2．设置线型比例

选择菜单栏中的【格式】|【线型】命令，打开【线型管理器】对话框，如图 2.19 所示。该对话框中的【全局比例因子】和出图比例应保持一致，即如果出图比例为 1：100，【全局比例因子】即为 100；出图比例为 1：200，【全局比例因子】即为 200；出图比例为 1：50，【全局比例因子】即为 50。当前对象的缩放比例是 1。

图 2.19　线型比例的设定

3. 绘制纵向定位轴线 A

(1) 将轴线层设置为当前层：单击【图层】工具栏上【图层控制】选项窗口旁边的下拉箭头，在下拉列表中选择【轴线】图层，如图 2.20 所示。

图 2.20　设置"轴线"为当前层

特别提示

上述方法是一种将某图层设置为当前层的简单有效的方法，而不必打开【图层特性管理器】去设置当前层。【图层控制】选项窗口还可以修改图层的开关、加锁和冻结等图层特性。

(2) 单击【绘图】工具栏上的【直线】图标 / 或在命令行输入"L"后按 Enter 键，启动绘制直线命令。

① 在_line 指定第一点：提示下，在绘图区域左下角的任意位置单击鼠标左键，将该点作为 A 轴线的左端点，移动光标则会发现一条随着光标移动而移动的橡皮条。

② 单击状态栏上的【正交】按钮或按 F8 键(F8 为【正交】功能的快捷键)，打开【正交】功能，这样光标只能沿水平或垂直方向拖动。

③ 在指定下一点或 [放弃(U)]：提示下，水平向右拖动光标，并在命令行输入"42600"后按 Enter 键。

④ 在指定下一点或 [放弃(U)]：提示下，按 Enter 键结束 line 命令。

这样就画出一条长度为 42600mm 的水平线，如图 2.21 所示。

图 2.21 绘制 A 轴线

特别提示

上面用方向长度的方法绘制出了 A 轴线，其中线的绘制方向依靠打开【正交】功能并向右拖动光标来指定；线的长度依靠键盘输入来指定。这是最常用的一种绘制直线的方法。

如果不小心将直线绘制错了，可以在绘制直线命令执行中马上输入 "U" 执行放弃，取消上次绘制直线的操作并可继续绘制新的直线。

从图 2.21 中可以看到，绘图区只能看到 A 轴线的左端点而不能看到其右端点。这是因为新建图形具有距离眼睛较近的特点。

试一试，如果将一支钢笔放在眼前 10mm 处，能看到钢笔的两端吗？但将钢笔向前推移一段距离后，就可以看到钢笔的两个端点。

(3) 在命令行输入 "Z" 后按 Enter 键，再输入 "E" 后按 Enter 键，执行【范围缩放】命令，这样等于将图形由近推远，所以可以看到线的两个端点，如图 2.22 所示。

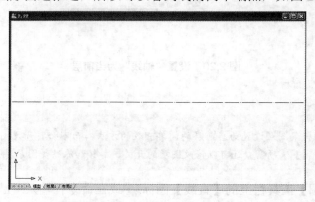

图 2.22 调整 A 轴线的显示

特别提示

默认设定的对象的颜色和线型是 "随层" (ByLayer) 的，所以将 A 线绘制在当前层 "轴线" 层上后，其颜色和线型是和 "轴线" 图层的设定一致的。

(4) 用【实时缩放】和【平移】命令将视图调至如图 2.23 所示的状态。

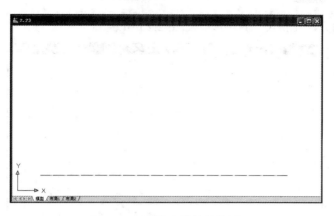

图 2.23 调整 A 轴线的位置

(5) 执行【范围缩放】后，如果绘制出的 A 轴线显示的不是中心线，应做如下检查。

① 在【图层特性管理器】对话框中的"轴线"图层的线型是否加载为 CENTER(中心线)或 DASHDOT(点画线)。

② 当前层是否为"轴线"图层。

③【格式】|【线型】命令下的【线型管理器】对话框中的【全局比例因子】是否改为"100"。

4．生成 B～F 横向定位轴线

(1) 单击【修改】工具栏上的【偏移】图标 或在命令行输入"O"并按 Enter 键，启动【偏移】命令，查看命令行。

① 在**指定偏移距离或[通过(T)/删除(E)/图层(L)]<通过>**：提示下，输入 B 轴线和 A 轴线之间的距离"5400"后按 Enter 键，表示偏移距离为 5400mm。

② 在**选择要偏移的对象，或 [退出(E)/放弃(U)] <退出>**：提示下，单击鼠标左键选择 A 轴线，此时 A 轴线变虚。

③ 在**指定要偏移的那一侧上的点，或 [退出(E)/多个(M)/放弃(U)] <退出>**：提示下，在 A 轴线上侧任意位置单击鼠标左键，则生成 B 轴线。

④ 按 Enter 键结束【偏移】命令，结果如图 2.24 所示。

图 2.24 用【偏移】命令生成 B 轴线

(2) 用相同的方法生成 C～F 轴线, 如图 2.25 所示。

图 2.25　用【偏移】命令生成 C～F 轴线

5.绘制 1 轴线

(1) 单击状态栏上的【对象捕捉】按钮或按 F3 键(F3 为【对象捕捉】功能的快捷键), 打开【对象捕捉】。

(2) 单击【绘图】工具栏上的【直线】图标或在命令行输入"L"后按 Enter 键, 启动绘制【直线】命令。

① 在 _line 指定第一点: 提示下, 将十字光标的交叉点放在 F 轴线的左端点处, 出现黄色端点捕捉方块及端点光标提示后单击鼠标左键, 则直线的起点绘制在 F 轴线的左端点处。

② 在指定下一点或 [放弃(U)]: 提示下, 将十字光标的交叉点放在 A 轴线的左端点处, 出现黄色端点捕捉方块及端点光标提示后单击鼠标左键, 则直线的第二点绘制在了 A 轴线的左端点处。这样就画出了 1 轴线。

③ 按 Enter 键结束【直线】命令, 如图 2.26 所示。

图 2.26　绘制 1 轴线

这样, 通过捕捉直线的两个端点的方法绘制出了 1 轴线。

　　【对象捕捉】按钮的作用是准确地捕捉图形对象的特征点,这里必须借助于【对象捕捉】才能准确寻找到 F 轴线和 A 轴线的左端点,否则就不能准确绘制出 1 轴线。

6. 执行【偏移】命令生成 2～6 轴线。

　　单击【修改】工具栏上的【偏移】图标或在命令行输入"O"并按 Enter 键,启动【偏移】命令。

　　(1) 在指定偏移距离或[通过(T)/删除(E)/图层(L)]<通过>:提示下,输入 1 轴线和 2 轴线之间的距离"3900"后按 Enter 键。

　　(2) 在选择要偏移的对象,或 [退出(E)/放弃(U)] <退出>:提示下,单击鼠标左键选择 1 轴线,此时 1 轴线变虚。

　　(3) 在指定要偏移的那一侧上的点,或 [退出(E)/多个(M)/放弃(U)] <退出>:提示下,单击 1 轴线右侧的任意位置,则生成 2 轴线。

　　(4) 在选择要偏移的对象,或 [退出(E)/放弃(U)] <退出>:提示下,单击鼠标左键选择 2 轴线,此时 2 轴线变虚。

　　(5) 在指定要偏移的那一侧上的点,或[退出(E)/多个(M)/放弃(U)]<退出>:提示下,左键单击 2 轴线右侧的任意位置,则生成 3 轴线。重复(4)～(5)步操作生成 4、5、6 轴线后按 Enter 键结束命令,结果如图 2.27 所示。

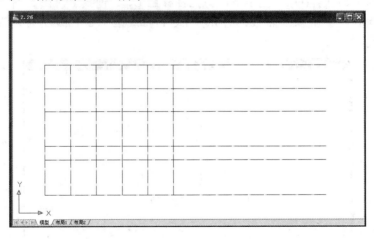

图 2.27 　【偏移】命令生成 2～6 轴线

　　【偏移】命令包含3步:给偏移距离、指定偏移对象、指定偏移方向。

　　A～G 轴线的间距各不相同,所以每偏移一条轴线,都需要重新启动【偏移】命令并给出所要偏移的距离。但 1～6 轴线间的距离均为 3900mm,所以一次【偏移】命令就可以偏移出 2～6 轴线。

　　重复执行【偏移】命令生成 7～12 轴线,如图 2.28 所示。

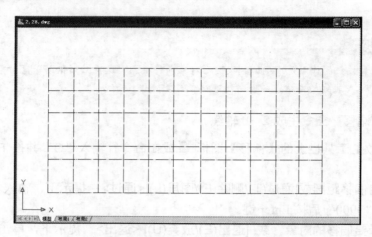

图 2.28　【偏移】命令生成 7~12 轴线

7. 修剪轴线

(1) 单击【修改】工具栏上的【修剪】图标或在命令行输入"Tr"并按 Enter 键，启动【修剪】命令。

① 在**选择对象或 <全部选择>**：提示下，单击 5 轴线上的任意位置，5 轴线变虚。注意，该步骤所选择的对象是剪切边界，即下面将以 5 轴线为剪切边界，来修剪 E、F 轴线。

② 在**选择要修剪的对象，或按住 Shift 键选择要延伸的对象，或[栏选(F)/窗交(C)/投影(P)/边(E)/删除(R)/放弃(U)]**：提示下，将光标移至 E、F 轴线上，在 5 轴线左边的任意位置单击鼠标左键，这样就以 5 轴线为边界将 E、F 轴线位于 5 轴线左侧的部分剪掉了，结果如图 2.29 所示。

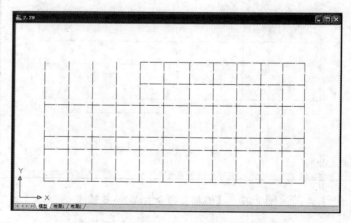

图 2.29　修剪 5 轴线左侧的 E、F 轴线

(2) 同样的方法，以 6 轴线为边界将 E、F 轴线位于 6 轴线右边的部分剪掉，结果如图 2.30 所示。

(3) 再次启动【修剪】命令。

① 在**选择对象或 <全部选择>**：提示下，按 Enter 键进入下一步命令。注意，这次没有选择剪切边界，而是按 Enter 键执行尖括号内的"全部选择"默认值，也就是说不选即为全选，图形文件中所有的图形对象都可以作为剪切边界。

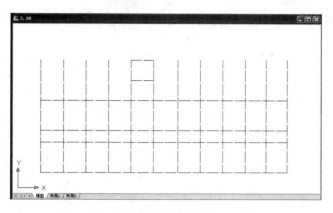

图 2.30 修剪 6 轴线右侧的 E、F 轴线

特别提示

在执行 CAD【偏移】、【修剪】等命令过程中，按 Enter 键可执行尖括号内的默认值。

② 在**选择要修剪的对象，或按住 Shift 键选择要延伸的对象，或[栏选(F)/窗交(C)/投影(P)/边(E)/删除(R)/放弃(U)]**：提示下，执行交叉选(从 M 点向 N 点拉窗口)，如图 2.31 所示，将图形修剪成如图 2.32 所示的状态。

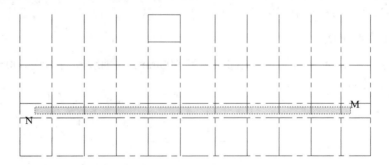

图 2.31 用交叉选的方法选择被剪切的对象

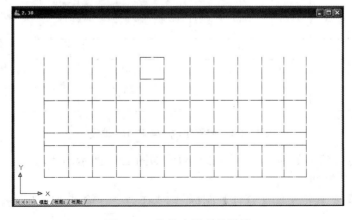

图 2.32 修剪走道内的轴线

（4）重复【修剪】命令，将图形修剪成如图 2.33 所示的状态。

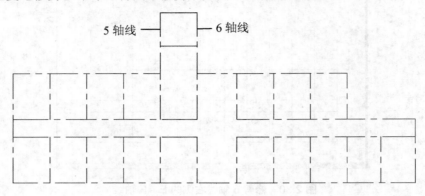

图 2.33　修剪后的图形

特别提示

执行【修剪】命令时，先选剪切边界，后选被剪对象。

剪切边界可以选择，也可以按 Enter 键直接进入下一步命令。注意，不选即为全选，即所有的图形对象都是剪切边界。

修剪图形时，有时选择剪切边界方便，有时不选剪切边界方便，大家应用心体会。

如果不小心将不该剪的轴线剪掉了，可以在【剪切】命令执行中马上输入 "U"，取消上次剪切操作，并可以重新选择新的被剪切对象。

8．进一步修整轴线

（1）执行【偏移】命令，将 5 轴线向左偏移 600mm，6 轴线向右偏移 600mm，形成 1/4 和 1/6 轴线，结果如图 2.34 所示。

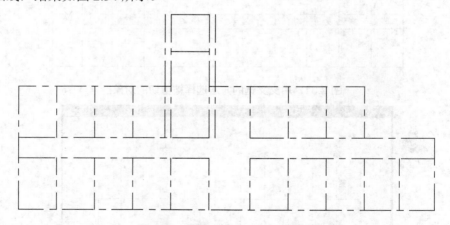

图 2.34　偏移生成 1/4 和 1/6 轴线

（2）然后执行【修剪】命令，将图形修剪成如图 2.35 所示的状态。

（3）延伸 E、F 轴线。

单击【修改】工具栏上的【延伸】图标 -/ 或在命令行输入 "Ex" 并按 Enter 键，启动【延伸】命令。

① 在**选择对象或 <全部选择>**：提示下，选择 1/4 和 1/6 轴线，则 1/4 和 1/6 轴线变虚。

这样就选择 1/4 和 1/6 轴线作为延伸边界，即下面将把 E 和 F 轴线左端延伸至 1/4 轴线处，右端延伸至 1/6 轴线处。

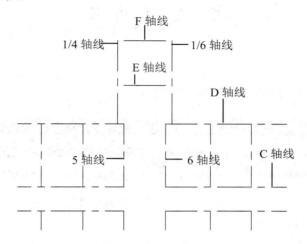

图 2.35　用【修剪】命令修剪后的图形

② 按 Enter 键进入下一步命令。

③ 在**选择要延伸的对象，或按住 Shift 键选择要修剪的对象，或[栏选(F)/窗交(C)/投影(P)/边(E)/放弃(U)]：**提示下，分别单击 E 和 F 轴线的左右端点。

④ 按 Enter 键结束【延伸】命令，这时 E 和 F 轴线的左右两侧的端点分别延伸至 1/4 和 1/6 轴线处，如图 2.36 所示。

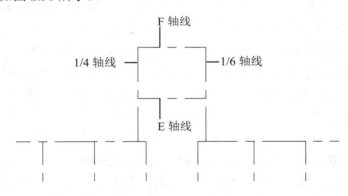

图 2.36　用【延伸】命令延伸图形

特别提示

● 执行【延伸】命令时，先选延伸边界，后选被延伸对象。

● 延伸边界可以选择，也可以按 Enter 键直接进入下一步命令。注意，不选即为全选，即所有的图形对象都是延伸边界。

● 延伸图形时，有时选择延伸边界方便，有时不选择延伸边界方便，应用心体会。

● 【延伸】命令延伸的是线段的端点，在选择被延伸的对象时，应单击其靠近延伸边界的一端。

● 如果不小心将不该延伸的直线延伸了，可以在【延伸】命令执行中马上输入 "U"，取消上次延伸操作，并可以重新选择新的被延伸对象。

<h2 align="center">2.5 绘 制 墙 体</h2>

1. 设置

将"墙线"层设置为当前层，如图 2.37 所示。

图 2.37 设置"墙线"层为当前层

2. 用多线绘制墙体

(1) 选择菜单栏中的【绘图】|【多线】命令，或在命令行输入"Ml"，启动【多线】命令，查看命令行。

命令：_mline

当前设置：对正=上，比例= 20.00，样式= STANDARD

① 在**指定起点或 [对正(J)/比例(S)/样式(ST)]**：提示下，输入"S"后按 Enter 键。

② 在**输入多线比例 <20.00>**：提示下，输入"240"(墙体厚度为 240mm)后按 Enter 键。

通过①和②步，就将多线的比例由 20mm 更改为 240mm。

③ 在**指定起点或 [对正(J)/比例(S)/样式(ST)]**：提示下，输入"J"后按 Enter 键。

④ 在**输入对正类型 [上(T)/无(Z)/下(B)] <上>**：提示下，输入"Z"后按 Enter 键。

通过③和④步，将多线的对正方式由"上"对正改为"中心"对正即"无"。经过①~④步操作后，命令行变为

命令：_mline

当前设置：对正=无，比例= 240.00，样式= STANDARD

⑤ 在**指定起点或 [对正(J)/比例(S)/样式(ST)]**：提示下，打开【对象捕捉】功能，捕捉图 2.38 中的 A 点作为多线的起点。

⑥ 在**指定下一点或 [闭合(C)/放弃(U)]**：提示下，分别捕捉 B、C、D、E、F 角点。

⑦ 在**指定下一点或 [闭合(C)/放弃(U)]**：提示下，输入"C"(即 Close)执行【首尾闭合】命令。

这样，就绘制出一个封闭的外墙，结果如图 2.38 所示。

特别提示

试一试，如果在第⑦步捕捉 A 点作为多线的终点，而不是输入"C"后按 Enter 键执行【首尾闭合】命令，A 点即首尾闭合处结果一样吗？

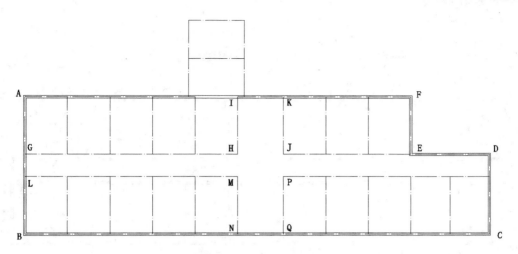

图 2.38 绘制封闭的外墙

(2) 按 Enter 键重复刚刚使用过的【多线】命令。注意观察左下角的命令行，AutoCAD会记住上一次"多线"的设置，即对正为"无"，比例为"240.00"。

① 在**指定起点或 [对正(J)/比例(S)/样式(ST)]**：提示下，打开【对象捕捉】功能，捕捉 G 点作为多线的起点。

② 在**指定下一点或 [闭合(C)/放弃(U)]**：提示下，分别捕捉 H、I 点。

③ 按 Enter 键结束命令，绘制出 GHI 内墙，结果如图 2.39 所示。

(3) 按 Enter 键重复【多线】命令，分别绘出 EJK、LMN、OPQ 这 3 段内墙，如图 2.40 所示。

(4) 按 Enter 键重复刚刚使用过的【多线】命令，捕捉如图 2.40 所示的 R 点和 S 点，则绘制出 RS 内墙，按 Enter 键结束命令。

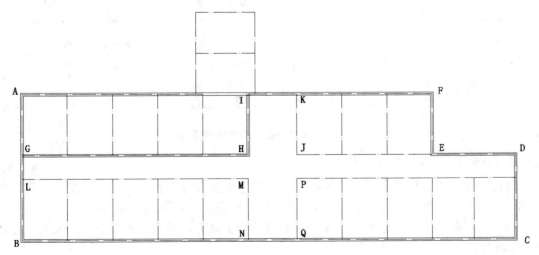

图 2.39 绘制 GHI 内墙

建筑 CAD 项目教程 (2010 版)

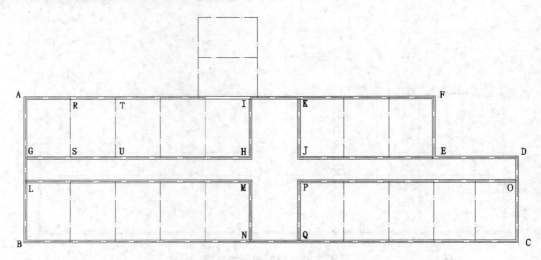

图 2.40 绘制 EJK、LMN、OPQ 内墙

(5) 用相同的方法绘制出 TU 等其他剩余的内墙，结果如图 2.41 所示。

此部分除了学习如何用【多线】命令绘制墙体外，还应理解 Enter 键结束和重复命令的作用。

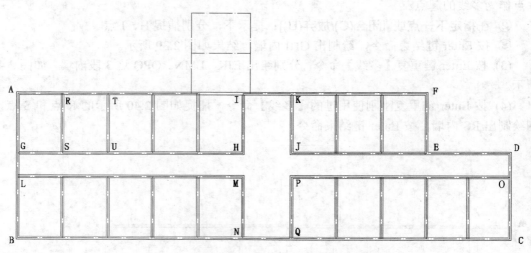

图 2.41 用【多线】命令绘制内墙

3．编辑墙线(将 T 形墙线打通)

(1) 单击【图层】工具栏上的【图层控制】选项窗口旁边的下拉箭头，在下拉列表中单击"轴线"层灯泡，灯泡由黄变灰，"轴线"层被关闭，如图 2.42 所示。

(2) 选择菜单栏中的【修改】|【对象】|【多线】命令，或双击将要编辑的多线，打开【多线编辑工具】对话框。

① 如图 2.43 所示，单击【T 形打开】图标。

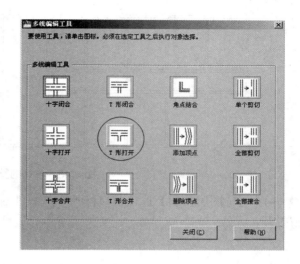

图 2.42　关闭"轴线"层　　　　　　图 2.43　【多线编辑工具】对话框

② 在**选择第一条多线**：提示下，单击选择 RS 线临近 AI 线处。

③ 在**选择第二条多线**：提示下，单击选择 AI 线临近 RS 线处，则 RS 和 AI 线相交处变成如图 2.44 所示的状态。

(3) 用同样的方法编辑其他的 T 形接头处，打开所有 T 形接头。

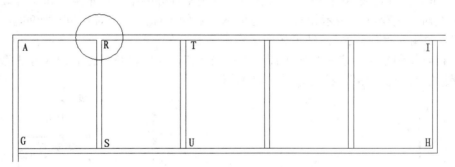

图 2.44　打开多线的 T 形接头

特别提示

● 用 STANDARD 样式绘制轴线标注在墙的中心线的墙时，对正方式应为"无"，比例即为墙厚(墙厚为 240mm，比例值设为"240"；墙厚为 120mm，比例值设为"120")。

● 为减少修改，用【多线】命令绘制墙体的步骤为：先外后内(先绘制外墙，后绘制内墙)；先长后短(绘制内墙时，先绘制较长的内墙，如 GHI、LMN 内墙，再绘制较短的内墙，如 RS 内墙)；先编辑(先用【多线编辑工具】打通 T 形接头处)，后分解(再用 Explode 命令将其分解)。

● 多线首尾闭合处应输入"C"并按 Enter 键结束命令。

● 理解多线的整体关系：在无命令的情况下，在 AB 线上单击鼠标左键，结果如图 2.45 所示。说明 AB、BC、CD、DE、EF、FA 这 6 段墙线是整体关系。图 2.45 中显示出的蓝色方块是冷夹点，冷夹点在图形的特征点处显示，按 Esc 键可取消冷夹点。

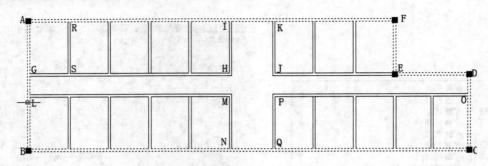

图 2.45　多线的整体关系

(4) 将【图层控制】选项窗口打开，单击"轴线"层灯泡，灯泡由灰变黄，"轴线"层被打开。

2.6　坐标及动态输入

1. 坐标

1) 直角坐标

用 X 和 Y 坐标值表示的坐标为直角坐标。直角坐标分为绝对直角坐标和相对直角坐标。

(1) 绝对直角坐标：表示相对于当前坐标原点的坐标值，绝对直角坐标的输入方法为"X，Y"，如输入"18，26"，结果如图 2.46 所示。

(2) 相对直角坐标：表示相对于前一点的坐标值，相对直角坐标的输入方法为"@X，Y"，如输入"@16，16"，结果如图 2.47 所示。

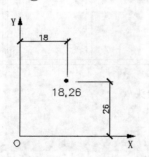

图 2.46　绝对直角坐标

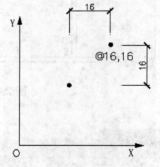

图 2.47　相对直角坐标

特别提示

直角坐标 X 和 Y 之间是"逗号"而不是"点"，中文输入法的"逗号"CAD 不认。

2) 极坐标

用长度和角度表示的坐标为极坐标。

(1) 绝对极坐标：表示相对于当前坐标原点的极坐标值，绝对极坐标的输入方法为"长度<角度"，如输入"180 < 50"，结果如图 2.48 所示。

(2) 相对极坐标：表示相对于前一点的极坐标值，相对极坐标的输入方法为"@长度< 角度"，如输入"@120＜46"，结果如图 2.49 所示。

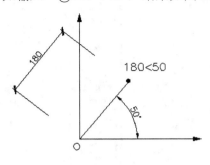

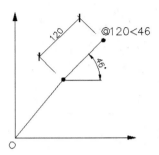

图 2.48　绝对极坐标　　　　　　　　　　　图 2.49　相对极坐标

特别提示

极坐标的角度有正负之分，逆时针为正，顺时针为负。

2．动态输入

动态输入是从 AutoCAD 2010 版开始增加的功能。单击状态栏上的【动态输入】按钮 ，系统就打开了【动态输入】功能，这样就可以在屏幕上动态输入某些参数，如直线的长度(图 2.50)和点的坐标(图 2.51)等。

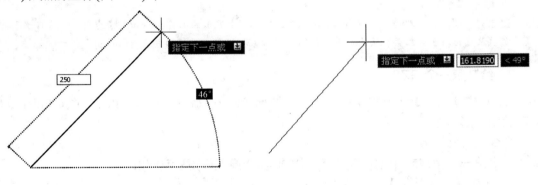

图 2.50　动态输入直线的长度　　　　　　图 2.51　动态输入点的坐标

2.7　绘制 GZ3

在 1/4 轴线和 E 轴线相交处绘制尺寸为 500mm×500mm 的构造柱，如图 2.52 所示。

1．设置当前层，调出【对象捕捉】工具栏

首先将当前层换为"柱子"图层，然后右击任意一个按钮，弹出【工具栏】菜单，如图 2.53 所示。选择【对象捕捉】命令，调出【对象捕捉】工具栏。

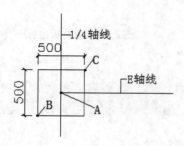

图 2.52　GZ3 的尺寸及位置　　　　　　　　图 2.53　调出【对象捕捉】工具栏

特别提示

图 2.53 菜单中"√"选项，都是 AutoCAD 工作界面上显示的工具栏。如果【绘图】、【修改】、【图层】及【标准】等工具栏丢失，可以用调出【对象捕捉】工具栏的方法重新调出。

2. 绘制第一个 GZ3

(1) 单击【绘图】工具栏上的【矩形】图标 ▭ 或在命令行输入"Rec"并按 Enter 键，启动绘制矩形命令，命令行如下：

命令：_rectang

指定第一个角点或 [倒角(C)/标高(E)/圆角(F)/厚度(T)/宽度(W)]：

① 单击【对象捕捉】工具栏上的【捕捉自】图标 ▪ 。

② 在指定第一个角点或 [倒角(C)/标高(E)/圆角(F)/厚度(T)/宽度(W)]：_from 基点：提示下，捕捉图 2.52 中的 A 点(即以 A 点作为确定矩形左下角的基点)。

③ 在指定第一个角点或 [倒角(C)/标高(E)/圆角(F)/厚度(T)/宽度(W)]：_from 基点：<偏移>：提示下，输入矩形左下角点 B 相对于基点 A 的坐标"@-250，-250"，结果如图 2.54 所示，这样绘制出了矩形的左下角点。

④ 在指定另一个角点或 [面积(A)/尺寸(D)/旋转(R)]：提示下，输入矩形右上角点 C 相对于 B 点的坐标"@500，500"，然后按 Enter 键结束命令。

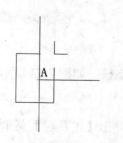

图 2.54　绘制矩形的左下角点

(2) 本部分学习目的。

① 上面介绍了一个非常有用的作图辅助工具【捕捉自】，借助于【捕捉自】命令，通过 1/4 轴线和 E 轴线的交点 A 找到了矩形的左下角点 B。注意仔细区分上面第②和第③步命令行的细微区别。

② 学会画一定尺寸的矩形。

3. 复制出另外 7 个柱子

(1) 单击【修改】工具栏上的【复制】图标 或在命令行输入"Co"并按 Enter 键，启动【复制】命令。

① 在**选择对象**：提示下，选择矩形柱，并按 Enter 键进入下一步命令。

② 在**指定基点或 [位移(D)] <位移>**：提示下，捕捉图 2.52 中的 A 点(即 1/4 轴线和 E 轴线的交点)作为复制基点。

③ 在**指定基点或 [位移(D)] <位移>**：指定第二个点或 <使用第一个点作为位移>：提示下，分别捕捉 1/4 轴线和 F 轴线的交点、1/6 轴线和 E 轴线的交点、1/6 轴线和 F 轴线的交点，这样便复制出另外 3 个柱子，如图 2.55 所示。

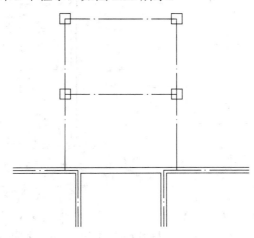

图 2.55　复制柱子

(2) 学习【复制】命令一定要理解基点的作用，基点的作用是使被复制出的对象能够准确定位，所以基点 A(即 1/4 轴线和 E 轴线的交点)必须准确地捕捉到(注意一定打开【对象捕捉】功能)。

4. 继续学习用【多线】命令绘制墙体

(1) 当前层仍为"墙线"层。

(2) 启动【多线】命令。选择菜单栏中的【绘图】|【多线】命令，或在命令行输入"Ml"，启动【多线】命令。

① 在**指定起点或 [对正(J)/比例(S)/样式(ST)]**：提示下，输入"J"后按 Enter 键。

② 在**输入对正类型 [上(T)/无(Z)/下(B)] <上>**：提示下，输入"T"后按 Enter 键，将对正方式改为"T"(即上对正)，此时比例仍为"240"。

③ 在**指定起点或 [对正(J)/比例(S)/样式(ST)]**：提示下，捕捉如图 2.56 所示的 A 点作为多段线的起点。

④ 在**指定下一点或** [闭合(C)/放弃(U)]：提示下，捕捉 B 点作为多段线的终点，按 Enter 键结束命令。

(3) 选择菜单栏中的【工具】|【草图设置】命令，打开【草图设置】对话框。选择【对象捕捉】选项卡后，勾选【垂足】捕捉复选框。

(4) 命令行输入"Ml"，启动【多线】命令。

① 在**指定起点或** [对正(J)/比例(S)/样式(ST)]：提示下，捕捉 C 点。

② 在**指定下一点或** [闭合(C)/放弃(U)]：提示下，将光标向下拖至与外墙相接处会出现垂足捕捉，如图 2.56 所示，此时单击鼠标左键，然后按 Enter 键结束命令。

(5) 按 Enter 键重复【多线】命令。在**指定起点或** [对正(J)/比例(S)/样式(ST)]：提示下，捕捉 A 点后将光标水平向右拖动，会发现墙的位置不正确，如图 2.57 所示，按 Esc 键取消命令。

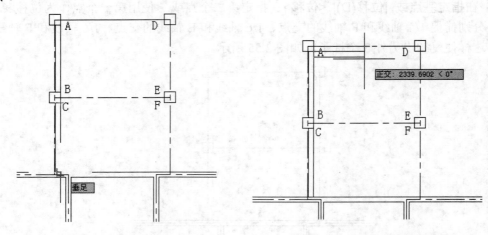

图 2.56　绘制墙体　　　　　　图 2.57　绘制 AD 墙的错误操作

(6) 再次按 Enter 键重复【多线】命令。

① 在**指定起点或** [对正(J)/比例(S)/样式(ST)]：提示下，捕捉 D 点。

② 在**指定下一点或** [闭合(C)/放弃(U)]：提示下，将光标水平向左拖动，然后捕捉 A 点(图 2.58)并按 Enter 键结束命令，绘制出 DA 墙线。

(7) 按 Enter 键重复【多线】命令。

① 在**指定起点或** [对正(J)/比例(S)/样式(ST)]：提示下，捕捉 E 点。

② 在**指定下一点或** [闭合(C)/放弃(U)]：提示下，将光标垂直向上拖动，然后捕捉 D 点并按 Enter 键结束命令，绘制出 ED 墙线。

(8) 按 Enter 键重复【多线】命令。

① 在**指定起点或** [对正(J)/比例(S)/样式(ST)]：提示下，将光标放在 F 处会出现端点捕捉，此时不单击鼠标左键而是将光标向下拖动，这时出现虚线，将光标继续向下拖动至与 D 轴线外墙相接处，会出现交点捕捉(黄色的"×")，如图 2.59 所示，此时单击鼠标左键可绘制出这一段墙的下端点。

② 在**指定下一点或** [闭合(C)/放弃(U)]：提示下，将光标向上拖动，捕捉 F 点并按 Enter 键结束命令。

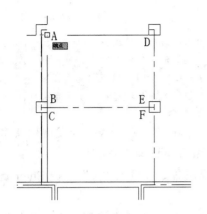

图 2.58　绘制 AD 墙的正确操作

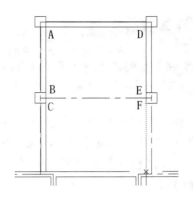

图 2.59　用【对象追踪】找墙的下端点

(9) 理解【多线】命令。

① 在 "4. 继续学习用【多线】命令绘制墙体" 中绘制的墙体的中心线和轴线不重合，所以不能利用轴线对墙体进行定位。从 "附图 2.1 宿舍楼底层平面图" (见本书第 293 页)中可知该部分的墙线和柱子的某个边线相重合，可以借助于 GZ3，并将多线的对正方法设定为 "上" 或 "下" 对正来定位墙体。但是绘制墙线时不太容易判断出应该用 "上" 对正还是用 "下" 对正方法。有一个技巧只需掌握 "上" 或 "下" 一种对正方法，就可以完成墙体的绘制。如将对正方法设置为 "上" 对正，如果从左向右画墙不对，则从右向左画墙肯定可以，如第(5)和(6)步的操作；如果从上向下画墙不对，则从下向上画墙肯定可以，如第(6)步的操作。

② 在上面第(8)步介绍了一个重要的辅助工具即【对象追踪】，利用 F 点追踪到了该段墙的下端点。

特别提示

本例建筑主体部位的绘图顺序为先画轴线，再由轴线定墙的位置。凸出部分的绘图顺序则为先画轴线，再由轴线定柱子的位置，然后由柱子定墙的位置。

5. 分解【多线】命令绘制的墙体

为了便于编辑墙体，用【多线】命令绘制的墙体经【多线编辑工具】编辑后应进行分解。

(1) 打开当前层的下拉列表，将 "柱子" 层锁定，即 "柱子" 图层被保护，不能对其做任何编辑，这样就不能对其做分解操作，如图 2.60 所示。

图 2.60　锁定 "柱子" 图层

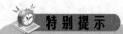

特别提示

● 图层被锁定后，图层上所有的对象将无法被修改，从而降低意外修改对象的可能性。AutoCAD 2010 将被锁定的图层淡显，既可以查看锁定图层上的对象又可以降低图形的视觉复杂程度。

● 锁定图层上的对象可正常打印，可以显示对象捕捉，但锁定图层的对象上不显示夹点。

(2) 体会多线的特点：在命令行为空的状态下，单击某一根墙线，会发现用【多线】命令绘制的两根墙线同时变虚，说明两者是整体关系(可参见图 2.45)。

(3) 单击【修改】工具栏上的【分解】图标 或在命令行输入 "X" 并按 Enter 键，启动【分解】命令。

在**选择对象**：提示下，输入 "All" 后按 Enter 键，所有用【多线】命令绘制的墙线均变为虚线，然后按 Enter 键结束命令。

(4) 在命令行为空的状态下单击某一根墙线，会发现和第(2)步结果不同，此时仅一根线变虚。多线被分解后已经不再是多线了，它变成了用【直线】命令绘制的直线，所以不能再用【多线编辑工具】修改它。

6. 修整图形

(1) 将 "轴线" 图层关闭，同时将 "柱子" 图层的锁打开。

(2) 用【修剪】命令将图 2.61 编辑至如图 2.62 所示的状态。

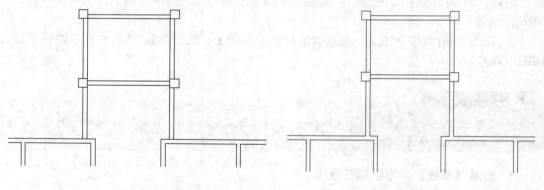

图 2.61 修整前的图形   图 2.62 修整后的图形

2.8 绘制散水线

1. 偏移生成散水线

将外墙线向外偏移 900mm，如图 2.63 所示。之后需要对散水线的阴阳角进行修角处理。

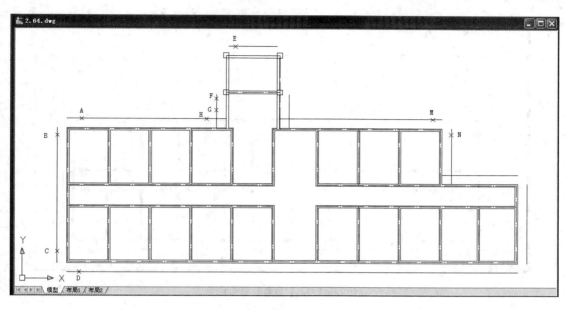

图 2.63　外墙线向外偏移 900mm

2．用【圆角】命令修角

(1) 单击【修改】工具栏上的【圆角】图标□或在命令行输入"F"并按 Enter 键，启动【圆角】命令，查看命令行：

fillet

当前设置：模式=修剪，半径= 0.0000

① 在**选择第一个对象或 [放弃(U)/多段线(P)/半径(R)/修剪(T)/多个(M)]:** 提示下，拾取图 2.63 中的散水线 A 处。

② 在**选择第二个对象，或按住 Shift 键选择要应用角点的对象:** 提示下，拾取散水线 B 处。

(2) 反复重复【圆角】命令，修改 C 和 D 处、E 和 F 处、G 和 H 处，结果如图 2.65 所示。

3．用【倒角】命令修角

(1) 单击【修改】工具栏上的【倒角】图标□或在命令行输入"Cha"并按 Enter 键，启动【倒角】命令，查看命令行：

_chamfer

("修剪"模式)当前倒角距离 1 = 0.0000，距离 2 = 0.0000

① 在**选择第一条直线或 [放弃(U)/多段线(P)/距离(D)/角度(A)/修剪(T)/方式(E)/多个(M)]:** 提示下，拾取图 2.64 中的散水线 M 处。

② 在**选择第二条直线，或按住 Shift 键选择要应用角点的直线:** 提示下，拾取散水线 N 处。

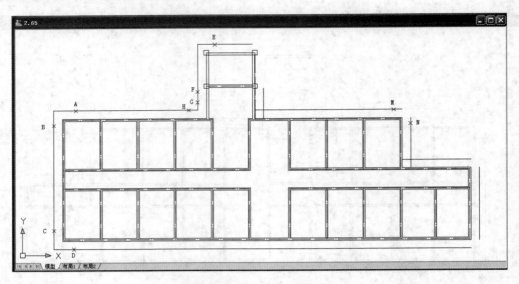

图 2.64　用【圆角】命令修角

（2）反复重复【倒角】命令，修改其他阴角和阳角处，并绘制坡面交界线，结果如图 2.65 所示。

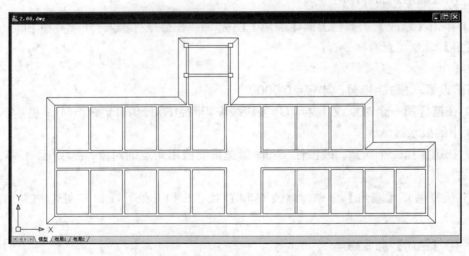

图 2.65　散水线和坡面交界线

图 2.66　修角处理的两种情况

4．用【圆角】和【倒角】命令修角应满足的条件

用【圆角】和【倒角】命令都可以进行修角处理，修角包含两种情况，如图 2.66 所示。

（1）用【圆角】命令进行修角必须满足两个条件：模式应为【修剪】模式；圆角半径为"0"。

（2）用【倒角】命令进行修角也必须满足两个条件：模式应为【修剪】；倒角距离 1 和倒角距离 2 均为"0"。

5．换图层

散水线是由墙线偏移而得到的，所以它目前位于"墙线"层上，现在将其由"墙线"层换到"室外"层上，换图层有4种方法。

1）利用图层工具栏换图层

(1) 在无命令情况下，单击散水线，出现夹点。此时【图层控制】选项窗口显示的就是目前该图形所位于的图层，可以用此方法查询某图形所位于的图层，如图 2.67 所示。

图 2.67　查询图形所位于的图层

(2) 将【图层控制】选项窗口打开，选中"室外"图层，则该图形被换到"室外"层上，如图 2.68 所示。

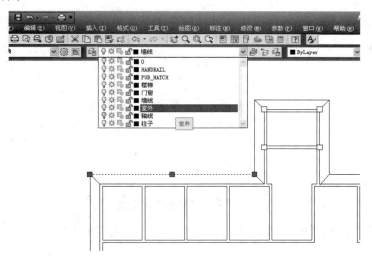

图 2.68　利用图层工具栏换图层

2）利用【对象特性】命令换图层

(1) 在无命令情况下，单击位于"墙线"层上的散水线，出现夹点。

(2) 单击【标准】工具栏上的【对象特性】图标或选择菜单栏中的【修改】|【特性】命令，打开【对象特性管理器】对话框。

(3) 在【对象特性管理器】对话框中的图层右侧的文本框内单击鼠标左键，出现下拉箭头，然后将其下拉列表打开，选中"室外"层，如图 2.69 所示。

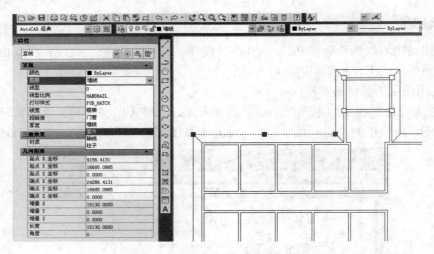

图 2.69 利用【对象特性管理器】换图层

(4) 按 Esc 键取消夹点，则该图形被换到"室外"层上。

3) 利用【特性匹配】命令换图层

只有利用【图层工具栏】或【对象特性管理器】将某一条散水线换图层后，才能用格式刷将剩余的其他散水线由"墙线"层换到"室外"层上。

(1) 单击【标准】工具栏上的【特性匹配】图标 或选择菜单栏中的【修改】|【特性匹配】命令，启动【特性匹配】命令。

(2) 在**选择源对象**：提示下，选择已经被换到"室外"层上的 A 线。此时 A 线变虚并且光标变成一把大刷子，如图 2.70 所示。

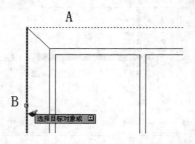

图 2.70 利用【特性匹配】换图层

(3) 在**选择目标对象或[设置(S)]**：提示下，选择将要被换到"室外"层的 B 线等，按 Enter 键结束命令。

执行【特性匹配】命令，将其他散水线换到"室外"图层上。

特别提示

学习【特性匹配】命令一定要理解源对象和目标对象的概念。例如，某班有 10 个学生，其中 9 个男生，1 个女生。如果要将男生变成女生，则女生为源对象，所有的男生则是目标对象。如果班里 10 名学生都是男生，没有女生，则无法使用【特性匹配】命令。

4) 利用【快捷特性】对话框换图层

(1) 打开状态栏上的【快捷特性】按钮 🔳 后，在无命令情况下，单击散水线，出现夹点，【快捷特性】对话框也随即弹出。默认状态下，快捷特性对话框显示有：颜色、图层、线型、直线的长度等，单击右上角的【自定义】按钮，打开【自定义用户界面】对话框，可以 √ 选线型、线宽等加设到【快捷特性】对话框内。在该对话框内可以查询图层也可以修改图层。

(2) 在对话框中的【图层】右侧的文本框内单击鼠标左键，出现下拉箭头，然后将其下拉列表打开，选中"室外"层。

2.9 开门窗洞口

1. 绘制窗洞口线

(1) 分别按 F8、F3、F11 键打开【正交】、【对象捕捉】、【对象追踪】功能，并将视图调整到如图 2.71 所示的状态。

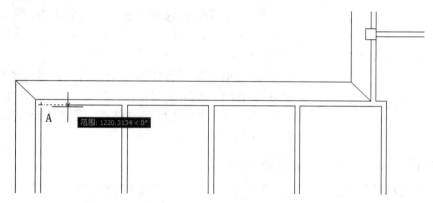

图 2.71 利用【对象追踪】找点的位置

(2) 单击【绘图】工具栏上的【直线】图标 ✏ 或在命令行输入"L"并按 Enter 键，启动绘制直线命令。

① 在 line 指定第一点：提示下，将光标放在左上角房间的阴角点 A 点处，不单击鼠标左键，待出现端点捕捉符号后，将光标轻轻地水平向右拖动，会出现一条虚线，如图 2.71 所示。然后输入"930"(该值为 A 点到窗洞口左下角点的距离，即 1050−120=930)后按 Enter 键，直线的起点就画在窗洞口的左下角点处。

② 在指定下一点或[放弃(U)]：提示下，将光标垂直向上拖动，然后输入"240"，如图 2.72 所示，按 Enter 键结束命令。

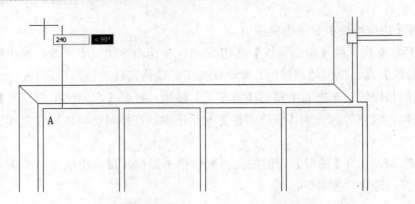

图 2.72　绘制 240mm 长的垂直线

这样，在距离 A 点向右 930mm 处绘出一根 240mm 长的垂直线。

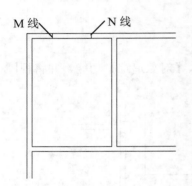

图 2.73　绘制窗洞口线

(3) 单击【修改】工具栏上的【偏移】图标 或在命令行输入 "O" 并按 Enter 键，启动【偏移】命令。

① 在指定偏移距离或[通过(T)/删除(E)/图层(L)]<通过>：提示下，输入窗洞口的宽度 "1800"，然后按 Enter 键进入下一步命令。

② 在选择要偏移的对象，或 [退出(E)/放弃(U)] <退出>：提示下，用拾取的方法选择刚才绘制的 M 垂直线，此时该线变虚。

③ 在指定要偏移的那一侧上的点，或 [退出(E)/多个(M)/放弃(U)] <退出>：提示下，单击 M 线右侧的任意位置，则生成窗洞口右侧的 N 线，结果如图 2.73 所示，按 Enter 键结束命令。

2. 用【阵列】命令复制出其他窗洞口线

(1) 单击【修改】工具栏上的【阵列】图标 或在命令行输入 "Ar" 并按 Enter 键，打开【阵列】对话框。

① 设定【阵列】对话框，如图 2.74 所示。

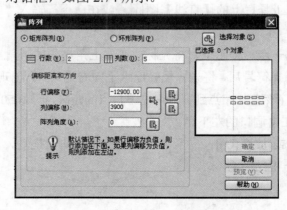

图 2.74　【阵列】对话框

② 单击【阵列】对话框右上角的【选择对象】按钮，此时【阵列】对话框消失。然后选择图 2.73 中的 M、N 线后按 Enter 键，对话框又返回。单击【确定】按钮关闭对话框，结果如图 2.75 所示。

(2) 将图 2.75 中圆圈所圈定的两个短线擦除。

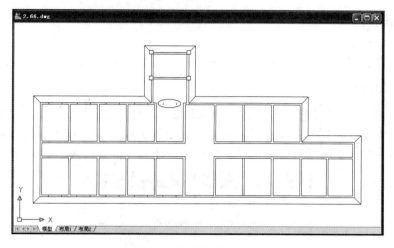

图 2.75　阵列生成窗洞口线

特别提示

　　用【阵列】命令复制对象时，行数和列数的计算应包括被阵列对象本身。行偏移(即行间距)和列偏移(即列间距)有正负之分：行间距上为正，下为负；列间距右为正，左为负。

　　行偏移或列偏移计算方法为左到左或右到右或中到中，如窗洞口左边到窗洞口左边或窗洞口右边到窗洞口右边或窗洞口中间到窗洞口中间。

　　当行数和列数为 1 时，行偏移或列偏移内的值为任意值都是无效的。

(3) 参照"附图 2.1 宿舍楼底层平面图"的尺寸，画出其他房间的门窗洞口并剪切成如图 2.76 所示的状态。

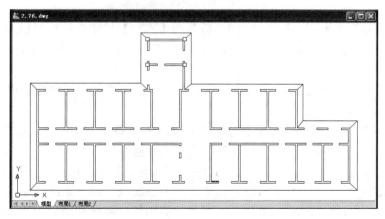

图 2.76　绘制其他门窗洞口线

2.10 绘 制 门 窗

2.10.1 绘制窗

绘制窗的方法有多种，这里主要介绍利用【多线】命令绘制窗。

1. 设置多线样式

(1) 选择菜单栏中的【格式】|【多线样式】命令，打开【多线样式】对话框。单击【新建】按钮，弹出【创建新的多线样式】对话框，如图 2.77 所示。在【新样式名】文本框内输入"WINDOW"，单击【继续】按钮，打开【新建多线样式：WINDOW】对话框。

图 2.77　创建新的多线样式

(2) 在【偏移】文本框内输入"120"后单击【添加】按钮。然后用相同方法依次设定"40"、"-40"、"-120"。如果有"0.5"或"-0.5"值，选中后单击【删除】按钮将其删除，结果如图 2.78 所示。

(3) 单击【确定】按钮返回【多线样式】对话框，注意观察【预览】窗口内的图形和图 2.79 中是否一样，如果不同则说明多线元素设定有错。

(4) 选中 WINDOW 选项，单击【置为当前】按钮，如图 2.79 所示，这样就将 WINDOW 样式设置为当前多线样式，单击【确定】按钮关闭对话框。

(5) 多线样式设定理解：设定多线样式时，在【元素】文本框内，如设定的值为正值，在中心线以上加一条线；如设定的值为负值，在中心线以下加一条线；如设定的值为 0，则在中间位置加一条线，如图 2.80 所示。可以计算出第一根线和最后一根线之间的距离为240mm。观察图 2.79，会发现这里有 STANDARD 和 WINDOW 两种多线样式：STANDARD 元素值为 0.5 和-0.5，所以 STANDARD 多线样式只有两根线，两根线之间的距离为 1mm；

WINDOW 多线样式有 4 根线，第一根线和最后一根线之间的距离为 240mm。

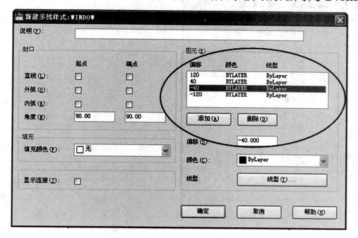

图 2.78　修改多线元素

图 2.79　设置当前多线样式

图 2.80　多线元素值和图形的关系

2.利用【多线】命令绘制窗

1) 准备工作

(1) 换当前层：将当前层换为"门窗"层("轴线"层仍为关闭状态)。

(2) 将当前多线样式设定为 WINDOW (图 2.79)。

(3) 勾选【中点】捕捉复选框：右击状态栏上的【对象捕捉】按钮，弹出快捷菜单，选择【设置】命令，则弹出【草图设置】对话框。勾选【中点】捕捉复选框，如图 2.81 所示。

(4) 将视图调整至如图 2.82 所示的状态。

2) 启动【多线】命令

选择菜单栏中的【绘图】|【多线】命令，启动【多线】命令，查看命令行：

命令：mline

当前设置：对正=无，比例= 240.00，样式= WINDOW

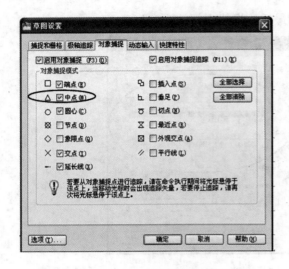

图 2.81　勾选【中点】捕捉复选框

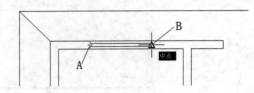

图 2.82　用【多线】命令绘制左上角的窗

指定起点或 [对正(J)/比例(S)/样式(ST)]:

(1) 在指定起点或 [对正(J)/比例(S)/样式(ST)]: 提示下，输入"S"后按 Enter 键。

(2) 在输入多线比例 <240.00>: 提示下，输入"1"后按 Enter 键。

经过(1)和(2)步操作后，将比例由"240"调整为"1"，命令行变为

当前设置：对正=无，比例= 1.00，样式= WINDOW

指定起点或 [对正(J)/比例(S)/样式(ST)]:

(3) 在指定起点或 [对正(J)/比例(S)/样式(ST)]: 提示下，捕捉 A 点。

(4) 在指定下一点或 [闭合(C)/放弃(U)]: 提示下，捕捉 B 点。A、B 点分别为窗洞口左右 240mm 墙厚的中点，如图 2.82 所示。

(5) 按 Enter 键结束命令，这样就绘制出了 1 窗。

3) 理解【多线】命令中【比例】的设定

(1) 比例是用来放大或缩小图形的，比例值为新尺寸/旧尺寸。比例值大于 1 为放大图形；比例值等于 1 为图形不变；比例值小于 1 为缩小图形。

(2) 2.5 节的"2. 用多线绘制墙体"中用 STANDARD 样式绘制了 240mm 厚的墙体，但多线 STANDARD 样式的两根线距离为"1"，需要将其变为"240"，则比例=新尺寸240/旧尺寸 1=240。

(3) 2.10.1 节中用 WINDOW 样式绘制窗，WINDOW 样式的多线第一根和最后一根线的距离为 240mm，窗洞口的宽度也为 240mm，则比例=新尺寸 240/旧尺寸 240=1。

4) 复制出 2 窗

如图 2.83 所示，由 1 窗复制出 2 窗。

(1) 单击【修改】工具栏上的【复制】图标 ⚙ 或在命令行输入"Co"并按 Enter 键，启动【复制】命令。

(2) 在选择对象: 提示下，选择上面绘制的 1 窗作为被复制的对象，并按 Enter 键进入下一步命令。

(3) 在指定基点或 [位移(D)] <位移>: 提示下，捕捉 1 窗洞口的左下角点作为复制基点。

(4) 在**指定基点或 [位移(D)] <位移>**：指定第二个点或 **<使用第一个点作为位移>**：提示下，捕捉 2 窗洞口的左下角点，如图 2.83 所示。

(5) 按 Enter 键结束命令。

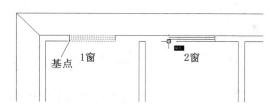

图 2.83　靠基点定位复制门窗

5) 如图 2.84 所示，由 1 窗复制出 3 窗

(1) 单击【修改】工具栏上的【复制】图标 🔗，启动【复制】命令。

(2) 在**选择对象**：提示下，选择 1 窗作为被复制的对象，并按 Enter 键进入下一步命令。

(3) 在**指定基点或 [位移(D)] <位移>**：提示下，在绘图区任意单击一点作为复制基点。

(4) 在**指定基点或 [位移(D)] <位移>**：指定第二个点或 **<使用第一个点作为位移>**：提示下，打开【正交】功能，将光标垂直向下拖动，输入"12900"(该值为 A 轴线与 D 轴线之间的距离)，如图 2.84 所示，然后按 Enter 键。

(5) 按 Enter 键结束【复制】命令。

6) 理解【复制】命令

(1) 由 1 窗复制出 2 窗时，被复制出的 2 窗是依靠基点得到准确定位的，所以此时必须准确地捕捉住基点。

(2) 由 1 窗复制出 3 窗时，被复制出的 3 窗是依靠距离得到准确定位的，此时基点可选在任意位置，"12900"是 1 窗和 3 窗之间的垂直距离，所以必须打开【正交】功能。

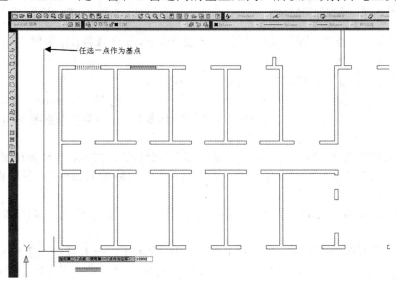

图 2.84　靠距离定位复制门窗

2.10.2 绘制门

下面介绍 3 种绘制门的方法。

1. 利用【多段线】命令绘制门

单击【绘图】工具栏上的【多段线】图标 或在命令行输入 "Pl" 并按 Enter 键，启动绘制【多段线】命令。

(1) 在**指定起点**：提示下，捕捉门洞口右侧垂直线的中点作为起点，如图 2.85 所示。

(2) 在当前线宽为 0.0000，指定下一个点或[圆弧(A)/半宽(H)/长度(L)/放弃(U)/宽度(W)]：提示下，输入 "W" 后按 Enter 键，指定要修改线宽。

(3) 在**指定起点宽度 <0.0000>**：提示下，输入 "50"。

(4) 在**指定端点宽度 <0.0000>**：提示下，输入 "50"，表示将线宽改为 50mm。打开【正交】功能，并将光标垂直向上拖动。

(5) 在**指定下一个点或** [圆弧(A)/半宽(H)/长度(L)/放弃(U)/宽度(W)]：提示下，输入 "1000" 后按 Enter 键。这样就画出线宽为 50mm、长度为 1000mm 的门扇，如图 2.86 所示。

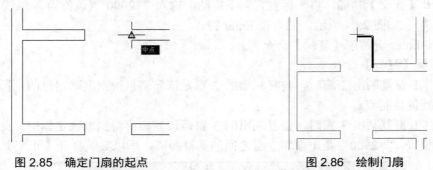

图 2.85　确定门扇的起点　　　　　　　　图 2.86　绘制门扇

(6) 在**指定下一点或** [圆弧(A)/闭合(C)/半宽(H)/长度(L)/放弃(U)/宽度(W)]：提示下，输入 "W" 后按 Enter 键。

(7) 在**指定起点宽度<0.0000>**：提示下，输入 "0"。

(8) 在**指定端点宽度<0.0000>**：提示下，输入 "0"，将线宽由 50mm 改为 0mm。

(9) 在**指定下一点或** [圆弧(A)/闭合(C)/半宽(H)/长度(L)/放弃(U)/宽度(W)]：提示下，输入 "A" 后按 Enter 键，指定将要绘制圆弧。

(10) 在**指定圆弧的端点或**[角度(A)/圆心(CE)/闭合(CL)/方向(D)/半宽(H)/直线(L)/半径(R)/第二个点(S)/放弃(U)/宽度(W)]：提示下，输入 "Ce" 后按 Enter 键，说明将要用指定圆心的方式绘制圆弧。

(11) 在**指定圆弧的圆心**：提示下，捕捉 A 点(即门扇的起点)作为圆弧的圆心，如图 2.87 所示。

(12) 在**指定圆弧的端点或** [角度(A)/长度(L)]：提示下，打开【正交】功能，将光标水平向左拖动(图 2.88)，在任意位置单击鼠标左键，确定逆时针绘制的 1/4 个圆弧。

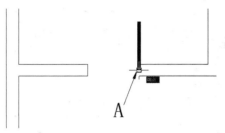

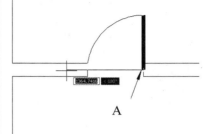

图 2.87　指定圆弧的中心点　　　　　　　图 2.88　确定圆弧的长度

(13) 按 Enter 键结束命令。

特别提示

　　多段线又称为多义线，即多种意义的线，用它可以绘制 0 宽度的线，也可以绘制具有一定宽度的
线；可以绘制直线，也可以绘制圆弧。用多段线连续绘出的直线和圆弧是整体关系，可以用【分解】
命令将多段线分解。多段线被分解后，变成直线或圆弧，线宽将变为"0"。

2. 利用【极轴】按钮、方向长度方式画线及【圆弧】命令绘制门

　　(1) 右击状态栏上的【极轴】按钮，弹出快捷菜单，选择【设置】命令，则弹出【草
图设置】对话框，将对话框设置成如图 2.89 所示的状态。

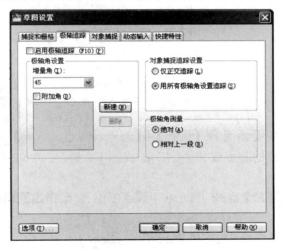

图 2.89　设置【草图设置】对话框

　　(2) 单击【绘图】工具栏上的【多段线】图标 或在命令行输入"Pl"并按 Enter 键，
启动绘制【多段线】命令。

　　① 在**指定起点**：提示下，捕捉如图 2.90 所示的 A 点作为线的起点。

　　② 在**当前线宽为 0.0000，指定下一个点或 [圆弧(A)/半宽(H)/长度(L)/放弃(U)/宽度
(W)]**：提示下，输入"W"后按 Enter 键。

　　③ 在**指定起点宽度 <0.0000>**：提示下，输入"50"。

　　④ 在**指定端点宽度 <0.0000>**：提示下，输入"50"，这样就将线宽改为"50"。

　　⑤ 按 F10 键，打开【极轴】功能。

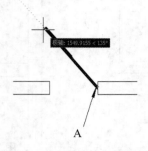

图 2.90 门扇的拖动方向

⑥ 在指定下一点或 [圆弧(A)/闭合(C)/半宽(H)/长度(L)/放弃(U)/宽度(W)]：提示下，将光标向左上方拖动，出现虚线和 135°提示后(图 2.90)，输入"1000"并按 Enter 键结束命令。这样就画出线宽为 50mm、长度为 1000mm、与 X 轴正向夹角为 135°的门扇，如图 2.91 所示。

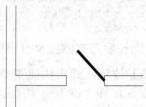

图 2.91 绘制出的门扇

特别提示

用方向长度的方式画线，不仅可以画水平线和垂直线，而且还可以绘制有一定角度的线。

(3) 选择菜单栏中的【绘图】|【圆弧】|【起点、圆心、端点】命令。

① 在 arc 指定圆弧的起点或 [圆心(C)]：提示下，捕捉图 2.92 中的 B 点作为圆弧的起点。

② 在指定圆弧的第二个点或 [圆心(C)/端点(E)]： _c 指定圆弧的圆心：提示下，捕捉 A 点作为圆弧的圆心。

③ 在指定圆弧的端点或 [角度(A)/弦长(L)]：提示下，捕捉 C 点作为圆弧的端点。

通过①、②、③步指定圆弧的起点、圆心和端点，绘制出了圆弧(即门扇的轨迹线)，如图 2.92 所示。

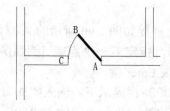

图 2.92 绘制门扇的轨迹线

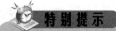
特别提示

默认状态下圆弧和椭圆弧均为逆时针方向绘制，所以在执行绘制圆弧命令时，应按逆时针的方向确定起点和端点的位置。因此 B 点应作为圆弧的起点，C 点应作为圆弧的端点。如果将 A 和 C 颠倒，则会增加绘图步骤。

3. 生成值班室大门

(1) 用【复制】命令将 A 门复制到 B 处，如图 2.93 所示。

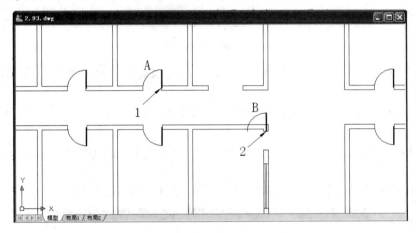

图 2.93　将 A 门复制到 B 处

① 单击【修改】工具栏上的【复制】图标 ，启动【复制】命令。

② 在**选择对象**：提示下，选择 A 门作为被复制的对象，并按 Enter 键进入下一步命令。

③ 在**指定基点或 [位移(D)] <位移>**：提示下，捕捉 A 门的 1 点作为复制基点。

④ 在**指定基点或 [位移(D)] <位移>**：指定第二个点或 <使用第一个点作为位移>：提示下，捕捉 B 门洞口的 2 点。这样，就将 A 门复制到了 B 门洞口处。

(2) 用【旋转】命令将 B 门旋转到位。

① 单击【修改】工具栏上的【旋转】图标 或在命令行输入"Ro"并按 Enter 键，启动【旋转】命令。

② 在**选择对象**：提示下，选择 B 门，此时该门变虚，按 Enter 键进入下一步命令。

③ 在**指定基点**：提示下，选择 2 点作为 B 门旋转的基点。

④ 在**指定旋转角度，或 [复制(C)/参照(R)] <0>**：提示下，输入"90"，按 Enter 键结束命令，结果如图 2.94 所示。

特别提示

旋转角度逆时针为正，顺时针为负。由于图形围绕着基点转动，所以旋转后基点的位置不变。

4. 生成出入口处的大门

出入口处是 4 扇门，每扇门宽为 750mm。

(1) 用【复制】命令将 1000mm 宽的 A 门复制到如图 2.95 所示出入口大门洞口处。

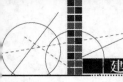
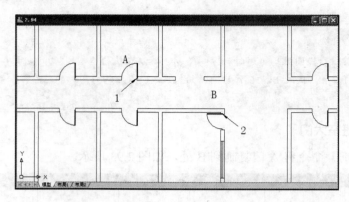

图 2.94　旋转 B 门

（2）由于出入口处每扇门的宽度为 750mm，所以需要将刚才复制生成的门扇缩小成 750mm。

① 单击【修改】工具栏上的【比例】图标 或在命令行输入 "Sc" 并按 Enter 键，启动【比例】命令。

② 在**选择对象**：提示下，选择出入口处的门，此时该门变虚，按 Enter 键进入下一步命令。

③ 在**指定基点**：提示下，选择图 2.95 中的 3 点作为缩放的基点。

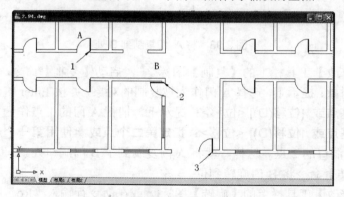

图 2.95　复制门扇

④ 在**指定比例因子或 [复制(C)/参照(R)] <1.0000>**：提示下，输入 "0.75"（比例=新尺寸 750 / 旧尺寸 1000=0.75)后按 Enter 键。

⑤ 按 Enter 键结束命令。则该门大小由 1000mm 变为 750mm。

特别提示

　　【比例】命令是将图形沿 X、Y 方向等比例地放大或缩小，比例因子=新尺寸/ 旧尺寸。当图形沿着 X、Y 方向变大或缩小时，基点的位置不变。一定要理解基点在【比例】命令中的作用。

（3）用【镜像】命令生成出入口处的其他门扇。

① 单击【修改】工具栏上的【镜像】图标 或在命令行输入 "Mi" 并按 Enter 键，启动【镜像】命令。

② 在**选择对象**：提示下，选择上面被缩小的门扇，然后按 Enter 键进入下一步命令。

③ 在**指定镜像线的第一点**：提示下，捕捉 B 点(图 2.96)作为镜像线的第一点。

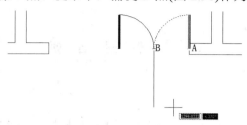

图 2.96 指定镜像线

④ 在**指定镜像线的第二点**：提示下，打开【正交】功能，将光标垂直向下拖动，如图 2.96 所示，在任意位置单击鼠标左键。

通过③和④步的操作，就指定了一条起点在 B 点的垂直镜像线。

⑤ 在**要删除源对象吗？[是(Y)/否(N)] <N>**：提示下，按 Enter 键执行尖括号里的默认值 "N"，即不删除源对象，结果如图 2.96 所示。如果需要删除源对象，则输入 "Y" 后按 Enter 键。

(4) 反复重复【镜像】命令并执行【删除】命令，结果如图 2.97 所示。

图 2.97 镜像生成出入口处的大门

特别提示

镜像是对称于镜像线的对称复制，一定要理解镜像线的作用。

(5) 用前面已经学过的【阵列】、【复制】和【镜像】命令，将绘制出的门窗复制到其他洞口内并修改门扇的开启方向，结果如图 2.98 所示。

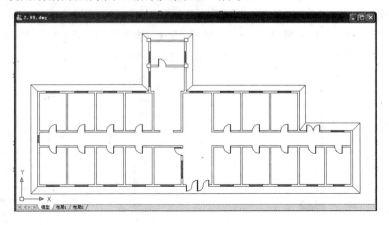

图 2.98 形成所有门窗

2.11 绘 制 台 阶

1．绘制内侧台阶线

(1) 分别按 F8、F3 和 F11 键打开【正交】、【对象捕捉】和【对象追踪】功能。

(2) 在命令行输入"PL"后按 Enter 键，启动绘制多段线命令。

① 在**指定起点**：提示下，捕捉如图 2.99 所示的 A 点，但不单击鼠标左键，将光标水平向左轻轻拖动，拖出虚线后，输入"600"并按 Enter 键。利用【对象追踪】并借助 A 点，找到多段线的起点位置，此时应注意看命令行的第 2 行，查看当前线宽。

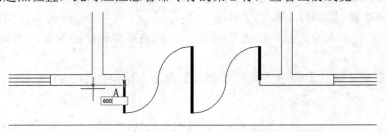

图 2.99 借助 A 点寻找多段线的起点

② 当前线宽为 50.0000，在**指定下一个点或** [圆弧(A)/半宽(H)/长度(L)/放弃(U)/宽度(W)]：提示下，输入"W"后按 Enter 键，表示要修改多段线的宽度。

③ 在**指定起点宽度** <50.0000>：提示下，输入"0"后按 Enter 键，表示将多段线的起点宽度改为"0"。

④ 在**指定端点宽度** <0.0000>：提示下，按 Enter 键执行尖括号内的默认值"0.000"，表示将多段线的端点宽度也改为"0"。这样就将多段线的宽度由 50mm 改为 0mm。

注意，如果线宽本身就是"0"，则不需做②～④步的操作。

⑤ 在**指定下一个点或** [圆弧(A)/半宽(H)/长度(L)/放弃(U)/宽度(W)]：提示下，将光标垂直向下拖动，输入"1500"后按 Enter 键，如图 2.100 所示。

⑥ 在**指定下一个点或** [圆弧(A)/半宽(H)/长度(L)/放弃(U)/宽度(W)]：提示下，将光标水平向右拖动，输入"4200"后按 Enter 键，如图 2.101 所示。

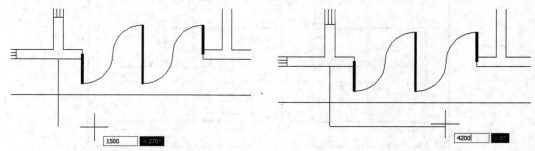

图 2.100 光标向下拖动并输入"1500"   图 2.101 光标向右拖动并输入"4200"

⑦ 在**指定下一个点或 [圆弧(A)/半宽(H)/长度(L)/放弃(U)/宽度(W)]**：提示下，将光标垂直向上拖动，输入"1500"后按 Enter 键结束命令，结果如图 2.102 所示。

2. 偏移生成其他台阶

将上面所绘制的多段线向外偏移 3 个"300"，结果如图 2.103 所示。

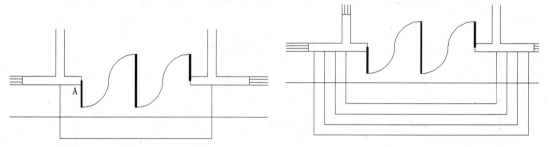

图 2.102　绘制台阶的内侧踏步线　　　图 2.103　向外偏移形成另外 3 条踏步线

🕐 特别提示

偏移时会发现用【多段线】命令绘制的 3 条内侧台阶线同时向外偏移，用户进一步体会到多段线的整体特点。想一想，如果用【直线】命令绘制内侧台阶线，执行【偏移】命令后结果会如何呢？

3. 修剪和台阶重合的散水线

在命令行输入"Tr"并按 Enter 键，启动【剪切】命令。

(1) 在**选择剪切边…，选择对象或 <全部选择>**：提示下，选择台阶 B 线作为剪切边，如图 2.104 所示。按 Enter 键进入下一步命令。

(2) 在**选择要修剪的对象，或按住 Shift 键选择要延伸的对象，或[栏选(F)/窗交(C)/投影(P)/边(E)/删除(R)/放弃(U)]**：提示下，选择与台阶重合的散水线，结果如图 2.105 所示。

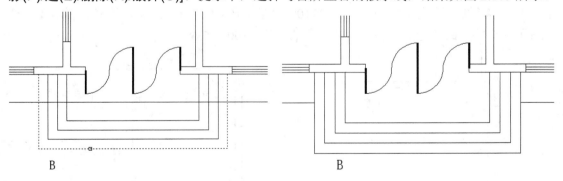

图 2.104　选择 B 线为剪切边界　　　图 2.105　修剪与台阶重合的散水线

按照"附图 2.1 宿舍楼底层平面图"的尺寸，用相同的方法绘制出平面图中的另一个台阶，结果如图 2.106 所示。

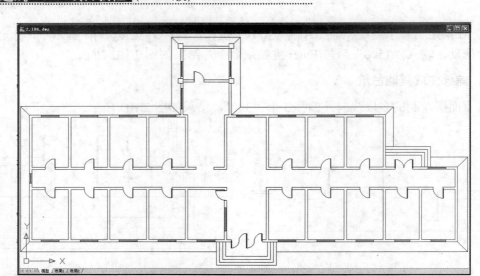

图 2.106　绘制出另一个台阶

2.12　绘制标准层楼梯

一层楼梯平面图比较简单，本节将学习标准层楼梯平面图的绘制。

1. 绘制楼梯踏步线

(1) 将"楼梯"层设置为当前层。

(2) 启动【直线】命令并且打开【正交】、【对象捕捉】和【对象追踪】功能。

① 在指定第一点：提示下，捕捉楼梯间阴角点 A 点(图 2.107)，不单击鼠标左键，然后将光标轻轻地垂直向下拖动，输入"2100"(图 2.108)后按 Enter 键。这样就利用【对象追踪】命令将直线的起点绘制在离 A 点垂直向下 2100mm 处。

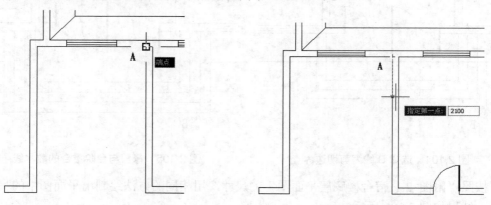

图 2.107　捕捉 A 点　　　　　　　　　　图 2.108　轻轻地垂直向下拖动鼠标

② 在指定下一点或 [放弃(U)]：提示下，将光标水平向左拖动到如图 2.109 所示处，

出现垂足捕捉后单击鼠标左键，按 Enter 键结束命令。

(3) 利用夹点编辑生成其他踏步线。

① 在无命令时单击刚才所绘制出的直线，在直线的左右端点和中点处将出现蓝色的冷夹点，如图 2.110 所示。

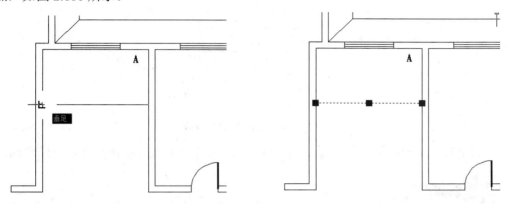

图 2.109　垂足捕捉　　　　　　　　　图 2.110　显示冷夹点

② 在其中一个夹点上单击鼠标左键使其变成红夹点(即热夹点)，如图 2.111 所示。查看命令行，此时命令行显示出【拉伸】命令，反复按 Enter 键，将会发现【拉伸】、【移动】、【旋转】、【比例缩放】和【镜像】5 个命令滚动出现。现在，使命令滚动到【移动】状态。

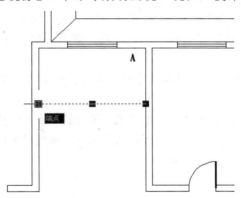

图 2.111　显示热夹点

③ 在**指定移动点或 [基点(B)/复制(C)/放弃(U)/退出(X)]**：提示下，输入"C"后按 Enter 键，执行【复制(C)】子命令。

④ 在**指定移动点或 [基点(B)/复制(C)/放弃(U)/退出(X)]**：提示下，打开【正交】功能，将光标垂直向下拖动，分别输入"300"按 Enter 键、"600"按 Enter 键……，依次以 300 为倍数逐步增加，最后输入"2700"按 Enter 键结束命令，结果如图 2.112 所示。

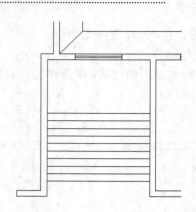

图 2.112　生成其他踏步线

上面是利用夹点编辑执行了【复制】命令，由一个踏步线复制出另外 9 个踏步线。

特别提示

　　为了介绍夹点编辑命令，这里利用夹点编辑生成了其他踏步线。其实用【偏移】或【阵列】命令生成其他踏步线更为方便。

2. 绘制楼梯扶手

楼梯扶手与第一级踏步的尺寸关系如图 2.113 所示。

(1) 在无命令时单击图 2.114 中的 M 线，然后将中间的蓝色夹点单击成红色，按 Esc 键两次取消夹点。注意，此步骤的操作非常重要，这里通过此步操作定义了下一步操作的相对坐标基本点。

(2) 单击【绘图】工具栏上的【矩形】图标 □ 或在命令行输入 "Rec" 并按 Enter 键，启动【矩形】命令。

① 在指定第一个角点或 [倒角(C)/标高(E)/圆角(F)/厚度(T)/宽度(W)]：提示下，输入 "@-80，-110" 后按 Enter 键，表示将矩形的左下角点绘制在刚才定义的相对坐标基本点偏左 80、偏下 110 处，如图 2.115 所示。

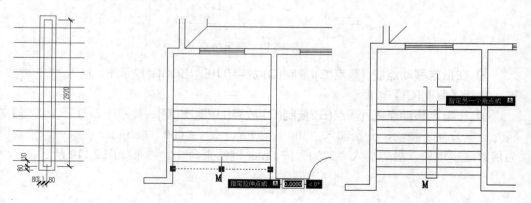

图 2.113　扶手与踏步的关系　　　图 2.114　定义相对坐标基点　　　图 2.115　绘制矩形的左下角点

② 在指定另一个角点或 [面积(A)/尺寸(D)/旋转(R)]：提示下，输入矩形右上角点相对

于左下角点的坐标，即"@160，2920"(2920=2700+2×110)后，按 Enter 键结束命令。这里的"160"是梯井的宽度，结果如图 2.116 所示。

(3) 使用【偏移】命令将矩形向外偏移 80mm。

(4) 在命令行输入"Tr"并按 Enter 键，启动【剪切】命令，选择外部的矩形为剪切边界，将图形修剪至如图 2.117 所示的状态。

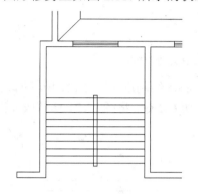
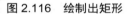

图 2.116　绘制出矩形

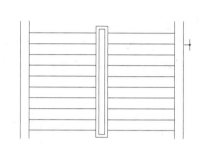

图 2.117　修剪扶手和梯井内的踏步线

3．绘制楼梯折断线

(1) 打开【对象捕捉】功能，在右侧楼梯段上绘制出一条斜线，如图 2.118 所示。

(2) 用【延伸】命令将斜线下端延伸至扶手的外侧，结果如图 2.119 所示。

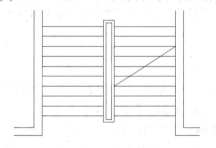

图 2.118　绘制斜线

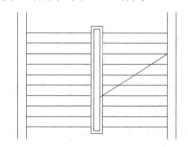

图 2.119　延伸斜线下端至扶手外侧

(3) 单击【修改】工具栏上的【打断】图标 或在命令行输入"Br"并按 Enter 键，启动【打断】命令。

① 在 break 选择对象：提示下，用拾取的方法选择斜线作为打断的对象。

② 在指定第二个打断点 或 [第一点(F)]：提示下，输入"F"后按 Enter 键，表示要重新选择第一打断点。

可以将选择对象的拾取点作为第一打断点，也可输入"F"，要求重新选择第一打断点。

③ 在指定第一个打断点：提示下，关闭【对象捕捉】功能，单击如图 2.120 所示的 A 点位置，选择 A 点为第一个打断点。

④ 在指定第二个打断点：提示下，单击如图 2.120 所示的 B 点位置，选择 B 点为第二个打断点，结果将斜线打断，形成一个 AB 口。

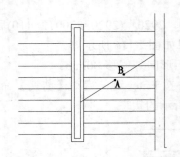

图 2.120　将斜线在 A 点和 B 点处打断

⑤ 关闭【正交】功能，启动【多段线】命令，将图绘制成如图 2.121 所示的状态。

⑥ 在命令行输入"Tr"并按 Enter 键，启动【剪切】命令，将图 2.121 修剪成如图 2.122 所示的状态。

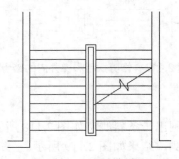

图 2.121　绘制楼梯线

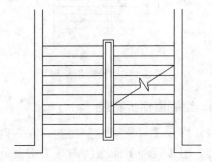

图 2.122　修剪与折断线重合的踏步线

4．绘制楼梯上下行箭头

1) 绘制上行箭头

(1) 打开【正交】、【对象捕捉】、【对象追踪】功能。单击【绘图】工具栏上的【多段线】图标或在命令行输入"PL"并按 Enter 键，启动绘制【多段线】命令。

(2) 在当前线宽为 0.0000，指定起点或 [圆弧(A)/半宽(H)/长度(L)/放弃(U)/宽度(W)]：提示下，将光标放在如图 2.123 所示的踏步线的中点，不单击鼠标左键，将光标轻轻地垂直向下拖动，当行至上行箭头杆起点的位置时单击鼠标左键。这样就通过【对象追踪】命令寻找到了上行箭头杆起点的位置，并且保证将其绘制在右侧梯段的中心。

(3) 在指定下一个点或 [圆弧(A)/半宽(H)/长度(L)/放弃(U)/宽度(W)]：提示下，关闭【对象捕捉】功能，将光标垂直向上拖动至如图 2.124 所示的位置，单击鼠标左键，这样就绘出了箭头的杆。

特别提示

并非任何时候打开【对象捕捉】功能都有利于绘图，此时如果打开【对象捕捉】功能，则会影响箭头杆上端点位置的确定。

(4) 在指定下一个点或 [圆弧(A)/半宽(H)/长度(L)/放弃(U)/宽度(W)]：提示下，输入"W"后按 Enter 键，表示要改变线的宽度。

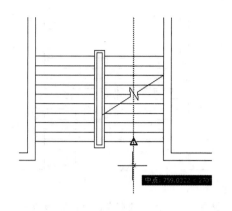
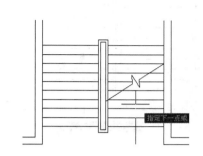

图2.123　寻找上行箭头杆起点的位置　　　图2.124　确定上行箭头杆终点的位置

(5) 在**指定起点宽度 <0.0000>**：提示下，输入"80"后按 Enter 键，表示将线的起点宽度改为80mm。

(6) 在**指定端点宽度 <80.0000>**：提示下，输入"0"后按 Enter 键，表示将线的端点宽度改为0mm。

(7) 在**指定下一点或 [圆弧(A)/闭合(C)/半宽(H)/长度(L)/放弃(U)/宽度(W)]**：提示下，将光标垂直向上拖动，输入"400"后按 Enter 键，表示垂直向上绘制长度为400mm的多段线。

上面通过(4)~(7)步绘制了一个起点宽度为80mm、端点宽度为0mm、长度为400mm的多段线，即箭头，结果如图2.125所示。

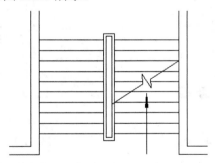

图2.125　绘制出箭头

2) 绘制下行箭头

(1) 打开【正交】、【对象捕捉】、【对象追踪】功能。单击【绘图】工具栏上的【多段线】图标　或在命令行输入"PL"并按 Enter 键，启动绘制【多段线】命令。

(2) 在**当前线宽为 0.0000，指定起点或 [圆弧(A)/半宽(H)/长度(L)/放弃(U)/宽度(W)]**：提示下，将光标放在如图2.126所示的上行箭头杆的端部，不单击鼠标左键，然后将光标轻轻地向左拖动，拖出一条水平虚线。将光标放在如图2.127所示的左侧梯段踏步线中点，此时出现中点捕捉，同样不单击鼠标左键，并将光标轻轻地垂直向下拖动，拖出一条垂直虚线，如图2.128所示。然后将光标放在水平和垂直虚线相交处单击鼠标左键，确定下行箭头杆的起点位置。

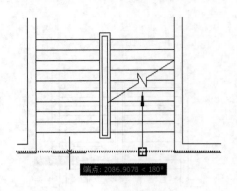

图 2.126 向左拖出水平虚线

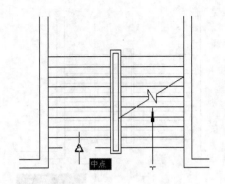

图 2.127 光标放在左侧梯段踏步线中点

利用【对象追踪】方式寻找的下行箭头杆的起点位置，要符合两个要求：一是保证下行箭头的位置在左侧梯段上能够居中；二是保证下行箭头起点的位置和已绘制的上行箭头起点的位置能够对齐。

(3) 在**指定下一个点或 [圆弧(A)/半宽(H)/长度(L)/放弃(U)/宽度(W)]**：提示下，将光标垂直向上拖动至如图 2.129 所示的位置，然后单击鼠标左键，绘出了下行第一段箭头杆。

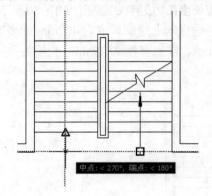

图 2.128 向下拖出垂直虚线

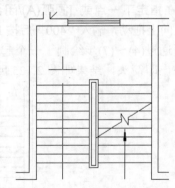

图 2.129 绘出下行第一段箭头杆

(4) 在**指定下一个点或 [圆弧(A)/半宽(H)/长度(L)/放弃(U)/宽度(W)]**：提示下，将光标放在如图 2.130 所示的踏步线的中点位置，不单击鼠标左键，然后将光标垂直向上拖动，拖出垂直虚线。将光标放在如图 2.131 所示的水平线和垂直虚线的交点位置，然后单击鼠标左键，以确定下行第二段箭头杆的长度，并保证第三段箭头杆的位置能够居中于右侧梯段。

(5) 在**指定下一个点或 [圆弧(A)/半宽(H)/长度(L)/放弃(U)/宽度(W)]**：提示下，关闭【对象捕捉】功能，将光标垂直向下拖至如图 2.132 所示的位置，单击鼠标左键，确定第三段箭头杆的长度。

(6) 在**指定下一个点或 [圆弧(A)/半宽(H)/长度(L)/放弃(U)/宽度(W)]**：提示下，输入"W"后按 Enter 键。

(7) 在**指定起点宽度 <0.0000>**：提示下，输入"80"后按 Enter 键。

(8) 在**指定端点宽度 <80.0000>**：提示下，输入"0"后按 Enter 键。

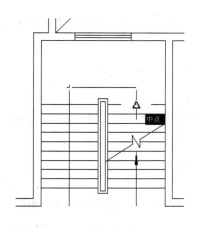

图 2.130　光标放在踏步线的中点

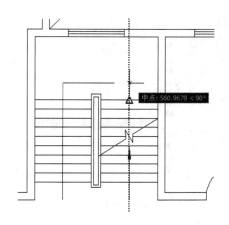

图 2.131　寻找水平线和垂直虚线的交点

（9）在**指定下一点或** [圆弧(A)/闭合(C)/半宽(H)/长度(L)/放弃(U)/宽度(W)]：提示下，将光标垂直向下拖动，输入"400"后按 Enter 键，结果如图 2.133 所示。

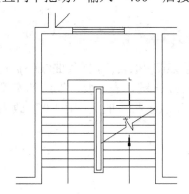

图 2.132　确定第三段箭头杆的长度

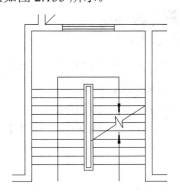

图 2.133　绘制出箭头

2.13　整理平面图

1．连接并加粗墙线

（1）将"楼梯"、"门窗"、"室外"和"轴线"图层冻结，如图 2.134 所示。

（2）选择菜单栏中的【修改】|【对象】|【多段线】命令，或在命令行输入"Pe"并按 Enter 键，启动多段线编辑命令。

　①　在**选择多段线或** [多条(M)]：提示下，选择如图 2.135 所示的 1 墙线，此时该墙线变虚。

　②　在**选定的对象不是多段线，是否将其转换为多段线？** <Y>：提示下，按 Enter 键执行尖括号内的默认值"Y(即 Yes)"，表示要将 1 墙线转化为多段线。

　③　在**输入选项** [闭合(C)/合并(J)/宽度(W)/编辑顶点(E)/拟合(F)/样条曲线(S)/非曲线化

(D)/线型生成(L)/放弃(U)]：提示下，输入"J"后按 Enter 键，表示要执行【合并】子命令。

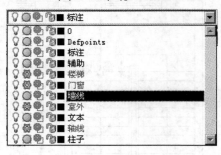

图 2.134 冻结部分图层

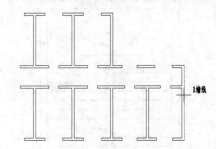

图 2.135 选择要编辑的 1 墙线

④ 在**选择对象**：提示下，按照图 2.136 所示的方法选择对象后按 Enter 键，以确定将要合并的墙线。

①～④步的操作将在图 2.136 中选择的 11 条线和 1 墙线连成了一根封闭的多段线。

特别提示

多段线编辑命令中的【合并】(Join)子命令，只能将首尾相连的线连接在一起。

⑤ 在**输入选项**，[打开(O)/合并(J)/宽度(W)/编辑顶点(E)/拟合(F)/样条曲线(S)/非曲线化(D)/线型生成(L)/放弃(U)]：提示下，输入"W"后按 Enter 键，表示要改变线的宽度。

⑥ 在**指定所有线段的新宽度**：提示下，输入"50"，表示将线的宽度由"0"改为"50"。

⑦ 按 Enter 键结束命令，结果如图 2.137 所示。

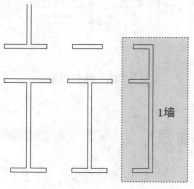
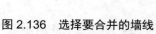

图 2.136 选择要合并的墙线

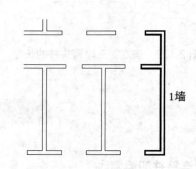

图 2.137 将合并后的墙线加粗

通过第⑤～⑦步，利用多段线编辑命令将①～④步形成的封闭多段线的宽度由 0mm 加粗至 50mm。

(3) 可以利用多段线编辑命令内的【多条(M)】命令，将平面图中所有封闭的线段，通过一次操作实现连接和加粗的目的。

由于在第(2)步连接并加粗了部分墙线，所以在操作前先按 Ctrl+Z 键或单击【标准】工具栏上的 ↺ 图标，取消上次操作。

① 仍将"轴线"、"门窗"、"室外"图层冻结。

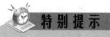 特别提示

　　如果图层被关闭，该图层上的图形对象就不能在屏幕上显示或由绘图仪输出，但重新生成图形时，图形对象仍将重新生成，执行全选(All)命令时，被关闭图层上的图形对象会被选中。

　　如果图层被冻结，该图层上的图形对象也不能在屏幕上显示或由绘图仪输出，在重新生成图形时，图形对象则不会重新生成，执行全选(All)命令时，被冻结图层上的图形对象也不会被选中。

　　② 选择菜单栏中的【修改】|【对象】|【多段线】命令，或在命令行输入"Pe"并按 Enter 键，启动多段线编辑命令。

　　③ 在**选择多段线或 [多条(M)]**：提示下，输入"M"后按 Enter 键，表示一次要编辑多条多段线。

　　④ 在**选择对象**：提示下，输入"All"后按 Enter 键，表示选择屏幕上所有显示的图形对象作为多段线编辑命令的编辑对象，结果屏幕上显示的所有图形变虚，如图 2.138 所示。

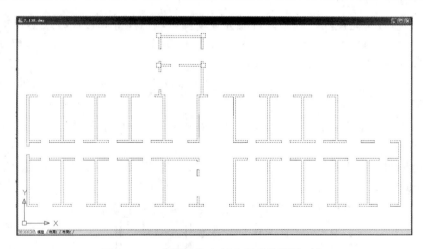

图 2.138　选择屏幕上所有显示的图形对象

　　⑤ 在**选择对象**：提示下，按 Enter 键进入下一步命令。

　　⑥ 在**是否将直线和圆弧转换为多段线？[是(Y)/否(N)]? <Y>**：提示下，按 Enter 键，执行尖括号内的默认值"Y(即 Yes)"，表示要将所有选中的对象转化为多段线。

　　⑦ 在**输入选项 [闭合(C)/合并(J)/宽度(W)/编辑顶点(E)/拟合(F)/样条曲线(S)/非曲线化(D)/线型生成(L)/放弃(U)]**：提示下，输入"J"后按 Enter 键，表示要执行【合并】子命令。这样，AutoCAD 将第④步全选的对象中所有首尾相连的对象连接在一起。

　　⑧ 在**输入模糊距离或 [合并类型(J)] <0.0000>**：提示下，按 Enter 键，表示执行尖括号内默认的模糊距离"0.000"。

　　⑨ 在**输入选项,[打开(O)/合并(J)/宽度(W)/编辑顶点(E)/拟合(F)/样条曲线(S)/非曲线化(D)/线型生成(L)/放弃(U)]**：提示下，输入"W"后按 Enter 键，表示要改变线的宽度。

　　⑩ 在**指定所有线段的新宽度**：提示下，输入"50"，表示将线的宽度由"0"改为"50"，结果如图 2.139 所示。

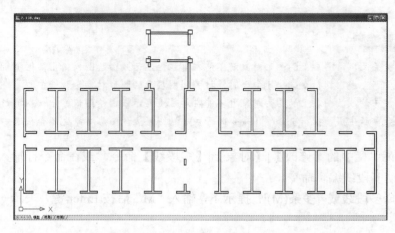

图 2.139 加粗后的墙线和柱子

2. 修改窗洞口尺寸

通常，在检查平面图的过程中，可能会发现门窗洞口尺寸和设计要求不相符合。如 11 和 12 轴线间的宿舍窗洞口的宽度应为 1800mm，但画成了 1500mm，这时需用【拉伸】命令对其进行修改。

(1) 首先，用【拉伸】命令使窗洞口左侧墙段向左缩短 150mm。

① 关闭 "轴线" 图层。

② 单击【修改】工具栏上的【拉伸】图标 或在命令行输入 "S" 并按 Enter 键，启动【拉伸】命令。

③ 在**选择对象**：提示下，用交叉窗口选择方式选择如图 2.140 所示的窗户左侧的墙线和窗，按 Enter 键进入下一步命令。

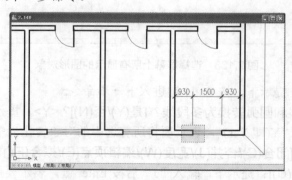

图 2.140 向左拉伸窗洞时选择对象的方法

④ 在**指定基点或 [位移(D)] <位移>**：提示下，在绘图区任意单击一点作为拉伸的基点。

⑤ 在**指定第二个点或 <使用第一个点作为位移>**：提示下，打开【正交】功能，将光标水平向左拖动，输入 "150"，表示将窗洞口左侧的墙向左缩短 "150"，那么窗洞口则向左加长 150mm。

⑥ 按 Enter 键结束命令。

特别提示

【拉伸】命令要求必须用交叉选(从右向左拉窗口)的方式选择对象，交叉选窗口的位置决定对象被拉伸的位置。

理解【缩放】和【拉伸】命令的区别：【缩放】命令是将图形尺寸沿 X、Y 方向等比例放大或缩小，而【拉伸】命令是将图形尺寸沿 X 或 Y 单方向变长或缩短。

(2) 用同样的方法使窗洞口右侧墙段向右缩短 150mm。这样窗洞口则由 1500mm 变成 1800mm，但应注意，选择拉伸对象的方法应如图 2.141 所示。

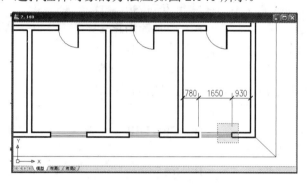

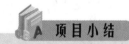

图 2.141 向右拉伸窗洞时选择对象的方法

项目小结

本项目在学习了 AutoCAD 的基本知识和操作技巧的基础上，开始进入建筑平面图的实际操作。在绘制"宿舍楼底层平面图"的过程中，大家学会了相关的基本绘图命令和编辑命令。本项目所学的内容非常重要，希望通过将命令融入绘图中的讲解方法，使大家更好地理解并掌握本项目介绍的基本命令和操作技巧。

回顾一下本项目学到的基本知识和基本概念。

在开始绘图之前，首先应该掌握如何创建新图形、怎样保存绘制的图形、怎样打开一个已存盘的图形、如何设置绘图参数、利用 AutoCAD 绘图与利用图纸绘图的区别等基本知识。

本项目还介绍了最基本也是最重要的绘图命令——画线、多线样式的设定、画多线、画矩形和圆弧，以及使用图层、线型比例的设置等。

在绘制宿舍楼底层平面图的过程中，介绍了【偏移】、【剪切】、【延伸】、【多段线编辑】、【复制】、【分解】、【圆角】、【倒角】、【镜像】、【打断】、【旋转】、【比例】、【拉伸】等编辑修改命令及【捕捉自】、【极轴】、【对象追踪】、【正交】、【对象捕捉】、【定义相对坐标原点】等作图辅助工具。

多段线是 AutoCAD 中的重要概念，本项目学习了多段线的绘制和编辑命令，以及用【夹点编辑】命令复制图形。

本项目学习了用 AutoCAD 绘制平面图的基本步骤，包括绘制轴线、墙体，怎样在墙上开窗、开门，怎样绘制散水和台阶等。大家应通过反复训练，达到理解并熟练地掌握 AutoCAD 基本命令的目的。

习　题

一、单选题

1. 【选择样板】对话框中的 acad.dwg 为(　　)。

   A. 英制无样板打开　　　　B. 英制有样板打开　　　C. 公制无样板打开

2. 默认状态下 AutoCAD 零角度的方向为(　　)。

   A. 东向　　　　　　　　　B. 西向　　　　　　　　C. 南向

3. 默认状态下 AutoCAD 零角度测量方向为(　　)。

   A. 逆时针为正　　　　　　B. 顺时针为正　　　　　C. 都不是

4. 【对象捕捉】辅功工具是用于捕捉(　　)。

   A. 栅格点　　　　　　　　B. 图形对象的特征点

   C. 既可捕捉栅格点又可捕捉图形对象的特征点

5. "轴线"图层应将线型加载为(　　)。

   A. HIDDEN　　　　　　　　B. CENTER　　　　　　　C. Continuous

6. AutoCAD 的默认线宽为(　　)。

   A. 0.2mm　　　　　　　　　B. 0.15mm　　　　　　　C. 0.25mm

7. 【线型管理器】对话框中的【全局比例因子】与(　　)一致。

   A. 出图比例　　　　　　　B. 绘图比例　　　　　　C. 两者均可

8. (　　)键为【正交】辅助工具的快捷键。

   A. F3　　　　　　　　　　B. F8　　　　　　　　　C. F9

9. 在执行绘图命令和编辑图形过程中，如果操作出错，可以马上输入(　　)执行放弃，来取消上次的操作。

   A. M　　　　　　　　　　B. Z　　　　　　　　　　C. U

10. 新建图形具有距离用户比较(　　)的特点。

    A. 远　　　　　　　　　　B. 不近也不远　　　　　C. 近

11. 在命令行输入"Z"后按 Enter 键，再输入"E"后按 Enter 键，会执行(　　)命令。

    A. 范围缩放　　　　　　　B. 实时缩放　　　　　　C. 窗口缩放

12. 执行【延伸】命令，在选择被延伸的对象时，应单击(　　)。

    A. 靠近延伸边界的一端　　B. 远离延伸边界的一端　C. 中间的位置

13. 用【多线】命令绘制轴线在墙的中心线的墙时，对正方式应为(　　)。

    A. 无　　　　　　　　　　B. 上对正　　　　　　　C. 下对正

14. 用【多线】命令绘制 240mm 厚的墙，比例为(　　)。

    A. 120　　　　　　　　　　B. 60　　　　　　　　　C. 240

15. 用【多线】命令绘制墙时，应用(　　)样式。

    A. STANDARD　　　　　　　B. WINDOW　　　　　　　C. DOOR

16. 夹点通常显示在图形对象的特征点处，按(　　)键可取消夹点。

    A. Enter　　　　　　　　　B. Shift　　　　　　　　C. Esc

17. 用【圆角】命令进行修角必须满足两个条件：模式应为【修剪】模式；圆角半径应为(   )。

      A．10   B．20   C．0

18. 用【阵列】命令复制对象时，行数和列数的计算应(   )被阵列对象本身。

      A．不包括   B．包括   C．包括行，不包括列

19. 比例命令是将图形沿 X、Y 方向(   )地放大或缩小。

      A．等比例

      B．不等比例

      C．既可等比例又可不等比例

20. 默认状态下圆弧为(   )绘制。

      A．逆时针方向   B．顺时针方向   C．参照圆心

二、简答题

1. Enter 键有哪些作用？

2. 利用 AutoCAD 绘图和利用图板绘图有什么区别？

3. 设定当前层的方法有哪些？

4. 如何查询图形对象所位于的图层？

5. 如果绘制出的轴线显示的不是中心线时，应做哪些检查？

6. 执行【偏移】命令三步走的具体步骤有哪些？

7. 默认状态下多线的当前设置是什么？

8. 简述相对直角坐标的输入方法。

9. 简述相对极坐标的输入方法。

10. 为减少修改，用【多线】命令绘制墙体的步骤是什么？

11. 冻结图层和关闭图层有什么区别？

12. 如果当前层是一个被关闭或冻结的图层，在绘图时会出现什么问题？

13. 如果某图层是一个被锁定的图层，在编辑或修改该层上的图形时会出现什么情况？

14. 简述【打断】和【打断于点】这两个命令的区别。

15. 利用【多段线】命令绘制一个矩形，在首尾闭合处执行"C"命令和用【捕捉】命令闭合有什么区别？

16. 如何改变多段线的线宽？

17. 简述【比例】和【拉伸】命令的区别，以及执行【比例】命令时比例因子的计算方法。

18. 简述【复制】、【拉伸】等编辑命令中基点的作用。

19. 用【多段线】和【直线】命令分别绘制一个矩形，然后执行【偏移】命令，所得的结果是否相同？

20. 简述定义相对坐标基点的方法。

三、自学内容

1. 用【椭圆】命令绘制长轴为 1000mm、短轴为 600mm 的椭圆。

2. 用【正多边形】命令绘制一个中心点到任意角点距离为 750mm 的正六边形。

四、绘图题

利用本章所学的命令绘制下面的图形。

1. 用夹点编辑和阵列两种方法将图 2.142 变成图 2.143。

图 2.142   图 2.143

2. 按照图中所给尺寸绘制平面图 2.144。

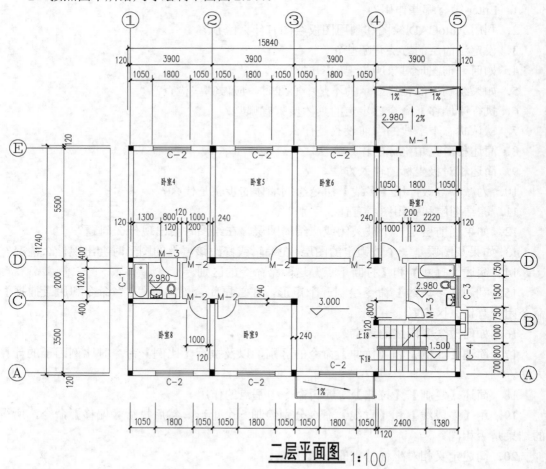

二层平面图 1:100

图 2.144

项目 3

宿舍楼底层平面图的绘制（二）

教学目标

　　本项目主要介绍用 AutoCAD 绘图时最难理解的符号类对象的尺寸的确定问题，要求必须掌握常用符号在不同比例图形内的形状、尺寸及线宽的确定方法，以及文字和尺寸标注格式的设定方法、写文字和标注尺寸的方法及编辑文字和尺寸标注的方法；同时掌握图块的制作和使用方法，理解在制作图形类图块和符号类图块时尺寸确定方法的区别；了解在 AutoCAD 中制作表格的方法，了解在 AutoCAD 设计中心和不同的图形窗口中交换图形对象的方法；掌握长度、面积的测量方法。

教学要求

能力目标	知识要点	权重
能在各种比例的图形中确定符号类对象的尺寸	符号类对象的尺寸的计算方法	15%
能在各种比例的图形中标注文字并修改已写的字体	文字格式、文字高度的确定方法、单行文字和多行写字及 ED 等文字编辑方法	25%
能在各种比例的图形中标注尺寸并修改已标注出的尺寸	尺寸标注的格式、尺寸标注工具栏上的标注命令及各种尺寸标注的编辑方法	25%
能测量房间的面积和线的长度，会在各种比例的图形中绘制表格	Distance 命令和 Area 命令	5%
能制作门窗等图形类图块及标高等符号类图块	Make Block 和 Write Block 命令，插入图块，图块的属性，编辑已制作和已插入的图块	25%
能在两个以上图形之间相互交换图形、图块、图层及文字、标注和表格等的样式	AutoCAD 设计中心和多文档的设计	5%

1. 平面图的内容

为便于理解和学习，将平面图中的内容分成两类。

(1) 图形类对象：轴线、墙、门窗、楼梯、散水和台阶等。

(2) 符号类对象：文字、标注、图框、标高符号、定位轴线编号、详图索引符号、详图符号、剖面符号、断面符号和指北针等。

2. 建筑平面图内符号类对象的绘制方法

项目 2 主要学习了宿舍楼底层平面图图形的绘制，这一章继续来学习符号类对象的绘制。通过项目 2 的学习，大家可以深切地体会到，在 AutoCAD 中各种图形对象是按 1∶1 的比例绘制的，但符号类对象的绘制和图形类对象截然不同。所有符号类对象出图(打印在图纸上)后的尺寸是一定的，但在 AutoCAD 内的尺寸(即出图前的尺寸)是不定的，其随着出图比例变化而变化。以标高符号为例，无论出图比例为 1∶100 还是 1∶50，或其他比例，打印在图纸上(即出图后)的标高符号都是一样大小，其尺寸要求如图 3.1 所示。如果出图比例为 1∶100，在 AutoCAD 内绘图时需将标高符号的尺寸放大 100 倍，则标高符号的尺寸应变成如图 3.2 所示的大小，这样打印出图时按 1∶100 的比例将图形缩小到原来的 1/100 后，尺寸正好和图 3.1 相同。以此类推，如果出图比例为 1∶50，在 AutoCAD 内绘图时需要将标高符号的尺寸放大 50 倍，打印时再缩小到原来的 1/50 后，尺寸正好和图 3.1 相同。也就是说，所有符号类对象在 AutoCAD 里绘制的尺寸，都是将制图规范内所规定的尺寸乘上比例所得。常用符号的形状和尺寸见表 3-1。

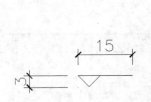

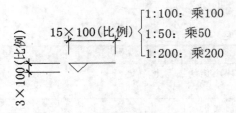

图 3.1　标高符号的尺寸　　　　　图 3.2　各种比例图中标高尺寸的放大方法

表 3-1　常用符号的形状和尺寸

名称	形状	粗细	出图后的尺寸	出图前的尺寸
定位轴线编号圆圈	Ⓐ	细实线	圆的直径为 8mm	8×比例
			详图上圆的直径为 10mm	10×比例
标高		细实线	A 为 3mm	A = 3×比例
			B 为 15mm	B = 15×比例

续表

名称	形状	粗细	出图后的尺寸	出图前的尺寸
指北针	N ↓ A	细实线	圆的直径为24mm	24×比例
			A 为3mm	A=3×比例
详图索引符号	5 ——详图编号 ——详图在本张图上 5／6 ——详图编号 ——详图所在图纸号 J105 5／6 ——标准图集编号 ——详图编号 ——详图所在图纸号	均为细实线	圆的直径为10mm	10×比例
局部剖切索引符号	5 ——剖切位置 ——详图的编号 ——详图在本张图上 ——剖视方向	圆和剖视方向为细实线	圆的直径为10mm	10×比例
	5／6 ——剖切位置 ——详图的编号 ——详图所在图纸号 ——剖视方向	剖切位置为粗实线	剖切位置线长度为6~10mm 剖切位置线宽度可为0.5mm	线长：(6~10)×比例 线宽：可设定为0.5×比例
详图符号	②	圆为粗实线	圆的直径为14mm	14×比例
	2／5 ——详图编号 ——被索引图纸的图纸号		线宽度可为0.5mm	线宽：0.5×比例
剖切符号	1 ——投影方向线—— 1 ——剖切位置线	剖切位置线为粗实线	剖切位置线长度为6~10mm 剖切位置线宽度可为0.5mm	线长：(6~10)×比例 线宽：可设定为0.5×比例
		投影方向线为粗实线	投影方向线长度为4~6mm 投影方向线宽度可为0.5mm	线长：(4~6)×比例 线宽：可设定为0.5×比例
断面的剖切符号	1 ———— 1 ——剖切位置线	剖切位置线为粗实线	剖切位置线长度为6~10mm 剖切位置线宽度可为0.5mm	线长：(6~10)×比例 线宽：可设定为0.5×比例

续表

名称	形状	粗细	出图后的尺寸	出图前的尺寸
对称符号		对称线为细中心线	A 为 6～10mm	(6～10)×比例
			B 为 2～3mm	(2～3)×比例
		平行线为细实线	C 为 2～3mm	(2～3)×比例
折断符号		细实线		

3.2 图纸内文字的标注方法

下面分 4 步介绍图纸内文字的标注方法：图纸内文字高度的设定、文字的格式、标注文字、文字的编辑。

3.2.1 图纸内文字高度的设定

参照天正建筑，将图纸内的文字高度分成表 3-2 中所列的几种情况，供大家参考。

表 3-2　文字高度的大小

序号	类型		出图后的字高	出图前的字高
1	一般字体		3.5mm	3.5×比例
2	定位轴线编号		5mm	5×比例
3	图名		7mm	7×比例
4	图名旁边的比例		5mm	5×比例
5	详图符号 1	②	10mm	10×比例
6	详图符号 2	②/5	5mm	5×比例
7	详图索引符号	5/6	3.5mm	3.5×比例

3.2.2 文字的格式

这里需要建立 3 种文字样式，每种文字样式的设定和用途见表 3-3。

表3-3　文字的格式

样式名	字体	宽高比	在【文字样式】对话框内的高度	勾选大字体及大字体的选择	用途
Standard	Simplex.shx	0.7	0	gbcbig.shx	用于写阿拉伯数字和汉字
轴标	Complex.shx	1	0	gbcbig.shx	用于标注纵、横向定位轴线的编号、详图编号及汉字
中文	T 仿宋_GB2312	0.7	0		用于写汉字

　　按照表 3-3 设定的 3 种字体都是既能写英文字体又能写数字和汉字，表 3-3 内的用途是以图面美观为原则，参照天正专业绘图软件设置的。

特别提示

　　AutoCAD 可以调用两种字体文件，一种是 AutoCAD 自带的字体文件(位于"安装目录: /AutoCAD2010/Fonts"下)，扩展名均为".shx"。一般情况下，优先使用这些字体，因为其占用磁盘空间较小。另一种是 Windows 字库(位于"C: \WINDOWS\FOUNTS"下)，只要不勾选【使用大字体】复选框，就可以调用这些字体，但这类字体占用磁盘空间较大。

　　注意: 大字体 gbcbig.shx 为汉字字体。

1. 修改 Standard 字体样式

　　(1) 选择菜单栏中的【格式】|【文字样式】命令，则打开了【文字样式】对话框。默认状态下，在【文字样式】对话框中有"Annotative"和"Standard"两种文字样式，如图 3.3 所示，且默认状态下，Annotative 和 Standard 文字样式的字体为"txt.shx"。

图 3.3　默认状态下的文字样式

特别提示

　　Annotative 是注释性文字。从 AutoCAD 2008 增加了注释比例功能，它涉及线型比例、文字样式、标注格式、图案填充、表格样式的设置。

　　下面对 Standard 文字样式的设定进行修改。

　　(2) 将 Standard 文字样式的字体修改为 simplex.shx。

① 确认中文输入法已经关闭后，打开【字体名】下拉列表，输入"S"，此时字体名自动滚动到"simplex.shx"选项，如图 3.4 所示，然后选中该字体名。

图 3.4　simplex.shx 的寻找方法

② 勾选【使用大字体】复选框，然后打开【大字体】下拉列表，选择"gbcbig.shx"选项，如图 3.5 所示。

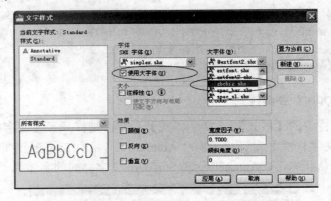

图 3.5　选择 gbcbig.shx 大写字体

③ 将【文字样式】对话框中的宽度比例值改为"0.7000"，高度仍然为"0"，其他设定不变，单击【应用】按钮后关闭对话框。

特别提示

对【文字样式】对话框中的设定进行修改后，一定要单击【应用】按钮，使其成为有效设定后再单击【关闭】按钮关闭对话框，否则会前功尽弃。

设定了大字体 gbcbig.shx 的【Standard】字体样式，用 simplex.shx 写阿拉伯数字和英文字体，用 gbcbig.shx 写汉字。

设定了大字体 gbcbig.shx 的【轴标】字体样式，用 complex.shx 写阿拉伯数字和英文字体，用 gbcbig.shx 写汉字。

2. 建立中文文字样式

(1) 选择菜单栏中的【格式】|【文字样式】命令，则打开了【文字样式】对话框。

(2) 单击【新建】按钮，弹出【新建文字样式】对话框，输入"中文"，如图 3.6 所示，单击【确定】按钮返回【文字样式】对话框。

(3) 如图 3.7 所示，将字体名改为"T 仿宋_GB2312"，宽度比例改为"0.7000"，高度为"0"，然后单击【应用】按钮，使设定有效后再单击【关闭】按钮关闭对话框。

对话框中的【宽度比例】文本框用于设置文字的宽高比。宽度为 1 份，高度为 1.4 份的字体的宽度比例即为 0.7。

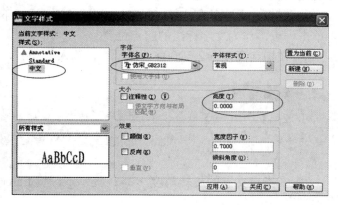

图 3.6　【新建文字样式】对话框　　　　图 3.7　中文字体样式的设定

特 别 提 示

中文样式的字体名是"T 仿宋_GB2312"，而不是"T@仿宋_GB2312"，前者用于横排字体，后者是倒体字，用于竖排字体。

在【文字样式】对话框中将【高度】设定为"0"，这样在进行文字标注时，字体高度是可变的，可根据需要设定。

以上学习了建立 Standard 文字样式和中文文字样式，试按照表 3-3 的要求，建立轴标文字样式。

3.2.3　标注文字

标注文字有单行文字和多行文字两种方法。

1. 标注单行文字

(1) 将"文字"层设为当前层。

(2) 将当前字体样式设为中文样式。设定当前字体样式常用的方法有 3 种。

① 在【文字样式】对话框中设置：在【文字样式】对话框中的【样式名】下拉列表内，看到的字体名即为当前字体样式，如图 3.8 所示。

② 在【样式】工具栏内设定当前字体样式，如图 3.9 所示。

图 3.8　在【文字样式】对话框中设置当前字体样式　图 3.9　在【样式】工具栏内设置当前字体样式

③ 如果用【多行文字】命令标注字体，在【多行文字编辑器】内也可以置换当前文字样式。

(3) 选择菜单栏中的【绘图】|【文字】|【单行文字】命令，或在命令行输入"Dt"并按 Enter 键，启动【单行文字】命令。

① 在**指定文字的起点或 [对正(J)/样式(S)]**：提示下，在宿舍楼底层平面图的"门厅"内单击一点，作为文字标注的起点位置。

② 在**指定高度 <2.5000>**：提示下，输入"300"，表示标注的字体高度为 300mm。

> **特别提示**
>
> 如果在【文字样式】对话框中设定了文字的高度，则在执行【单行文字】命令时，不会出现"指定文字的起点或 [对正(J)/样式(S)]："的提示，AutoCAD 则按照【文字样式】对话框中设定的文字高度来标注文字。

③ 在**指定文字的旋转角度 <0>**：提示下，按 Enter 键，执行尖括号内的默认值"0"，表示文字不旋转。

> **特别提示**
>
> 文字的旋转角度和【文字样式】对话框中的文字的倾斜角不同：文字的旋转角度是指一行文字相对于水平方向的角度，文字本身没有倾斜；而文字的倾斜角度是指文字本身倾斜的角度。

④ 打开中文输入法，输入"宿舍楼门厅"，按 Enter 键确认。

⑤ 再次按 Enter 键结束命令。

2. 标注多行文字

(1) 将"文字"层设为当前层。

(2) 单击【绘图】工具栏上的【多行文字】图标 **A** 或在命令行输入"T"后按 Enter 键。

① 在**指定第一角点**：提示下，在宿舍楼底层平面图的"值班室"内单击一点，作为文字框的左上角点。

② 在**指定对角点或 [高度(H)/对正(J)/行距(L)/旋转(R)/样式(S)/宽度(W)]**：提示下，光标向右下角拖出矩形框(图 3.10)后单击鼠标左键，此时弹出【文字格式】对话框和【文字输入】窗口。

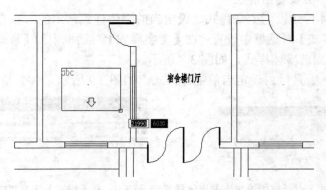

图 3.10 拖出多行文字的矩形窗口

矩形窗口的大小将影响输入文字的排列情况。

③ 在【文字格式】对话框中将当前字体设为【中文】，字高设为"300"，然后在文字输入窗口内输入"值班室"，如图 3.11 所示，单击【确定】按钮关闭对话框。

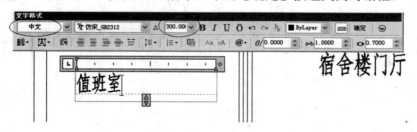

图 3.11　用【多行文字】命令输入"值班室"

3．多行文字的理解

(1) 多行文字是指在指定的范围内(该范围即执行【多行文字】命令时所拉的矩形窗口)进行文字标注，当文字的长度超过此范围时，AutoCAD 会自动换行。

(2) 标注多行文字比标注单行文字要灵活，在多行文字的【文字格式】对话框和文字输入窗口内可以设定当前文字样式、修改字体名、修改字高或做其他的文字编辑工作。

(3) 用【多行文字】命令所标注的文字为整体。多行文字经【分解】命令分解后，则变成单行文字。

4．特殊字符的输入

1) 常用特殊字符的输入方法

常用特殊字符的输入方法见表 3-4。

表 3-4　常用特殊字符的输入方法

表　示	输　入
度(°)	%%d
正负	%%p
直径	%%c

2) 用【多行文字】命令输入特殊字符

单击【绘图】工具栏上的【多行文字】图标 **A** 或在命令行输入"T"后按 Enter 键。

(1) 在**指定第一角点**：提示下，在宿舍平面图内单击一点，将其作为文字框的左上角点。

(2) 在**指定对角点或 [高度(H)/对正(J)/行距(L)/旋转(R)/样式(S)/宽度(W)]**：提示下，光标向右下角拖出矩形框后单击鼠标左键。

(3) 在【文字格式】对话框中将当前字体样式设为 Standard 字体，字高设为"300"。

(4) 在文字输入窗口内单击鼠标右键，弹出快捷菜单，打开【符号】子菜单，如图 3.12 所示，选择【正/负(P) %%p】，接着输入"0.000"。

(5) 单击【确定】按钮关闭对话框，这样就输入了"±0.000"。

图 3.12　利用快捷菜单输入特殊字符

特别提示

将当前字体设为【中文】，用【单行文字】命令书写%%c 结果如何？

直径 "φ" 只能用英文字体样式输入，如用中文字体样式(如仿宋体)输入，则会出现乱码 "□"。

5. 设计说明等大量文字的输入方法

利用【单行文字】或【多行文字】命令，在 AutoCAD 内写设计说明等大量文字内容比较麻烦。可以在 Word 内将设计说明写好，复制粘贴到多行文字的输入窗口内，再根据需要进行修改。

3.2.4　文字的编辑

可以用 4 种方法修改文字：第一种是利用文字编辑命令；第二种是利用【对象特征管理器】；第三种是利用格式刷；第四种是利用快捷特性。

1. 利用文字编辑命令

(1) 选择菜单栏中的【修改】|【对象】|【文字】|【编辑】命令，或在命令行输入 "Ed"并按 Enter 键，或双击被修改的文字，启动编辑文字命令。

① 在选择注释对象或 [放弃(U)]：提示下，选择要修改的文字，这里选择前面用单行文字标注的 "宿舍楼门厅"，则 "宿舍楼门厅" 被激活，如图 3.13 所示，将其修改为 "门

厅”，按 Enter 键确认即可。

② 再次按 Enter 键结束命令。

(2) 如果利用文字编辑命令编辑用多行文字标注的"值班室"，则弹出多行文字编辑器，在编辑器内可以对文字的内容、高度等进行修改，如图 3.14 所示。

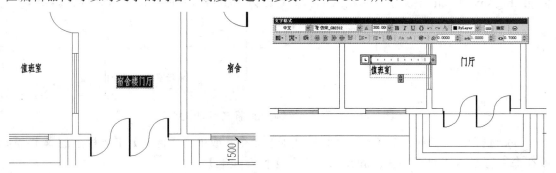

图 3.13　利用文字编辑命令编辑单行文字　　　　图 3.14　利用文字编辑命令编辑多行文字

特 别 提 示

　　对比图 3.13 和图 3.14 可知：利用文字编辑命令编辑单行文字，只能修改文字的内容，而用文字编辑命令编辑多行文字时，可对文字的内容、高度、文字样式、是否加粗字体等多项内容进行修改。

2．利用【对象特征管理器】

(1) 选择菜单栏中的【修改】|【特性】命令，打开【对象特征管理器】，或单击【标注】工具栏上的 图标，或在命令行输入"Pr"并按 Enter 键。

(2) 在无命令的状态下单击选择"宿舍楼门厅"，此时【对象特征管理器】内左上方下拉列表框内出现【文字】选项，并且在【对象特征管理器】中罗列出"宿舍楼门厅"字体的特性描述，如图 3.15 所示，包括文字样式、文字高度、文字内容等，在这里可对其所有特性进行修改。

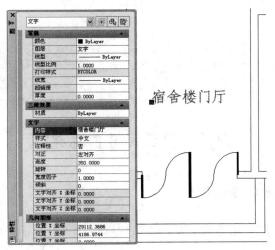

图 3.15　利用【对象特征管理器】修改文字

3. 利用格式刷

首先，在【文字样式】对话框中将当前字体设定为 Standard 样式(字体名为 simplex.shx)，然后用【单行文字】命令在几间"宿舍"内注写"宿舍"，则会出现如图 3.16 所示的大字体 gbcbig.shx 样式的中文字，用格式刷将其修改为"值班室"所用的仿宋体样式。

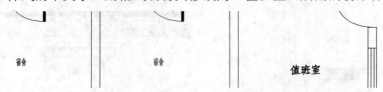

图 3.16　大字体 gbcbig.shx 样式写的中文字

(1) 选择菜单栏中的【修改】|【特性匹配】命令，或单击【标准】工具栏上的 图标，或在命令行输入"Ma"并按 Enter 键，启动【特性匹配】命令。

(2) 在**选择源对象**：提示下，单击选择"值班室"，此时光标变成大刷子。

(3) 在**选择目标对象或 [设置(S)]**：提示下，选择"宿舍"，则"宿舍"变成了仿宋体，如图 3.17 所示，按 Enter 键结束命令。

图 3.17　改变"宿舍"二字的文字样式

4. 利用快捷特性

单击状态栏上【快捷特性】按钮 ，在无命令情况下，单击"宿舍"，随即弹出快捷特性对话框，可以修改文字的内容、图层、样式、高度等。

> **特别提示**
>
> 单行和多行文字均可作为修剪命令的剪切边界。
> 复制已有文字然后再进行修改比重新书写文字更方便、快捷。

3.3　图纸尺寸的标注

3.3.1　尺寸标注基本概念的图解

尺寸标注的组成、尺寸标注的类型及【新建标注样式】对话框中部分参数等概念的解释如图 3.18 所示。

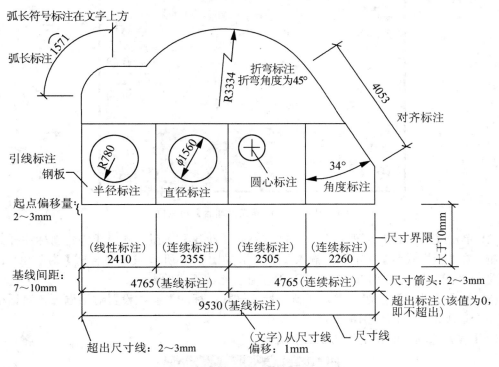

图 3.18 尺寸标注基本概念的图解

下面分 3 步介绍尺寸标注：尺寸标注样式、标注尺寸、修改尺寸标注。

3.3.2 尺寸标注样式

在 AutoCAD 内标注尺寸同样应遵循建筑制图标准的规定。根据建筑制图标准的要求，这里建立 4 种标注样式，每种标注样式的作用见表 3-5。

表 3-5 尺寸标注样式

标注样式	作 用	备 注
标注	用于除标注外墙 3 道尺寸以外的其他尺寸标注	
半径	用于标注圆弧或圆的半径	与标注是父与子关系
直径	用于标注圆弧或圆的直径	与标注是父与子关系
角度	用于标注角度大小	与标注是父与子关系

1. 建立标注样式

(1) 选择菜单栏中的【格式】|【标注样式】命令，或菜单栏中的【标注】|【标注样式】命令，打开【标注样式管理器】对话框。在 AutoCAD 默认状态下，有注释性的【Annotative】和【ISO-25】两种样式，选中【ISO-25】如图 3.19 所示。

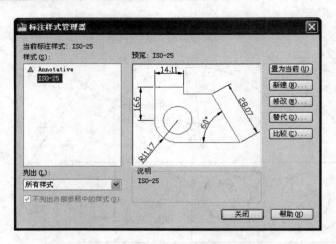

图3.19 【标注样式管理器】对话框

(2) 单击【标注样式管理器】对话框右侧的【新建】按钮，弹出【创建新标注样式】对话框，在【新样式名】文本框中输入"标注"，如图3.20所示，【基础样式】为"ISO-25"，也就是说"标注"是在"ISO-25"样式的基础上修改而成的。

(3) 单击【继续】按钮，进入【新建标注样式：标注】参数设置对话框，该对话框中共有7个选项卡，下面分别来设定。

①【线】选项卡的设定如图3.21所示。

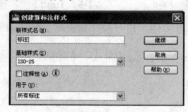

图3.20 【创建新标注样式】对话框

②【符号和箭头】选项卡的设定如图3.22所示。

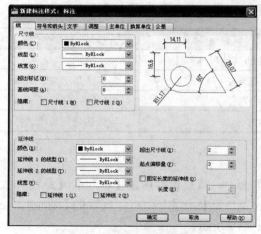

图3.21 【线】选项卡的设定

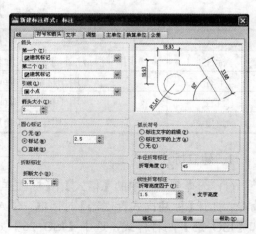

图3.22 【符号和箭头】选项卡的设定

③【文字】选项卡的设定如图 3.23 所示。在设定【文字】选项卡之前，可以单击【文字样式】下拉列表框右边的 ··· 按钮，查看文字的格式是否符合要求。前面讲文字样式时，已经设定 Standard 样式字体为 simplex 字体。

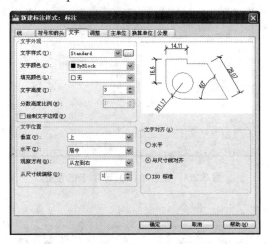

图 3.23 【文字】选项卡的设定

④【调整】选项卡的设定如图 3.24 所示。【调整】选项卡内的【使用全局比例】和出图比例应一致。出图比例为 1：100 时，【使用全局比例】设定为 100；出图比例为 1：200 时，【使用全局比例】设定为 200；出图比例为 1：50 时，【使用全局比例】设定为 50。

如果将【使用全局比例】设定为 100，则前面所有已设定的尺寸将被放大 100 倍。如【箭头大小】(图 3.22)尺寸变为 2mm×100=200mm，【超出尺寸线】(图 3.21)尺寸变为 2mm×100=200mm。在打印时，又将图整体缩小到原来的 1/100，所以出图后【箭头大小】尺寸为 200mm÷100=2mm，【超出尺寸线】尺寸为 200mm÷100=2mm，符合建筑制图标准的要求。

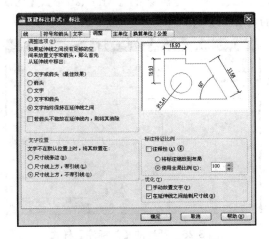

图 3.24 【调整】选项卡的设定

⑤【主单位】选项卡的设定如图 3.25 所示。

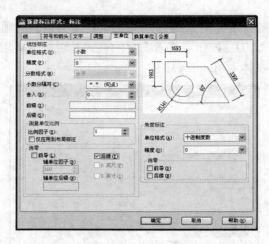

图 3.25　【主单位】选项卡的设定

特 别 提 示

　　【主单位】选项卡内的测量比例因子为 1 时，为如实标注，如线长为 1000mm，标注出的尺寸也为 1000mm。测量比例因子为大于 1 或小于 1 的值时，则不再为如实标注，如果测量比例因子为 0.5，线长为 1000mm，标注出的尺寸为 500mm；如果测量比例因子为 1.6，线长为 1000mm，标注出的尺寸为 1600mm。

　　⑥【换算单位】和【公差】选项卡的设定。在【换算单位】选项卡内，如果勾选【显示换算单位】复选框，表明采用公制和英制双套单位来标注；如果不勾选【显示换算单位】复选框，则表明只采用公制单位来标注。这里不需要勾选。

　　建筑施工图内无公差概念，因此该选项卡不需设定。

　　⑦ 单击【确定】按钮返回【标注样式管理器】对话框。此时在【标注样式管理器】对话框中可以看到 3 个标注样式：两个是默认的【Annotative】、【ISO-25】样式；另一个是在【ISO-25】基础上新建的【标注】样式，结果如图 3.26 所示。

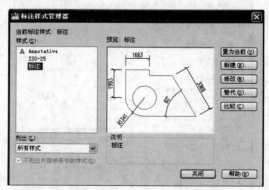

图 3.26　新建的【外标注】样式

2. 建立半径、直径及角度标注样式

（1）首先建立【半径标注】样式。

如图 3.26 选中【标注】样式后，单击【新建】按钮，进入【创建新标注样式】对话框，将其设定成如图 3.27 所示后，单击【继续】按钮，进入【新建标注样式：标注：半径】参数设置对话框。

图 3.27　建立【半径标注】样式

① 将【符号和箭头】选项卡内的箭头设定为【实心闭合】，如图 3.28 所示。

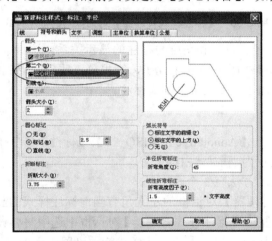

图 3.28　将箭头改为【实心闭合】

② 将【调整】选项卡按照图 3.29 所示进行设定。

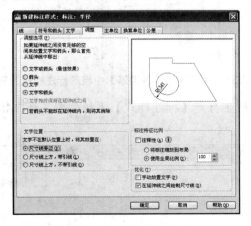

图 3.29　设定【调整】选项卡

(2) 用同样的方法建立【直径】和【角度】标注样式，结果如图 3.30 所示。

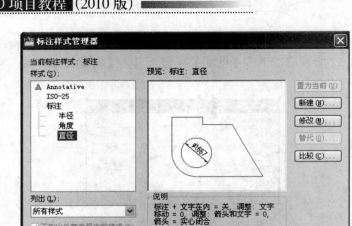

图 3.30　【标注样式管理器】对话框内的标注样式

注意图 3.30 中的半径、直径和角度与标注的显示关系，这种关系称为父与子的关系。半径、直径和角度犹如标注所生的 3 个儿子，家里分工明确，遇到线性尺寸，父亲标注；遇到半径、直径或角度时，3 个儿子分别去标注。

3．当前标注样式

从图 3.30 中可以看到【Annotative】、【ISO-25】、【标注】3 个样式。用哪个样式标注，就应将哪个标注样式设置为当前标注样式。

设置当前标注样式的方法有 3 个。

(1) 在【标注样式管理器】对话框的左上角有当前标注样式的显示，图 3.31 中所示的当前标注样式为【标注】。在【标注样式管理器】对话框中选中将要设置为当前的标注样式，然后单击【置为当前】按钮，被选中的标注样式就被设置为当前标注样式。

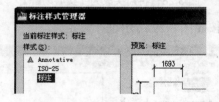

图 3.31　【标注样式管理器】中当前标注样式的显示

(2) 在【标注】工具栏中打开【标注样式】下拉列表，选中将要置为当前的标注样式，如图 3.32 所示。

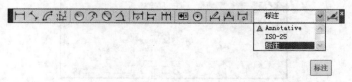

图 3.32　在【标注】工具栏中设置当前标注样式

(3) 在【样式】工具栏内设定当前标注样式，如图 3.33 所示。

图 3.33 在【样式】工具栏中设定当前标注样式

4．对"当前"概念的总结

回忆一下在前面所讲的内容里，哪些地方涉及"当前"的概念呢？对，共有 5 处。

(1) 图层：图形是绘制在当前层上的。

(2) 多线：前面讲了 Standard 和 Window 两种多线样式。绘制墙线时，须将 Standard 样式设置为当前样式；绘制窗户时须将 Window 样式设置为当前样式。

(3) 文字：前面建立了 Standard、【轴标】和【中文】3 种文字样式，当前样式是哪一种，写的就是哪种字体。

(4) 标注：除了 AutoCAD 本身携带的 ISO-25 样式，前面还建立了标注(本身带有 3 个父子关系)样式，用哪种标注样式去标注，就应将哪种标注样式置为当前。

(5) 表格：后面将具体介绍设定表格样式以及设置当前表格样式的方法。

3.3.3 参照附图 1 标注外墙 3 道尺寸

1．准备工作

(1) 生成辅助线：将台阶左边的散水线向下偏移 1500mm 生成辅助线，如图 3.34 所示。

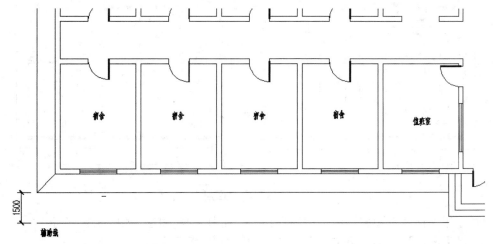

图 3.34 由散水线生成辅助线

(2) 加长辅助线：在命令行无命令的状态下选中辅助线，会出现 3 个蓝色的夹点。单击右侧的夹点，该夹点变红，打开【正交】功能，将光标水平向右拖动至如图 3.35 所示的位置。

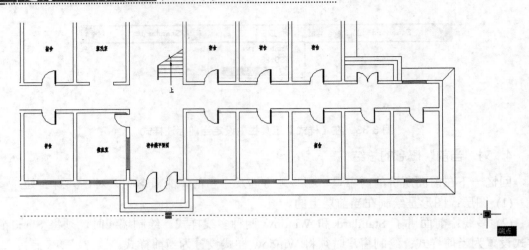

图 3.35　向右拖长辅助线

(3) 换图层：辅助线是由散水线偏移形成的，所以辅助线目前位于"室外"图层上。需要将其换到"辅助"图层上。

① 在命令行无命令的状态下选中辅助线，会出现 3 个蓝色的夹点。

② 如图 3.36 所示，打开图层下拉列表，选中"辅助"层。

③ 按 Esc 键取消夹点。

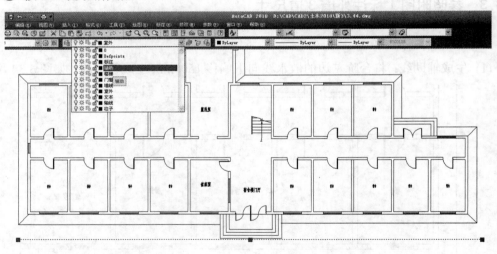

图 3.36　换图层

④ 打开"轴线"图层，将"门窗"层和"室外"层关闭，如图 3.37 所示。

⑤ 用【窗口放大】命令将视图调整至如图 3.38 所示状态。

⑥ 将【标注】样式置为当前标注样式。

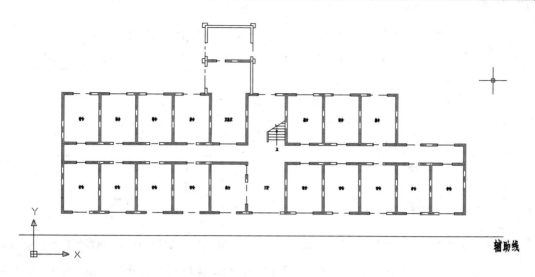

图 3.37 关闭"门窗"层和"室外"层

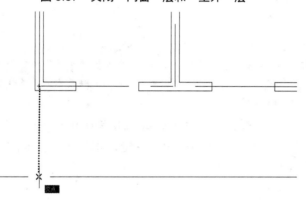

图 3.38 在辅助线上确定第一条尺寸界线的起点

2. 标注第一道墙段的长度和洞口宽度尺寸

(1) 选择菜单栏中的【标注】|【线性】命令,启动【线性】标注命令。

① 在指定第一条尺寸界线原点或 <选择对象>:提示下,捕捉 A 轴线和 1 轴线的交点、但不单击鼠标左键,将光标轻轻地垂直向下拖至辅助线上,出现交点捕捉后(图 3.38)单击鼠标左键,将该点作为线性标注的第一条尺寸界线的起点。

② 在指定第二条尺寸界线原点:提示下,如图 3.39 所示,捕捉 A 轴线和窗洞口左侧的交点(即 1 处),但不单击鼠标左键,将光标轻轻地向下拖至辅助线上,出现交点捕捉后单击鼠标左键,将该点作为线性标注的第二条尺寸界线的起点。

③ 在指定尺寸线位置或[多行文字(M)/文字(T)/角度(A)/水平(H)/垂直(V)/旋转(R)]:提示下,将光标垂直向下拖动,输入"1000"(图 3.40),指定尺寸线和辅助线之间的距离为1000mm,按 Enter 键结束命令。

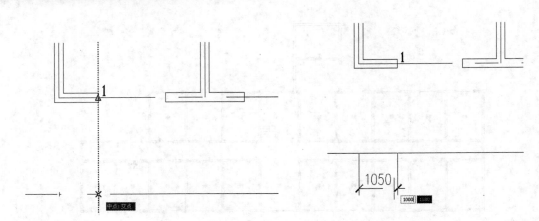

图 3.39　在辅助线上确定第二条尺寸界线的起点　　　图 3.40　指定尺寸线和辅助线之间的距离

(2) 选择菜单栏中的【标注】|【连续】命令，启动连续标注命令，AutoCAD 自动将连续标注连接到刚刚所标注的尺寸线上。

特别提示

> 执行连续标注时，AutoCAD 自动将连续标注连接到刚刚所标注的尺寸线上。如果 AutoCAD 自动连接的尺寸线不是所需要连接的尺寸线，按 Enter 键，执行尖括号内的【选择】命令，在【选择连续标注】命令提示下，选择需要连接的尺寸线。

① 在**指定第二条尺寸界线原点或 [放弃(U)/选择(S)] <选择>：**提示下，捕捉 A 轴线和窗洞口右侧的交点(即 2 处)，但不单击鼠标左键，将光标轻轻地向下拖至辅助线上，出现交点捕捉后(图 3.41)，单击鼠标左键。

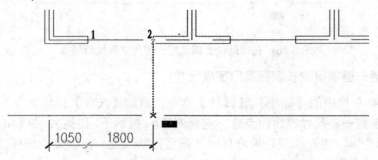

图 3.41　用连续标注命令标注尺寸

② 在**指定第二条尺寸界线原点或 [放弃(U)/选择(S)] <选择>：**提示下，用相同的方法依次向后操作，结果如图 3.42 所示。在操作过程中，可以透明使用【平移】命令调整视图，以方便操作。

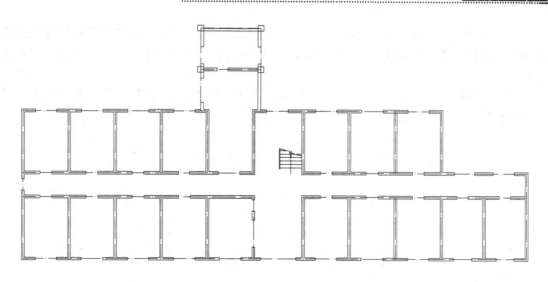

图 3.42　标注第一道尺寸线

为了使尺寸界线的起点在一条线上，这里设置了辅助线，这样标注出的尺寸线比较整齐。

在连续标注的过程中，如果某次标注出现错误，可以在命令执行过程中输入"U"，以取消这次错误操作。

墙段长度和洞口宽度的第一道尺寸线的第一个尺寸是用线性标注命令标注出来的，而第一道尺寸线的其他尺寸是使用【连续】标注命令标注出来的。

3．标注第二道轴线尺寸

(1) 选择菜单栏中的【标注】|【基线】命令，启动基线标注命令，光标将自动连接到刚刚所标注的尺寸线上，如图 3.43 所示。

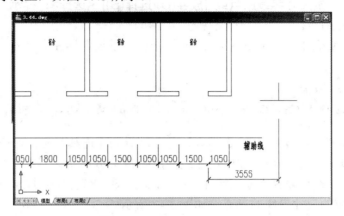

图 3.43　基线标注自动连接到刚刚所标注的尺寸线上

(2) AutoCAD 自动连接的标注不是所需要的标注，所以在**指定第二条尺寸界线原点或 [放弃(U)/选择(S)] <选择>**：提示下，按 Enter 键执行尖括号内的选择命令，表示要重新选择基准标注。

① 在**选择基准标注**：提示下，将光标放在如图 3.44 所示的 1050 左侧的尺寸线上，然后单击鼠标左键以选择基准标注。

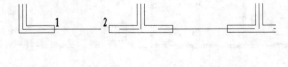

图 3.44　选择基准标注

② 在**指定第二条尺寸界线原点或 [放弃(U)/选择(S)] <选择>**：提示下，将光标向右上拖动，捕捉如图 3.45 所示的位置，以指定第二条尺寸界线原点。

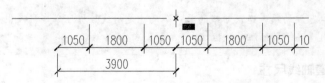

图 3.45　指定第二条尺寸界线原点

③ 在**指定第二条尺寸界线原点或 [放弃(U)/选择(S)] <选择>**：提示下，按 Enter 键结束当前的基线标注命令。

④ 在**选择基准标注**：提示下，按 Enter 键结束【基线】标注命令。

特别提示

> 在连续标注或基线标注后，应连续按两次 Enter 键才能结束连续标注或基线标注过程。

(3) 选择菜单栏中的【标注】|【连续】命令，启动【连续】标注命令，光标自动连接到刚才用【基线】标注命令所标注的尺寸线上，如图 3.46 所示。

① 在**指定第二条尺寸界线原点或 [放弃(U)/选择(S)] <选择>**：提示下，依次向右分别捕捉与轴线相对应的尺寸界线的起点，如图 3.47 所示。

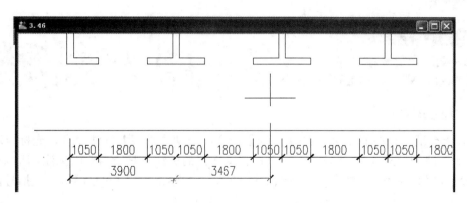

图 3.46 连续标注自动连接到刚才所标注的尺寸线上

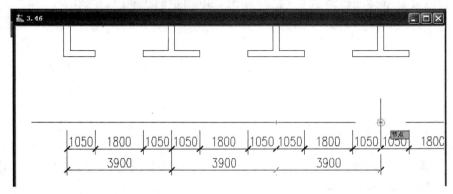

图 3.47 捕捉与轴线相对应的尺寸界线的起点

② 按 Enter 键结束【连续】标注命令，结果如图 3.48 所示。

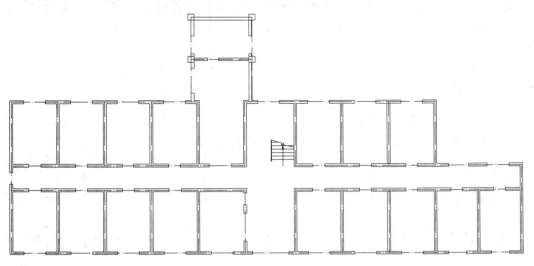

图 3.48 标注出轴线尺寸

特别提示

标注轴线之间距离的第二道尺寸线的第一个尺寸是用【基线】标注命令标注出来的，而第二道尺寸线的其他标注是用【连续】标注命令标注出来的。

4．标注总尺寸

(1) 选择菜单栏中的【标注】|【基线】命令，启动【基线】标注命令，光标自动连接到刚刚所标注的尺寸线上，同样 AutoCAD 自动连接的标注不是所需要的标注，所以在**指定第二条尺寸界线原点或 [放弃(U)/选择(S)] <选择>：**提示下，按 Enter 键执行尖括号内的选择命令。

(2) 在**选择基准标注：**提示下，选择如图 3.49 所示的 3900 尺寸线的左侧。

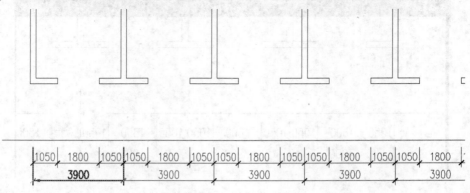

图 3.49　选择基准标注

(3) 在**指定第二条尺寸界线原点或 [放弃(U)/选择(S)] <选择>：**提示下，将光标向右上拖动，捕捉如图 3.50 所示的第 12 根轴线的尺寸界线的起点作为第二条尺寸界线原点。

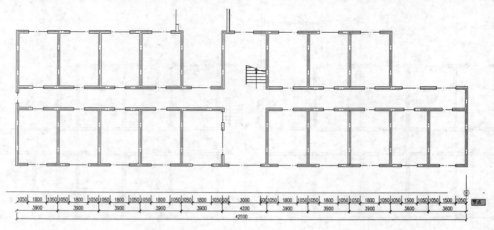

图 3.50　指定第二条尺寸界线原点

(4) 在**指定第二条尺寸界线原点或 [放弃(U)/选择(S)] <选择>：**提示下，按两次 Enter 键结束命令。

特别提示

第三道总尺寸用【基线】标注命令标注。

5．标注其他尺寸

用相同的方法标注"附图 2.1 宿舍楼底层平面图"中其他外部尺寸。

6．冻结"辅助"图层

打开【图层】工具栏上的【图层】下拉列表并将"辅助"图层冻结。

3.3.4 标注内部尺寸

1．准备工作

(1) 如图 3.51 所示，将当前标注设定为【标注】样式。

图 3.51 设定当前标注

(2) 将视图调整至如图 3.52 所示的状态。

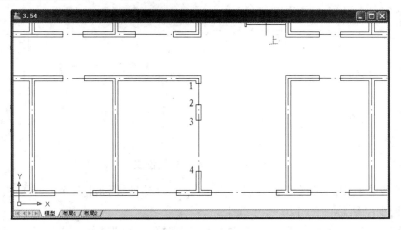

图 3.52 调整视图

2．标注"值班室"的内部尺寸

(1) 选择菜单栏中的【标注】|【线性】命令，启动【线性】标注命令。

① 在指定第一条尺寸界线原点或 <选择对象>：提示下，捕捉如图 3.53 所示的右上方阴角点作为线性标注的第一条尺寸界线的起点。

图 3.53 指定第一条尺寸界线原点

② 在**指定第二条尺寸界线原点**：提示下，捕捉如图 3.54 所示的"门洞口"左上角点(即 1 点处)作为线性标注的第二条尺寸界线的起点。

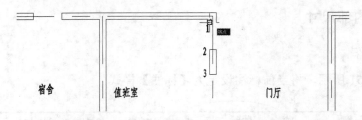

图 3.54 指定第二条尺寸界线原点

③ 在**指定尺寸线位置或[多行文字(M)/文字(T)/角度(A)/水平(H)/垂直(V)/旋转(R)]**：提示下，将光标水平向左拖动，输入"1500"(图 3.55)，以指定尺寸线和捕捉点之间的距离为 1500mm，然后按 Enter 键结束命令。

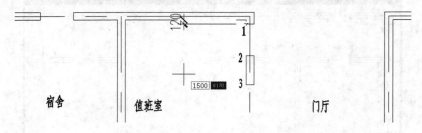

图 3.55 指定尺寸线位置

(2) 选择菜单栏中的【标注】|【连续】命令，启动连续标注命令，AutoCAD 自动将连续标注连接到刚刚所标注的 120 尺寸线上。

① 在**指定第二条尺寸界线原点或 [放弃(U)/选择(S)] <选择>**：提示下，捕捉"门洞口"的左下角点(即 2 点处)。

② 在**指定第二条尺寸界线原点或 [放弃(U)/选择(S)] <选择>**：提示下，捕捉"窗洞口"的左上角点(即 3 点处)。

③ 在**指定第二条尺寸界线原点或 [放弃(U)/选择(S)] <选择>**：提示下，捕捉"窗洞口"的左下角点(即 4 点处)。

④ 在**指定第二条尺寸界线原点或 [放弃(U)/选择(S)] <选择>**：提示下，捕捉"值班室"右下角阴角点，如图 3.56 所示。

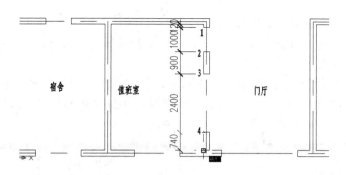

图 3.56 标注值班室内部尺寸

⑤ 按两次 Enter 键结束命令。

3．标注其他内部尺寸

用相同的方法标注"附图 2.1 宿舍楼底层平面图"中的其他内部尺寸。

3.3.5 修改尺寸标注

1．修改文字的内容(即画错标对)

左下角 1 和 2 轴线之间的宿舍开间为"3900"，现在将其改为"4200"。

1) 用【对象特性管理器】修改

(1) 在无命令的情况下，选中左下角 1 和 2 轴线之间的 3900 尺寸线，出现 5 个蓝色夹点，以此可以理解尺寸标注的整体关系。

(2) 单击【标准】工具栏上的特性图标 或在命令行输入"Pr"并按 Enter 键，打开【对象特征管理器】。

(3) 向下拖动左侧的滚动条直至滚动至如图 3.57 所示位置，并在【文字替代】文本框内输入"4200"，然后按 Enter 键确认。

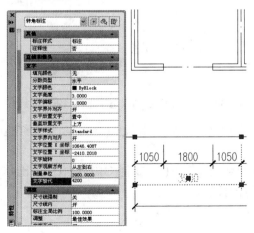

图 3.57 在【文字替代】文本框内输入"4200"

(4) 关闭【对象特性管理器】，按 Esc 键取消夹点。这样 1 和 2 轴线之间的尺寸由"3900"变为"4200"。

2) 用多行【文字编辑器】修改

(1) 选择菜单栏中的【修改】|【对象】|【文字】|【编辑】命令，或在命令行输入"Ed"并按 Enter 键，启动编辑文字命令。

(2) 在**选择注释对象或 [放弃(U)]**：提示下，在左下角 1 和 2 轴线之间的尺寸线上的"3900"文字上单击鼠标左键，则弹出文字编辑器，并且"3900"尺寸被激活(图 3.58)，将其修改为"4200"，然后单击【确定】按钮，关闭对话框。

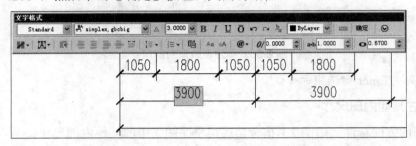

图 3.58　在文字编辑器内激活"3900"尺寸

3) 在快捷特性对话框内修改

2. 用夹点编辑调整文字的位置

观察图 3.59，在前面所标注出的"值班室"的内部尺寸中，"门垛"宽度"120"尺寸标注的文字位置不合适，现在来调整"120"尺寸标注文字的位置。

(1) 在无命令的状态下选中"120"尺寸线，如图 3.59 所示，将出现 5 个蓝色的夹点，其中有一个夹点位于"120"文字上，该夹点是控制"120"文字位置的夹点。

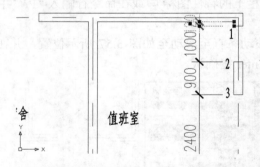

图 3.59　在无命令的状态下选中 120 尺寸线

(2) 单击文字"120"上的夹点，该夹点由蓝色(冷夹点)变成红色(热夹点)，这时文字"120"粘到了光标上。

(3) 在**拉伸，指定拉伸点或 [基点(B)/复制(C)/放弃(U)/退出(X)]**：提示下，移动光标将"120"放到如图 3.60 所示的位置。

(4) 按 Esc 键取消夹点。

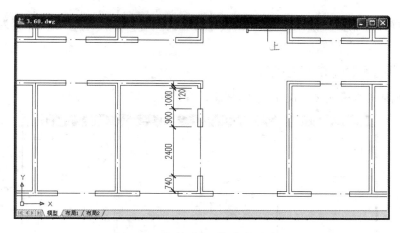

图 3.60 调整 "120" 文字的位置

3．修改尺寸界线的位置

外包尺寸中的第 3 道总尺寸应该是外墙皮至外墙皮的尺寸，而前面所标注的是第 1 根轴线至第 12 根轴线的尺寸。观察第 1 根轴线与第 12 根轴线之间的尺寸，目前该值为 42600。用【延伸】命令延长第 3 道总尺寸线。

(1) 单击【修改】工具栏上的【延伸】图标 --/ 或在命令行输入 "Ex" 并按 Enter 键。

(2) 在**选择对象或 <全部选择>**：提示下，选择如图 3.61 所示的外墙外边线 A，则 A 墙线变虚，指定了外墙线 A 作为延伸边界。

(3) 按 Enter 键进入下一步。

(4) 在**选择要延伸的对象，或按住 Shift 键选择要修剪的对象，或[栏选(F)/窗交(C)/投影(P)/边(E)/放弃(U)]**：提示下，输入 "E" 并按 Enter 键。

(5)在**输入隐含边延伸模式 [延伸(E)/不延伸(N)] <不延伸>**：提示下，输入"E"并按 Enter 键，表示沿自然路径延伸边界。

(6) 在**选择要延伸的对象，或按住 Shift 键选择要修剪的对象，或[栏选(F)/窗交(C)/投影(P)/边(E)/放弃(U)]**：提示下，单击 42600 尺寸线的左端点，这时第 3 道总尺寸左边的尺寸界线延伸到外墙线 A 处，结果如图 3.61 所示。

(7) 按 Enter 键，结束【延伸】命令。

再次观察，第 3 道总尺寸的尺寸值由 42600 变成 42720。

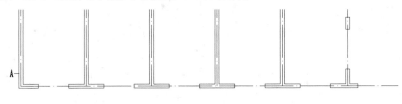

图 3.61 向左延伸尺寸线

(8) 重复(1)～(7)步，修改第 3 道总尺寸右边的尺寸界线，最后总尺寸变为外墙皮至外墙皮之间的尺寸，尺寸值为 42840。

4. 尺寸标注和图形的联动关系

(1) 将视图调整至如图 3.62 所示的状态。

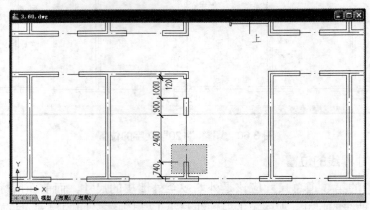

图 3.62　选择被拉伸的对象

(2) 单击【修改】工具栏上的【拉伸】图标 □ 或在命令行输入 "S" 并按 Enter 键，启动【拉伸】命令。

① 在**选择对象**：提示下，用交叉窗口选择方式选择如图 3.62 所示的 "窗洞口" 下侧的墙线。

② 按 Enter 键进入下一步。

③ 在**指定基点或位移**：提示下，在绘图区任意单击一点作为拉伸的基点。

④ 在**指定第二个点或 <使用第一个点作为位移>**：提示下，打开【正交】功能，将光标垂直向上拖动，输入 "300"，表示将 "窗洞口" 下侧的墙段向上加长 300，那么 "窗洞口" 的宽度则向上减少 300。

⑤ 按 Enter 键结束命令，结果如图 3.63 所示。

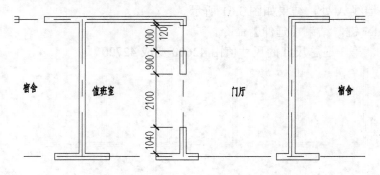

图 3.63　洞口宽度变为 2100

观察图 3.63，可以理解尺寸标注和图形的联动关系，将 "窗洞口" 的大小由 2400 修改成 2100，其尺寸标注也自动发生了变化。

3.4 测量面积和长度

1．测量房间面积

(1) 选择菜单栏中的【工具】|【查询】|【面积】命令，或在命令行输入"Area"后按Enter键，启动【查询面积】命令。

(2) 在指定第一个角点或 [对象(O)/加(A)/减(S)]：提示下，打开【对象捕捉】功能，单击如图3.64所示的A点作为被测量区域的第一个角点。

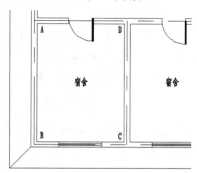

图3.64 测量"宿舍"的净面积

(3) 在指定下一个角点或按Enter键全选：提示下，依次单击如图3.64所示的B、C、D点作为被测量区域的其他3个角点。

(4) 按Enter键结束命令，这样就测量出A、B、C、D这4点所围合区域的面积。

查看命令行，这时命令行显示出"面积 = 18722671.1537，周长 = 17552.0506"。表示AutoCAD测量出由A、B、C、D这4点定义区域的面积为18722671.1537mm²，即该宿舍的净面积约为18.7m²；A、B、C、D这4点定义区域的周长为17552.0506mm，约为17.6m。

2．测量BC内墙的长度

(1) 选择菜单栏中的【工具】|【查询】|【距离】命令，或在命令行输入"Di"后按Enter键，启动【查询距离】命令。

(2) 在指定第一点：提示下，捕捉图3.64中的B点作为测量距离的第一点。

(3) 在指定第二点：提示下，捕捉图3.64中的C点作为测量距离的第二点。

查看命令行，这时命令行显示"距离 = 3660.0000，BC线在XY平面中的倾角 = 0，与 XY 平面的夹角 = 0，X 增量 = 3660.0000，Y 增量 = 0.0000，Z 增量 = 0.0000"。AutoCAD测出BC内墙的长度为3660mm。

特别提示

【查询距离】命令除了可以查询直线的实际长度外，还可以查询直线的角度、直线的水平投影和垂直投影的长度。

3.5 制作和使用图块

3.5.1 图块的特点

图块是一组图形实体的总称。在一个图块中，各图形实体可以拥有自己的图层、线型、颜色等特性，但 AutoCAD 却是将图块当作一个单独的、完整的对象来操作。在 AutoCAD 中，使用图块具有以下优点。

1．提高绘图效率

在建筑施工图中有大量重复使用的图形，如果将其作成图块(相当于人们玩的积木)，形成图块库，当需要某个图块时，将其拿来放到图中即可。这样就将复杂的图形绘制过程变成几个简单图块的拼凑，避免了大量的重复工作，大大提高了绘图的效率。

2．节省磁盘空间

每个图块都是由多个图形对象组成的，但 AutoCAD 是将图块作为一个整体图形单元来进行存储的，这样会节省大量的磁盘空间。

3．便于图形的修改

在实际工作中，经常需要反复修改图形，如果在当前图形中修改或更新一个之前定义的图块，AutoCAD 将会自动更新图中已经插入的所有图块，这就是图块的联动性能。

在施工图中，可以作成图块的对象有：窗、门、图框、标高符号、定位轴线编号、详图索引符号、详图符号、剖面符号、断面符号和指北针等。这里将上述可制作为图块的对象分成两大部分。

(1) 图形类：窗、门。

(2) 符号类：图框、标高符号、定位轴线编号、详图索引符号、详图符号、剖面符号、断面符号和指北针等。

制作图形类和符号类图块时，图块尺寸的确定方法不一样，所以这里分别学习这两类图块的制作。另外，图块最好作在【0】层上，因为作在【0】层上的图块具有吸附功能，能够吸附在图层上，而作在非【0】层上的图块是引入图层，专业绘图软件通常靠图块来引入图层。

下面分别介绍图形类和符号类图块的制作方法，以及如何使用图块和图块的修改。

3.5.2 图形类图块的制作和插入

1．制作和使用"门"图块

1) 绘制图形

(1) 将【0】图层设为当前层。为便于使用，这里绘制 1000mm 宽的门扇以作成"门"图块。

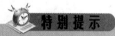
特别提示

单扇门的宽度有 750mm、800mm、900mm 及 1000mm 等，这里将"门"图块的尺寸定为 1000mm，因为插入图块时缩放比例=新的门扇宽度/1000，任何一个值除以 1 都很好计算。

(2) 绘制门扇：单击【绘图】工具栏上的【多段线】图标 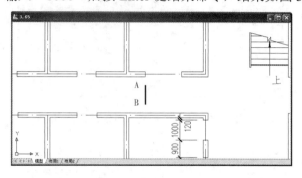 或在命令行输入"PL"并按 Enter 键，启动绘制多段线命令。

① 在**指定起点**：提示下，在屏幕上任意单击一点作为多段线的起点。

② 在**当前线宽为 0.0000，指定下一个点或 [圆弧(A)/半宽(H)/长度(L)/放弃(U)/宽度(W)]**：提示下，输入"W"后按 Enter 键。

③ 在**指定起点宽度 <0.0000>**：提示下，输入"50"。

④ 在**指定端点宽度 <0.0000>**：提示下，输入"50"，这样就将线宽改为 50mm。按 F8 键打开【正交】功能。

⑤ 在**指定下一点或 [圆弧(A)/闭合(C)/半宽(H)/长度(L)/放弃(U)/宽度(W)]**：提示下，将光标垂直向上拖动，输入"1000"后按 Enter 键结束命令，结果如图 3.65 所示。

图 3.65　绘制门扇

(3) 绘制门的轨迹线：选择菜单栏中的【绘图】|【圆弧】|【圆心、起点、角度】命令。

① 在**指定圆弧的起点或 [圆心(C)]**：_c **指定圆弧的圆心**：提示下，捕捉如图 3.66 所示的 A 点作为圆弧的圆心。

② 在**指定圆弧的起点**：提示下，捕捉如图 3.66 所示的 B 点作为圆弧的起点。

③ 在**指定圆弧的端点或 [角度(A)/弦长(L)]**：_a **指定包含角**：提示下，输入"-90"，指定圆弧的角度为-90°，结果如图 3.66 所示。

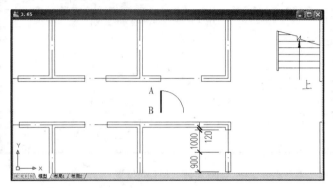

图 3.66　绘制门的轨迹线

2）定义属性

通常图块带有一定的文字信息，这里将图块所携带的文字信息称为属性，"门"图块所携带的文字信息就是门的编号。

（1）选择菜单栏中的【绘图】|【块】|【属性定义】命令，则打开了【属性定义】对话框。

（2）如图 3.67 所示，设定【属性定义】对话框后单击【确定】按钮，对话框消失，此时 M1 的左下角点粘到光标处，这是因为对话框中【文字选项】选项区中的【对正】方式为左对正。

图 3.67 【属性定义】对话框的设定

特别提示

在图 3.67 中，【属性定义】对话框中的【值】文本框内设定的，是插入图块时命令行出现的属性的默认值。通常将经常使用的属性值或较难输入的属性值设定为默认值。

在图 3.67 中，【属性定义】对话框中不要√选【锁定位置】复选框，否则被插入图块的属性位置无法修改。

（3）在**指定起点**：提示下，参照图 3.68 放置门编号"M1"的位置。

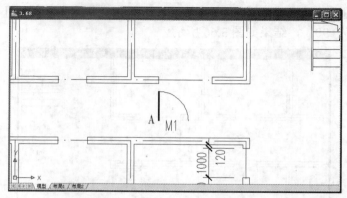

图 3.68 M1 的位置

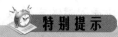 **特别提示**

如果 M1 的位置放偏了，可以利用【移动】命令将其移到合适位置。

(4) 如果需要修改已经定义的属性值，可输入 "Ed" 并按 Enter 键。在**选择注释对象或 [放弃(U)]:** 提示下，选择刚才定义的属性值 M1，则会弹出如图 3.69 所示的【编辑属性定义】对话框。在此对话框中可以对【标记】、【提示】及【默认】进行修改。

图 3.69   【编辑属性定义】对话框

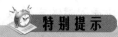 **特别提示**

图 3.68 中的门编号 M1 是用【绘图】|【块】|【定义属性】命令定义出的，而不是用【文字】命令写出的。

3) 制作图块

制作图块的方法有两种：一个是创建块(Make block)，另一个是写块(Write block)。这里用创建块的方法制作 "门" 图块。

(1) 单击【绘图】工具栏上的【创建块】图标 或在命令行输入 "B" 后按 Enter 键，弹出【块定义】对话框。

(2) 在对话框中【名称】文本框内输入 "门"，来指定块的名称，如图 3.70 所示。

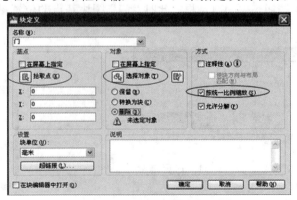

图 3.70   【块定义】对话框

(3) 单击图 3.70 中【块定义】对话框中的【选择对象】按钮 ，对话框消失。

(4) 在**选择对象:** 提示下，如图 3.71 所示，选择 "门" 和编号 M1 后按 Enter 键返回对话框。

(5) 单击图 3.70 中【块定义】对话框中的【拾取点】按钮 ，对话框消失。

(6) 在**指定插入基点**：提示下，捕捉如图 3.72 所示的 A 点作为图块插入时的定位点，此时对话框自动返回。

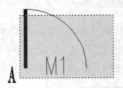 

图 3.71　选择制作图块的对象　　　　　　　　图 3.72　确定"门"图块基点

(7) 单击【确定】按钮关闭对话框。观察图 3.70 可知，在【对象】选项组中选择了【删除】单选框，所以，对话框关闭后，被制作成图块的对象消失。

特别提示

基点的作用是当图块插入时，通过基点将被插入的图块准确地定位，所以必须理解基点的作用，并应学会正确地确定基点的位置。

4) 插入"门"图块

下面将图块插入宽度为 800mm 的卫生间的门洞口内。

(1) 单击【绘图】工具栏上的【插入块】图标 或在命令行输入"I"后按 Enter 键，则弹出【插入】对话框。

(2) 在块【插入】对话框中的【名称】下拉列表框中选择"门"图块。

(3) 由于"门洞口"尺寸为 800mm，而"门"图块的宽度为 1000mm，所以"门"图块插入时 X 和 Y 应等比例缩小，缩放比例为"新尺寸/旧尺寸 = 800/1000 = 0.8"。如图 3.73 所示，在对话框中勾选【统一比例】复选框并将比例设定为"0.8"，旋转角度设定为"0"。

(4) 单击【确定】按钮，关闭对话框。此时"门"图块基点的位置粘到光标上，如图 3.74 所示。

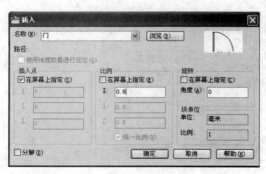 

图 3.73　设定【插入】对话框　　　　　　　　图 3.74　图块基点和光标的关系

(5) 在**指定插入点或 [基点(B)/比例(S)/旋转(R)/预览比例(PS)/预览旋转(PR)]**：提示下，捕捉如图 3.75 所示的卫生间门洞口处。

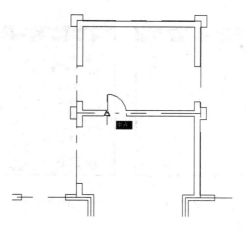

图 3.75　插入 "门" 图块

(6) 在**输入门的编号 <M1>：**提示下，输入 "M3" 后按 Enter 键结束命令。

注意，在第(6)步中命令行出现的**输入门的编号 <M1>：**是图 3.67 中自己设定的提示(输入门的编号)和值(M1)。

(7) 在命令行无命令的状态下，单击刚才插入的 "门" 图块，结果如图 3.76 所示，"门" 图块整体变虚，并在图块基点处显示蓝色夹点，这说明组成图块的各因素形成了一个整体。

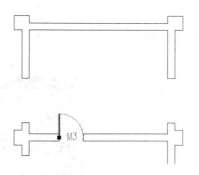

图 3.76　理解块的整体关系

🕐 **特别提示**

　　组成图块的所有元素是一个整体，Explode(分解)命令可将图块分解为单个对象，Explode 命令是 Block 命令的逆过程。

5) 修改属性

(1) 选择菜单栏中的【修改】|【属性】|【单个】命令。

(2) 在**选择块：**提示下，将光标放在刚才插入的 "门" 图块上单击鼠标左键，选择刚才插入的 "门" 图块，立即弹出【增强属性编辑器】对话框(双击 "门" 图块也能弹出此对话框)。

(3) 在【属性】选项卡中，将值改为 "M2"，如图 3.77 所示。

(4) 在【文字选项】选项卡中，将文字高度修改为 "300"，如图 3.78 所示。

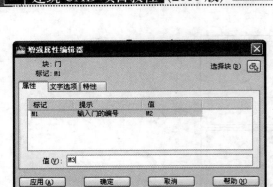

图 3.77　将属性值修改为"M2"　　　　　图 3.78　修改文字高度和宽度比例

(5) 单击【确定】按钮关闭对话框。

这样，就将插入的"门"图块的属性由"M3"改为"M2"，且文字高度由"240"修改为"300"。

2．制作和使用"窗"图块

1) 绘制图形

将【0】图层设为当前层，如图 3.79 所示绘制"窗"图形。

2) 定义属性

按照图 3.80 所示设置【属性定义】对话框，并将 C-1 属性值放置在如图 3.81 所示的位置。

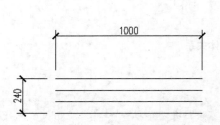

图 3.79　"窗"图形的尺寸　　　　　图 3.80　设定【属性定义】对话框

3) 制作图块

这里用写块(WriteBlock)的方法制作"窗"图块。

(1) 在命令行输入"W"后按 Enter 键，弹出【写块】对话框。

(2) 如图 3.82 所示，在【源】选项组中选择【对象】单选按钮，表示要选择屏幕上已有的图形来制作图块。

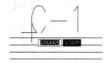

图 3.81　放置属性值 C-1　　　　　　　图 3.82　设定【写块】对话框

(3) 在【基点】选项组中，单击【拾取点】按钮，此时对话框消失。

(4) 在**指定插入点**：提示下，捕捉窗图形的左下角点作为"窗"图块的基点(即"窗"图块插入时的插入点)，此时又返回对话框。

(5) 在【对象】选项组中，单击【选择对象】按钮，此时对话框消失。

(6) 在**选择对象**：提示下，选择图 3.81 中的窗图形和属性值 C-1 作为需要定义为块的对象，然后按 Enter 键返回对话框。

(7) 在【对象】选项组中，如图 3.82 所示，选择【从图形中删除】单选框，即块作好后将源对象删除。

(8) 在【目标】选项中，单击【浏览】按钮，弹出【浏览图形文件】对话框，确定该块的存盘位置并给该块命名，如图 3.83 所示。单击【保存】按钮返回【写块】对话框。

图 3.83　确定块名和存盘路径

(9) 最后单击【确定】按钮，关闭【写块】对话框。

特别提示

用写块(Write Block)方式制作的图块是一个存盘的块, 其具有公共性, 可在任何 CAD 文件中使用。用创建块(Make Block)方式制作的图块不具有公共性, 只能在本文件中使用。

4) 插入图块

(1) 单击【绘图】工具栏上的【插入块】图标 ，或在命令行输入 "I" 后按 Enter 键，弹出【插入】对话框。

(2) 在【插入】对话框的【名称】下拉列表中没有找到 "窗" 图块, 如图 3.84 所示。单击旁边的 浏览(B)... 按钮，弹出【选择文件】对话框，找到刚才存盘的 "窗" 图块后单击【打开】按钮返回【插入】对话框。

(3) 不勾选【统一比例】复选框，设定【插入】对话框中的缩放比例: X 设置为 "2.4"，Y 设置为 "1"，Z 设置为 "1"。

图 3.84 【名称】下拉列表中无 "窗" 图块

特别提示

前面制作的 "窗" 图块的尺寸为 1000mm(X)×240mm(Y), 插入 "窗" 图块的洞口尺寸为 2400mm×240mm, 所以【插入】对话框中缩放比例为: X 设置为 2.4(1000×2.4=2400), Y 设置为 1(240×1=240)。

(4) 将块【插入】对话框中的旋转角度设置为 "90"。

(5) 单击【确定】按钮，对话框消失。此时 "窗" 图块基点的位置粘到光标上。

(6) 在指定插入点或 [基点(B)/比例(S)/旋转(R)/预览比例(PS)/预览旋转(PR)]: 提示下，在如图 3.85 所示处单击鼠标左键，将 "窗" 图块插到该处。

(7) 在输入门窗编号 <C-1>: 提示下，按 Enter 键执行尖括号内 C-1 默认值，结果如图 3.86 所示。

5) 修改图块的属性

(1) 双击刚才插入的 "窗" 图块，弹出【增强属性编辑器】对话框。

(2) 在【属性】选项卡中，将属性值由 "C-1" 修改为 "C-3"，如图 3.87 所示。

(3) 在【文字】选项卡中，将宽度比例由 "1.6" 修改为 "0.7"，如图 3.88 所示。

(4) 单击【确定】按钮关闭对话框。

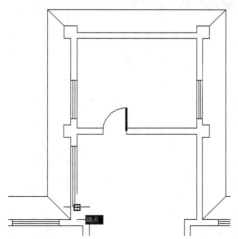

图 3.85　捕捉插入点

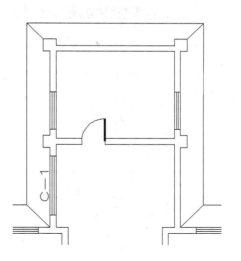

图 3.86　插入的窗图块

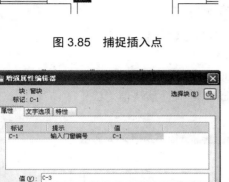

图 3.87　修改属性值

图 3.88　修改宽度比例

特 别 提 示

　　由图 3.80 中的【属性定义】对话框可知，在定义窗编号属性时所选择的文字样式为"Standard"，该文字样式的宽度比例为"0.7"，但"窗"图块在插入时，沿 X 方向放大为 2.4 倍，所以其宽度比例变成"0.7×2.4=1.6"，需要将其改回"0.7"。

6) 插入 4 个窗

用【多重插入】命令插入 D 轴线上 1 至 5 轴线之间的 4 个 1800mm 的窗。

(1) 在命令行输入"Minsert"后按 Enter 键。

① 在**输入块名或 [?]**：提示下，输入"窗块"。

② 在**指定插入点或 [基点(B)/比例(S)/X/Y/Z/旋转(R)/预览比例(PS)/PX/PY/PZ/预览旋转(PR)]**：提示下，单击如图 3.89 所示的位置以确定插入点。

③ 在**输入 X 比例因子，指定对角点，或 [角点(C)/XYZ] <1>**：提示下，输入"1.8(1800/1000)"。

④ 在**输入 Y 比例因子或 <使用 X 比例因子>**：提示下，输入"1(240/240)"。

⑤ 在**指定旋转角度 <0>**：提示下，按 Enter 键执行默认值"0"。

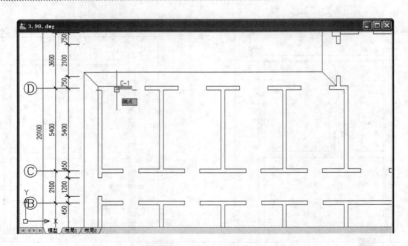

图 3.89 确定图块的插入点

⑥ 在**输入行数 (...) <1>**：提示下，按 Enter 键执行默认值 "1"。

⑦ 在**输入列数 (||||) <1>**：提示下，输入 "4"。

⑧ 在**指定列间距 (||||)**：提示下，输入 "3900"。

⑨ 在**输入门窗编号 <C-1>**：提示下，按 Enter 键执行默认值 "C-1"。

结果如图 3.90 所示，一次插入了 4 个窗。

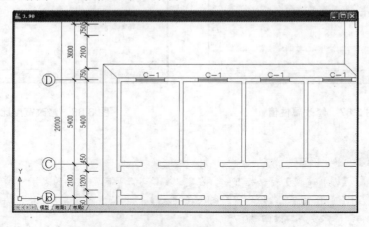

图 3.90 Minsert 命令插入 "窗" 图块

(2) 双击插入的 "窗" 图块，弹出【增强属性编辑器】对话框，将【文字】选项卡中的【宽度比例】由 "1.206" 修改成 "0.7"。

特别提示

用 Minsert 命令一次插入的若干个图块为整体关系，不能用分解命令将其分解。同时，每个图块具有相同的属性值、比例系数和旋转方向。

7) 插入 5 个窗

用【多重插入】命令插入 A 轴线上 1~6 轴线之间的 5 个 1800mm 窗。

(1) 利用【块编辑器】修改"窗"图块。块编辑器的作用是对图块库内的图块进行修改。

① 选择菜单栏中的【工具】|【块编辑器】命令，则打开了【编辑块定义】对话框，如图 3.91 所示。

图 3.91 【编辑块定义】对话框

② 选择"窗"图块，单击【确定】按钮，进入【块编辑器】。

③ 如图 3.92 所示，选中"C-1"，出现蓝色夹点。将光标放在蓝色夹点上单击鼠标左键，该夹点变红，然后垂直向下拖动光标，将"C-1"放在如图 3.93 所示处。

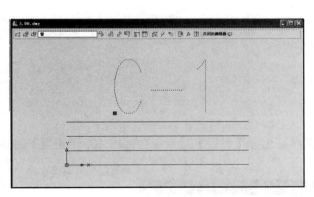 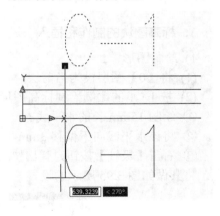

图 3.92 选中"C-1"　　　　　　　　图 3.93 向下挪动"C-1"

④ 单击【块编辑器】上部的 关闭块编辑器(C) 按钮，AutoCAD 弹出【是否将修改保存到窗块】对话框，单击【是】按钮以保存修改。

特别提示

　　菜单栏中的【工具】|【块编辑器】命令是对用 Make Block、Write Block 命令作好的图块(即图块库内的图块)进行修改，而【工具】|【外部参照和块在位编辑】|【块在位编辑参照】命令是对已经插入到图形中的图块进行修改。

(2) 启动【多重插入】命令插入 A 轴线上 1 至 6 轴线之间的 5 个 1800mm 窗，结果如图 3.94 所示。注意观察图 3.90 和图 3.94 中"C-1"的不同位置。

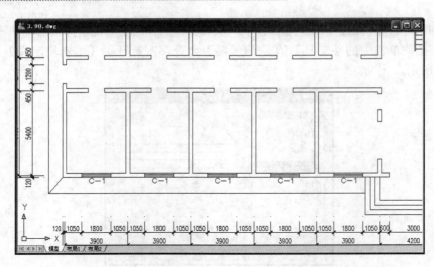

图 3.94　插入 A 轴线上 1~6 轴线之间的 5 个 3900mm 窗

(3) 在【增强属性编辑器】对话框中，将【文字】选项卡中的【宽度比例】由"1.206"修改成"0.7"。

3.5.3　符号类图块的制作和插入

1. 标高图块的制作和插入

1) 绘制图形

(1) 将【0】图层设为当前层。

(2) 按 1∶1 的比例绘制标高图形。

① 绘制 15mm 长的水平线。

② 将该水平线向下偏移 3mm。

③ 右击【极轴】按钮，弹出快捷菜单，选择【设置】命令则会弹出【草图设置】对话框，将其做如图 3.95 所示的设置。

图 3.95　设置极轴追踪

④ 按 F10 键打开【极轴】功能并启动【直线】命令。

⑤ 在_line 指定第一点：提示下，捕捉如图 3.96 所示的 A 点。

⑥ 在指定下一点或 [放弃(U)]：提示下，将光标沿 45°方向向右下方拖动，直至出现交点捕捉(图 3.96)后单击鼠标左键。

⑦ 在指定下一点或 [放弃(U)]：提示下，将光标沿 45°方向向右上方拖动，直至出现交点捕捉(图 3.97)后单击鼠标左键。

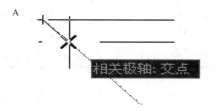 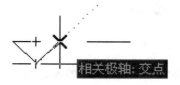

图 3.96 寻找下面的水平线和 45°斜线的交点　　图 3.97 寻找上面的水平线和 45°斜线的交点

⑧ 擦除下面的水平线，结果如图 3.98 所示。

2) 定义属性

标高块所携带的属性是标高值。

(1) 选择菜单栏中的【绘图】|【块】|【定义属性】命令，打开【属性定义】对话框。

图 3.98 标高符号

(2) 如图 3.99 所示，设定对话框后，单击【确定】按钮，对话框消失。此时"±0.000"的左下角点粘到光标处。

图 3.99 设定【属性定义】对话框

(3) 在指定起点：提示下，将"±0.000"放到如图 3.100 所示的位置后单击鼠标左键以确定"±0.000"的位置。

3) 制作图块

(1) 用创建块的方法制作图块，如图 3.101 所示，设置【块定义】对话框。

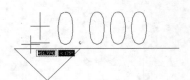

图 3.100　"±0.000"的放置位置　　　　图 3.101　设置【块定义】对话框

(2) 捕捉如图 3.102 所示的点作为【标高】图块的基点。

(3) 选择如图 3.103 所示的标高图形和属性作为需要定义为块的对象。

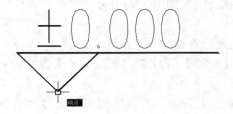　　　　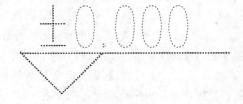

图 3.102　确定"标高"块的基点　　　　图 3.103　选择制作"标高"块的对象

4) 插入"标高"图块

(1) 单击【绘图】工具栏上的【插入块】图标或在命令行输入"I"后按 Enter 键，弹出【插入】对话框。

(2) 在块【插入】对话框中的【名称】下拉列表中选择"标高"图块。对话框中的其他设置如图 3.104 所示，单击【确定】按钮。

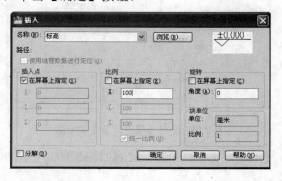

图 3.104　插入"标高"图块对话框

(3) 在指定插入点或 [基点(B)/比例(S)/旋转(R)/预览比例(PS)/预览旋转(PR)]：提示下，在如图 3.105 所示处单击鼠标左键，将"标高"图块插入到该位置。

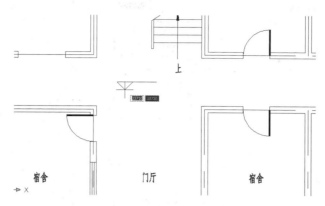

图 3.105　确定"标高"图块的位置

(4) 在**输入标高值 <?.000>**：提示下，按 Enter 键执行尖括号内的默认值。

特别提示

因为是按照 1∶1 的比例绘制标高符号，所以插入"标高"图块时，应在如图 3.104 所示的【插入】对话框中等比例地设定 X 和 Y 的缩放比例，如果将其插入 1∶100 的图中，缩放比例为 100，即将标高符号放大 100 倍；如果是插入 1∶200 的图中，缩放比例为 200，即将标高符号放大 200 倍；如果是插入 1∶50 的图中，缩放比例为 50，即将标高符号放大 50 倍。

由于在图 3.101【块定义】对话框中，勾选了【按统一比例缩放】复选框，所以在图 3.104【插入】对话框中【统一比例】复选框为灰色。

2．定位轴线编号图块的制作和插入

1) 绘制图形

(1) 将"0"图层设为当前层。

(2) 按 1∶1 的比例绘制图形，所以定位轴线圆圈的直径为 8mm，编号文字的高度为 5mm。

(3) 单击【绘图】工具栏上的【圆】图标⊘或在命令行输入"C"后按 Enter 键，启动绘制圆命令。

① 在**指定圆的圆心或 [三点(3P)/两点(2P)/相切、相切、半径(T)]**：提示下，在绘图区域任意位置单击鼠标左键以确定圆心的位置。

② 在**指定圆的半径或 [直径(D)]**：提示下，输入圆的半径"4"，按 Enter 键。这样就绘制出一个圆心在指定位置，半径为 4mm 的圆。

(4) 在命令行输入"L"后按 Enter 键，启动绘制直线命令。

① 在**指定第一点**：提示下，左手按着 Shift 键，右手单击鼠标右键，则会弹出【临时捕捉】快捷菜单，如图 3.106 所示，选择【象限点】选项。

特别提示

【草图设置】对话框中【对象捕捉】选项卡内所勾选的是永久性捕捉，其允许同时勾选多个捕捉方式，可以随时使用它们。而【临时捕捉】一次只能设置一种捕捉形式，而且只能使用一次，当需要时必须再次设置。因此一般用【临时捕捉】设置使用频率较少的捕捉方式。

图 3.106　【临时捕捉】快捷菜单

② 如图 3.107 所示，将光标放在圆上部的象限点处单击鼠标左键。

③ 在**指定下一点或 [放弃(U)]**：提示下，打开【正交】功能，将光标向上拖动，输入"12"后按 Enter 键，表示向上绘制 12mm 长的垂直线。

④ 再次按 Enter 键结束命令，结果如图 3.108 所示。

图 3.107　确定直线的起点　　　　　　　　　　　　图 3.108　定位轴线图形

2) 定义属性

(1) 选择菜单栏中的【绘图】|【块】|【定义属性】命令，则打开了【属性定义】对话框。按照如图 3.109 所示设置【属性定义】对话框。单击【确定】按钮，对话框消失。

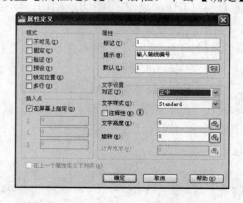

图 3.109　设置【属性定义】对话框

(2) 在**指定起点**：提示下，如图 3.110 所示，捕捉圆心处，结果如图 3.111 所示。

图 3.110　将属性放在圆心处

图 3.111　定位轴线编号

3) 用创建块的方法制作图块

块名为轴线编号，基点选择在直线的上端点。

4) 插入图块

(1) 在命令行输入"I"后按 Enter 键，弹出【插入】对话框。如图 3.112 所示，设置对话框，单击【确定】按钮关闭对话框。

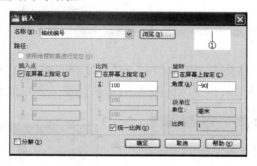

图 3.112　【插入】对话框

(2) 在**指定插入点或 [基点(B)/比例(S)/旋转(R)/预览比例(PS)/预览旋转(PR)]：**提示下，捕捉如图 3.113 所示的点作为插入点。

(3) 在**输入轴线编号 <1>：**提示下，输入"A"后按 Enter 键，结果如图 3.114 所示，可以发现文字"A"的方向不对，需要修改。

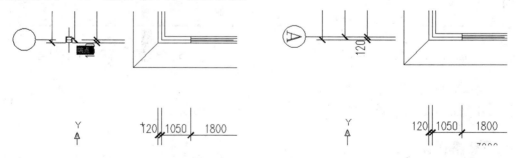

图 3.113　确定图块的插入点　　　图 3.114　插入后的【轴线编号】图块

5) 编辑属性

双击插入的【轴线编号】图块，打开【增强属性编辑器】对话框，将【文字】选项卡内的【旋转】由"270"修改为"0"，结果如图 3.115 所示。

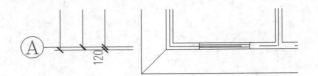

图 3.115　属性值修改后文字"A"的方向符合要求

特 别 提 示

横向定位轴线编号为"10"以上的定位轴线编号的图块,其属性值的宽度比例应由"1"修改成"0.8"。

将 A 轴线编号分别复制到 B~F 轴线处,双击它们打开【增强属性编辑器】对话框并将【属性】选项卡内的"值"本别改为 B~F,比一个一个插入图块的方法更为便捷。

3. 详图索引符号图块的制作

1) 绘制图形

用 1:1 的比例,按照表 3-1 中给出的详图索引符号的尺寸绘制图形。

2) 定义属性

在详图索引符号内需要定义两次属性:一是定义详图编号(【属性定义】对话框设置如图 3.116 所示),另一个是定义详图所在图纸号(【属性定义】对话框设置如图 3.117 所示)。

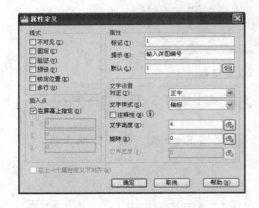

图 3.116　定义详图编号属性

图 3.117　定义详图所在图纸号

3) 创建"详图索引符号"图块

用【创建块】命令制作名称为"详图索引符号"的图块。

特 别 提 示

如果图块定义了两个以上的属性,则在插入图块时命令行会出现两次以上的"输入……"的提示,根据提示输入相应的属性。

3.6 表 格

下面分3步介绍表格：表格样式的设定、插入表格、编辑表格。

3.6.1 表格的样式(1：1的比例)

(1) 选择菜单栏中的【格式】|【表格样式】命令，打开【表格样式】对话框，如图 3.118 所示。

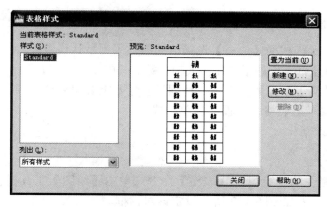

图 3.118 【表格样式】对话框

(2) 单击图 3.118 中【表格样式】对话框中的【新建】按钮，弹出【创建新的表格样式】对话框，在【新样式名】文本框内输入"图纸目录"，【基础样式】下拉列表中选择 Standard 样式，结果如图 3.119 所示。单击【继续】按钮进入【新建表格样式：图纸目录】对话框。

图 3.119 【创建新的表格样式】对话框

(3) 设定"数据"单元样式的参数。

① 按照图 3.120 所示，设置【常规】选项卡的参数。

【对齐】：设定表格单元内文字的对正和对齐方式。

【格式】：设定表格单元内数据类型。

【页边距】：确定单元边框和单元内容之间的距离。

【表格方向】：确定数据相对于标题的上下位置关系。

② 按照图 3.121 所示设定【数据】单元样式的【文字】选项卡的参数。

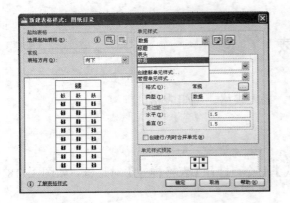 

图 3.120　设定【数据】单元样式的【常规】参数　图 3.121　设定【数据】单元样式的【文字】参数

③　【数据】单元样式的【边框】选项卡的参数采用默认设置。

(4) 设定【表头】和【标题】单元样式的参数。其中【页边距】水平和垂直均设置为 2，【标题】的【文字的高度】设为"7"。其他同设置【数据】单元样式。

(5) 将【图纸目录】表格样式设为当前样式。

3.6.2　插入表格

(1) 选择菜单栏中的【绘图】|【表格】命令或单击【绘图】工具栏上的 图标，打开【插入表格】对话框，按照图 3.122 所示设定该对话框。

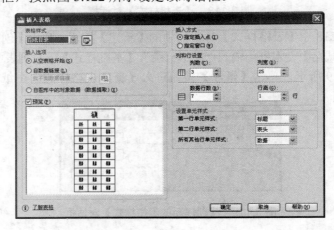

图 3.122　【插入表格】对话框

①【插入方式】：选择【指定插入点】单选框，通过指定表格左上角的位置来定位表格。

②【列和行设置】：设定列数、列宽、行数和行高。

(2) 单击【确定】按钮关闭对话框，在**指定插入点：**提示下，在绘图区域单击一点以确定表格左上角的位置。

(3) 此时在绘图区域插入了一个空白表格，并且 AutoCAD 同时打开文字编辑器，此时可以开始输入表格内容，如图 3.123 所示。依次输入相应文字，输完一个单元后，按 Tab 键可以切换到下一个单元格，也可用光标切换单元格，结果如图 3.124 所示。

图 3.123　输入表格单元数据　　　　图 3.124　输入数据后的表格单元

(4)【插入选项】：如选择【自数据连接】单选框，可以将电脑中已有的用 Excel 表格插入到 CAD 内。

3.6.3　编辑表格

表格的编辑主要是对表格的尺寸、单元内容和单元格式进行修改。

(1) 编辑表格尺寸：在命令行无命令的状态下选中表格，会在表格的 4 个角点和各列的顶点处出现夹点。可以通过拖动相应的夹点来改变相应单元格的尺寸，如图 3.125 所示。表格中夹点的作用如图 3.126 所示。

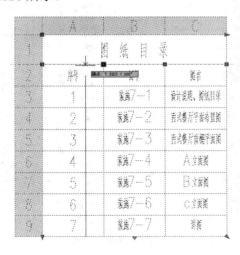

图 3.125　改变序号的列宽

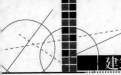

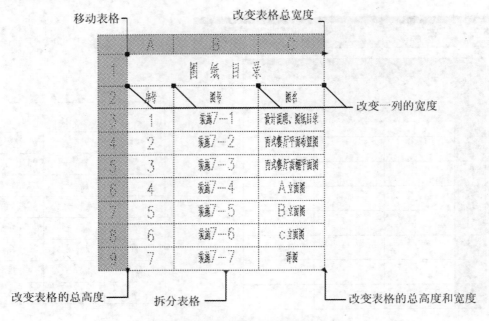

图 3.126　表格夹点的作用

(2) 编辑表格单元：在选中一个或多个单元的时候，单击鼠标右键可弹出表格快捷菜单，如图 3.127 所示。在快捷菜单上部是【剪切】、【复制】及【粘贴】等基本编辑选项，后面的【单元对齐】、【边框】等是针对表格的特有选项，其中的【匹配单元】选项只有在选定一个单元时才有效，它可以将所选单元的单元特性赋予其他单元。【插入点】｜【块】、【字段】和【公式】选项可在单元中插入图块、字段或公式。

图 3.127　表格快捷菜单

选择快捷菜单最后的【特性】选项可以打开【特性管理器】对话框，可以直接在该对话框中指定或修改表格单元属性和内容属性。

3.6.4 OLE 链接表格

OLE 链接方法是指在 Microsoft Word 或 Excel 中做好表格，然后通过 OLE 链接的方法将其插入到 AutoCAD 图形文件中。需要修改表格和数据时，双击表格即可回到 Microsoft Word 或 Excel 软件中。这种方法便于表格的制作和表格数据的处理。

1. 用插入对象的方法链接

(1) 在 AutoCAD 图形文件中选择菜单栏中的【插入】|【OLE 对象】命令，打开【插入对象】对话框，如图 3.128 所示。

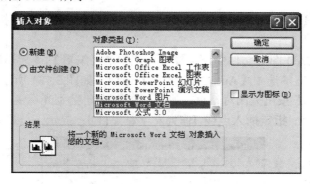

图 3.128 【插入对象】对话框

(2) 选择【插入对象】对话框中的【Microsoft Word 文档】对象类型，单击【确定】按钮，系统自动打开 Microsoft Word 程序。在 Word 界面中创建所需表格或打开一个含有表格的 Word 文档文件，如图 3.129 所示。

(3) 关闭 Word 窗口回到 AutoCAD 图形文件中，刚才所绘制的表格即显示在图形文件中，如图 3.130 所示。这里可以拖动表格四角的夹点来改变表格的大小。

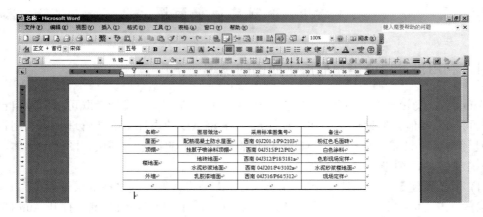

图 3.129 在 Word 文档中制作表格

名称	面层做法	采用标准图集号	备注
屋面	配筋混凝土防水屋面	西南 03J201-1/P9/2103	粉红色毛面砖
顶棚	挂腻子喷涂料顶棚	西南 04J515/P12/P02	白色涂料
楼地面	地砖地面	西南 04J312/P18/3181a	色彩现场定样
楼地面	水泥砂浆地面	西南 04J201/P4/3102a	水泥砂浆楼地面
外墙	乳胶漆墙面	西南 04J516/P64/5312	现场定样

图 3.130   在 AutoCAD 中显示 OLE 链接的表格

2．用复制、选择性粘贴的方法链接

(1) 首先，在 Microsoft Excel 中做好表格，然后将其全部选中，按 Ctrl+C 键执行【复制】命令。

(2) 回到 AutoCAD 图形文件中，选择菜单栏中的【编辑】|【选择性粘贴】命令，打开【选择性粘贴】对话框，选中【AutoCAD 图元】选项，如图 3.131 所示。

(3) 单击【确定】按钮关闭对话框，则表格的左上角粘到光标上。

(4) 在 pastespec 指定插入点或 [作为文字粘贴(T)]：提示下，确定表格的位置。

图 3.131   选择性粘贴

3.7   绘制其他平面图

3.7.1   利用设计中心借用底层平面图的设定

AutoCAD 的设计中心可以看成是一个中心仓库，在这里，设计者既可以浏览自己的设计，又可以借鉴他人的设计思想和设计图形。AutoCAD 的设计中心能管理和再利用设计对象和几何图形。只需轻轻拖动，就能轻松地将设计图中的符号、图块、图层、字体、布局和格式复制到另一张图中，省时省力。

(1) 用【新建】命令创建一个新的图形文件，并将其保存为"标准层平面图"。

(2) 单击【标准】工具栏上的【设计中心】图标█或按 Ctrl+F2 键，打开 AutoCAD 的【设计中心】对话框。

(3) 在【设计中心】对话框中，单击左上角的【加载】图标 📂，弹出【加载】对话框，选择前面绘制的"宿舍底层平面图",将其加载到【设计中心】中。此时,【设计中心】的右侧选项框中出现"宿舍底层平面图.dwg"中所包含的块、标注样式、图层、线型、文字样式等设定信息表,如图 3.132 所示。

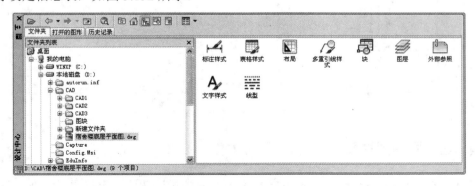

图 3.132 在【设计中心】选择底层平面图

(4) 双击右侧的【图层】选项,出现"宿舍底层平面图.dwg"所包含的所有图层名称列表,如图 3.133 所示。

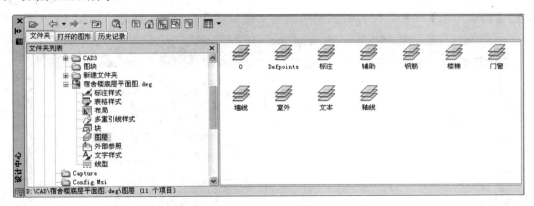

图 3.133 显示"底层平面图"中的【图层】

(5) 用框选的方法选择列表中的所有图层并用光标拖动到当前新建的图形中,结果新图形文件自动创建了所选择的图层,并且图层的颜色和线型等特性也自动被复制。

刚才利用【设计中心】很方便地为新建图形创建了与"宿舍底层平面图.dwg"一致的图层特性。下面将利用【设计中心】为新图创建文字样式。

(6) 单击左上部的【上一级】图标 ,右侧显示如图 3.132 所示的内容。

(7) 双击【文字样式】选项将出现如图 3.134 所示的列表,它列出了"宿舍楼底层平面图.dwg"中所包含的所有文字样式。

(8) 用框选的方法选择列表中所有的文字样式并将其拖动到当前图形中,结果新图形文件自动创建了所选择的文字样式。

可以用相同的方法获取标注样式、图块等信息。

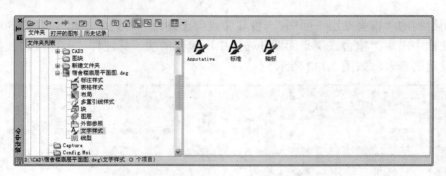

图 3.134　显示底层平面图中的文字样式

3.7.2　在不同的图形窗口中交换图形对象

从 AutoCAD 2000 开始，AutoCAD 成为多文档的设计环境，也就是说，在 AutoCAD 中可以同时打开多个图形文件，一个图形文件就是一个图形窗口，可以在不同的图形窗口中交换图形对象。

(1) 打开"住宅标准层平面图.dwg"文件，同时新建一个图形文件，选择菜单栏中的【窗口】|【垂直平铺】命令，使打开的两个图形文件呈垂直平铺显示状态，如图 3.135 所示。

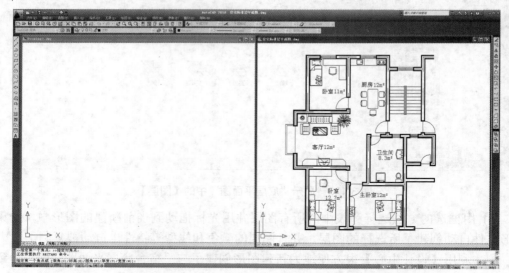

图 3.135　垂直平铺窗口

(2) 在命令行无任何命令的状态下，选择"住宅标准层平面图.dwg"中的某些"家具"(如"客厅"中的"沙发"、"茶几"等)，这些"家具"变虚并显示出蓝色夹点。

(3) 将十字光标放到任意一条虚线上(注意不能放在蓝色夹点上)，按住鼠标左键不松开，并轻轻地移动光标，会发现所选择的"家具"图形随着光标的移动而移动。

(4) 继续按住鼠标左键并将图形放到新窗口中，然后松开鼠标左键，这时选择的"家具"图形被复制到新的图形中，如图 3.136 所示。

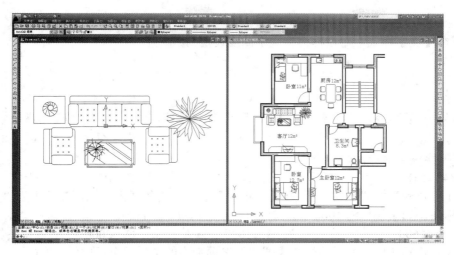

图 3.136　将图形拖到新窗口中

AutoCAD 设计中心和多文档的设计环境给用户提供了强大的图形数据共享功能，可以很方便地绘制出标准层平面图。

A 项目小结

　　本项目在项目 2 的基础上进一步深入绘制宿舍底层平面图，介绍了在利用 AutoCAD 绘图时如何标注文字、尺寸、标高及如何绘制指北针、详图索引符号等，要求大家能够计算出各种比例图形中的符号类对象的尺寸。

　　本项目详细介绍了以下内容。

　　(1) 图纸内文字高度的设定、文字格式的设定方法、标注文字、文字的编辑及尺寸标注的基本概念、尺寸标注样式的设定方法、标注尺寸、修改尺寸标注。

　　(2) 如何测量房间的面积和直线长度、角度和直线的水平投影和垂直投影的长度。

　　(3) 门窗图形类图块和标高等符号类图块的制作和使用方法，Make block、Write block 两种图块制作方法的特点，修改图块属性的方法，块编辑器的使用，多重插入图块。

　　(4) 画直线、圆及多段线，用圆心、起点、角度的方法画圆弧，极轴的使用方法、临时追踪的使用、文字的正中对正。

　　表格的样式、插入表格、编辑表格尺寸、编辑表格单元、OLE 链接表格。

　　AutoCAD 的设计中心和不同的图形窗口中交换图形对象。

习　　题

一、单选题

　　1. 在 AutoCAD 里绘制出图比例为 1∶100 的图形时，标高符号的尺寸和制图标准内所规定的尺寸相比(　　)。

A．要大   B．要小   C．相等

2．在【文字样式】对话框中将文字高度设定为(   )。

    A．0   B．300   C．500

3．"±"的输入方法为(   )。

    A．P%   B．C%   C．D%

4．如用 Windows 字库内的中文字体样式(如仿宋体)输入(   )，则会出现乱码"□"。

    A．±   B．°   C．ϕ

5．文字编辑命令的快捷键为(   )。

    A．ED   B．DE   C．RE

6．【新建标注样式】对话框中，【主单位】选项卡内的【测量比例】因子为"1"时，为如实标注，如果线长为 1000mm，标注出的尺寸为(   )mm。

    A．1600   B．1000   C．2000

7．【新建标注样式】对话框中【调整】选项卡内的【使用全局比例】和(   )应一致。

    A．出图比例   B．绘图比例   C．局部比例

8．标注墙段长度和洞口宽度时，第一道尺寸线的第一个尺寸应使用(   )标注命令来标注。

    A．连续   B．基线   C．线性

9．用(   )命令拉长尺寸界线起点的位置。

    A．夹点编辑   B．拉伸   C．延伸

10．为便于使用，通常将单扇门图块的尺寸定为(   )mm。

    A．750   B．1000   C．900

11．第三道总尺寸用(   )标注命令标注。

    A．对齐   B．基线   C．线性

12．组成图块的所有图形元素是一个(   )。

    A．整体   B．独立个体   C．都不是

13．用(   )的方式制作的图块是一个存盘的块，它具有公共性。

    A．创建块   B．写块   C．创建块和写块

14．对已经插入到图形中的图块，用(   )命令进行修改。

    A．块在位编辑参照   B．创建块   C．块编辑器

15．打开或关闭【极轴】的快捷键为(   )键。

    A．F10   B．F8   C．F7

16．设定【临时捕捉】后，它能被使用(   )次。

    A．5   B．8   C．1

17．在设定定位轴线编号属性时，文字的对正方式为(   )对正。

    A．左   B．正中   C．中间

18．用圆心、起点、角度的方法画圆弧，圆心、起点、角度应按(   )顺序选择。

    A．逆时针   B．顺时针   C．都可以

19．出图比例为 1∶100 的图形内的一般字体高度为(   )。

    A．350   B．35   C．3.5

20．通常将图块作在(   )图层上。

    A．0   B．门   C．标高

二、简答题

1. 建筑平面图内符号类对象的绘制有什么特点？
2. 设置当前文字样式的方法有哪些？
3. 文字的旋转角度和【文字样式】对话框中的文字的倾斜角有什么不同？
4. 简述设计说明等大量文字的输入方法。
5. 哪些地方涉及"当前"的概念？
6. 简述标注轴线之间距离的第二道尺寸线的方法。
7. 尺寸标注可以做哪些方面的修改？
8. 测量房间面积和测量直线长度的命令分别是什么？
9. 图块有什么作用？
10. 如何设置【属性定义】对话框中的【值】？
11. 制作图块的方法有哪些？
12. 定义图块时所设定的基点有什么作用？
13. 如何计算图块的插入比例？
14. 用什么命令对制作好的图块进行修改？
15. 多重插入图块适合在什么情况下使用？
16. 一个图块是否只能设定一个属性？
17. 简述 OLE 链接表格的方法。
18. AutoCAD 的设计中心有什么作用？
19. 如何在不同的图形窗口中交换图形对象？

三、自学内容

1. 使用【对齐】标注和【角度】标注命令，标注任意一条斜线的实际长度和角度。
2. 使用【半径】标注和【直径】标注命令标注任意一个圆的半径和直径。
3. 使用【工具】菜单下的【查询】命令查询任意一个点的坐标。

四、绘图题

1. 制作图 3.137 中所示的指北针图块。
2. 标注项目 2 中图 2.144 的尺寸，并标注图名和标高。
3. 在 AutoCAD 内，绘制如图 3.138 所示的楼梯钢筋表。

楼梯钢筋表

编号	钢筋简图	规格	长度
②	1400	6	1480
③	1060 160	10	1370
⑤	3200	12	3200
⑥	210 1030	10	1390
⑦	3240	12	3240
⑧	1070 160	10	1380
⑨	200 1050	10	1400

图 3.137　题 1 图

图 3.138　题 3 图

项目 4

绘制宿舍楼立面图和剖面图

教学目标

通过本项目的学习，了解绘制立面图和剖面图的基本步骤，掌握绘制宿舍楼立面图和剖面图时所涉及的基本绘图和编辑命令，掌握线型比例的修改方法并对前几个项目所学的基本绘图和编辑命令重复使用，以达到进一步加深理解和熟练运用的目的。

教学要求

能力目标	知识要点	权重
了解立面图和剖面图的绘制方法	绘制立面图和剖面图的步骤	3%
能跨文件复制图形	复制、带基点的复制、粘贴	3%
掌握模板的制作和使用方法	制作1∶1的模板、利用1∶1模板绘制各种比例的图形	10%
能够熟练地绘制宿舍楼的立面图	绘制立面图时所涉及的基本绘图和编辑命令	44%
能够熟练地绘制宿舍楼的剖面图	绘制剖面图时所涉及的基本绘图和编辑命令	40%

项目 2、3 中介绍了 AutoCAD 的基本图形绘制和编辑命令，本项目将通过绘制建筑立面图来学习新的绘图和编辑命令，并进一步加深对已学过命令的理解，积累一些实用的编辑技巧和绘图经验。由于建筑平面图、立面图和剖面图的尺寸应相互一致，所以立面图中的部分尺寸是由平面图中得到的，绘制立面图时应不断地参照"附图 2.1 宿舍楼底层平面图"。

4.1　绘制立面框架

1．图形绘制前的准备

新建一个图形并将其命名为"正立面图"，利用【图层特性管理器】建立如图 4.1 所示的图层。

2．绘制立面框架

(1) 设置"墙线"层为当前层。

(2) 单击【绘图】工具栏上的【矩形】图标 ，启动【矩形】命令。

图 4.1　立面图的图层

① 在**指定第一个角点或 [倒角(C)/标高(E)/圆角(F)/厚度(T)/宽度(W)]**：提示下，在屏幕的左下角任意单击一点作为矩形的第一个角点。

② 在**指定另一个角点或 [面积(A)/尺寸(D)/旋转(R)]**：提示下，输入"@42840，14700"后按 Enter 键结束命令。"42840"mm 是外墙皮到外墙皮的尺寸，"14700"mm 是室外地坪到檐口的距离。

③ 由于新建图形距眼睛比较近，所以只能看到图形的局部，如图 4.2 所示。下面利用【范围缩放】命令将其推远，输入"Z"后按 Enter 键，再输入"E"后按 Enter 键。

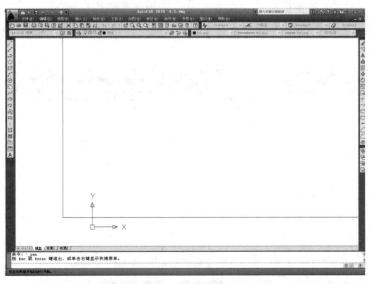

图 4.2　执行【范围缩放】命令前的视图

④ 用【实时缩放】命令 🔍 将视图调整到如图 4.3 所示的状态。

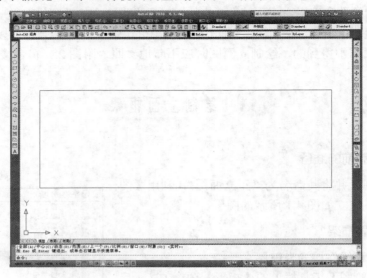

图 4.3　调整视图

(3) 将矩形最下面的水平线向上偏移 600mm，生成勒脚线。

① 分解矩形：由于矩形是一条闭合多段线，所以其 4 条边为整体关系，在偏移生成勒脚线之前应先将其分解，否则矩形的 4 条边会一起向内偏移。

② 单击【修改】工具栏上的【分解】图标 🔗，启动【分解】命令。

③ 在**选择对象：**提示下，选择矩形为分解对象，然后按 Enter 键结束命令。

⏰ **特别提示**

　　矩形本身是多段线，所以矩形的 4 条边是整体关系。将矩形分解后，组成矩形的 4 条边由一条闭合多段线变成普通的 4 条直线(line 线)。

④ 单击【修改】工具栏上的【偏移】图标 🔗，启动【偏移】命令，将最下面的水平线向上偏移 600mm，结果如图 4.4 所示。

图 4.4　偏移生成勒脚线

⑤ 继续使用【偏移】命令将勒脚线依次向上偏移 800、100、1800、100mm，生成首层的窗台线和窗眉线，结果如图 4.5 所示。

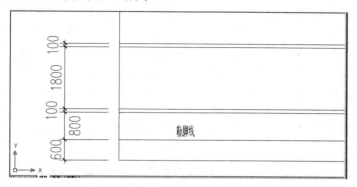

图 4.5 偏移生成首层窗台线和窗眉线

(4) 使用【阵列】命令生成 2、3、4 层的窗台线和窗眉线。

① 单击【修改】工具栏上的【阵列】图标 囲 并按照图 4.6 所示设定【阵列】对话框。

图 4.6 设定【阵列】对话框

② 单击【阵列】对话框右上角的【选择对象】按钮，对话框消失，在**选择对象：** 提示下，按照图 4.7 所示选择窗台线和窗眉线(窗洞口上下各两条水平线)作为阵列对象，结果如图 4.8 所示。

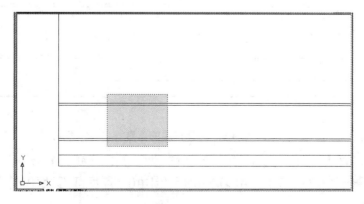

图 4.7 选择窗台线和窗眉线作为阵列对象

图 4.8　阵列生成 2、3、4 层的窗台线和窗眉线

4.2　绘制门窗洞口

1. 绘制左下角 1800mm×1800mm 的窗洞口

(1) 用【窗口放大】命令放大左下角视图，如图 4.9 所示。

(2) 在无命令的状态下选择首层的窗台线，则出现蓝夹点，如图 4.9 所示。单击左侧的蓝夹点，使其变成红色的热夹点，然后按两下 Esc 键取消夹点，这样就将该点定义成相对坐标的基本点。

图 4.9　选择首层的窗台线

(3) 单击【绘图】工具栏上的【矩形】图标 ，启动【矩形】命令。

① 在**指定第一个角点或 [倒角(C)/标高(E)/圆角(F)/厚度(T)/宽度(W)]**：提示下，输入"W"后按 Enter 键。

② 在**指定矩形的线宽 <0.0000>**：提示下，输入"50"后按 Enter 键，表示将矩形线宽改为 50mm。

③ 在**指定第一个角点或** [倒角(C)/标高(E)/圆角(F)/厚度(T)/宽度(W)]：提示下，输入窗洞口左下角点相对于坐标基点的坐标"@1170，0"后按 Enter 键。这样就绘出矩形的左下角点，如图 4.10 所示。

特别提示

平面图中 1 和 2 轴线之间 C-1 窗宽为 1800mm，1 轴线至窗洞口左侧为 1050mm，1 轴线至左侧外墙皮为 120mm，所以窗洞口左侧至外墙皮的距离为 1050mm+120mm=1170mm。

图 4.10　绘制窗洞口的左下角点

④ 在**指定另一个角点或** [面积(A)/尺寸(D)/旋转(R)]：提示下，输入"@1800，1800"后按 Enter 键结束命令，结果如图 4.11 所示。

图 4.11　绘制出左下角 1800mm×1800mm 的窗洞口

2. 使用【阵列】命令形成 1~6 轴线之间 1~4 层的 1800mm×1800mm 窗洞口

【阵列】对话框中参数的设定为：4 行、5 列、行偏移 3300、列偏移 3900，结果如图 4.12 所示。

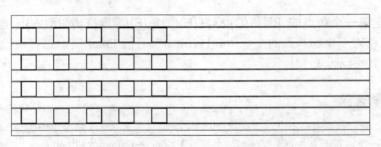

图 4.12 阵列生成其他窗洞口

3．绘制 1500mm×1800mm 的窗洞口

(1) 重复本节中的 1，绘制右下角 1500mm×1800mm 的窗洞口并将其加粗至 50mm，结果如图 4.13 所示。

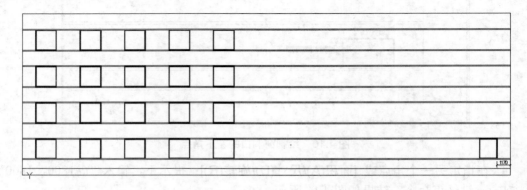

图 4.13 绘制右下角 1500mm×1800mm 的窗洞口

(2) 重复 4.2 中的 2，阵列生成 10～12 轴线之间 1～4 层的 1500mm×1800mm 窗洞口，【阵列】对话框的设定为：4 行、2 列、行偏移 3300、列偏移-3600，结果如图 4.14 所示。

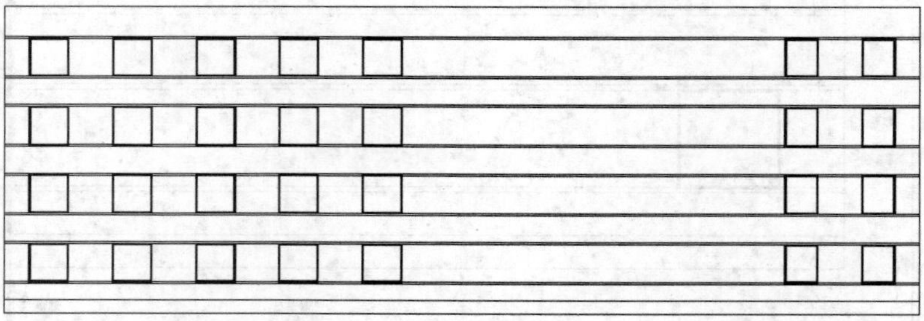

图 4.14 阵列生成所有 1500mm×1800mm 的窗洞口

4．绘制 7～10 轴线的 1800mm×1800mm 的窗洞口

(1) 单击【修改】工具栏上的【复制】图标 ，启动【复制】命令。

① 在**选择对象**：提示下，选择 5～6 轴线之间首层的窗洞口 A 并按 Enter 键进入下一步命令。

② 在**指定基点或 [位移(D)] <位移>**：提示下，在屏幕上任意单击一点作为复制基点。

打开【正交】功能并将光标轻轻向右拖动，输入"8100"(4200+3900)后按 Enter 键，再次按 Enter 键结束命令，如图 4.15 所示，这样就复制生成 7～8 轴线之间首层的窗洞口 B。

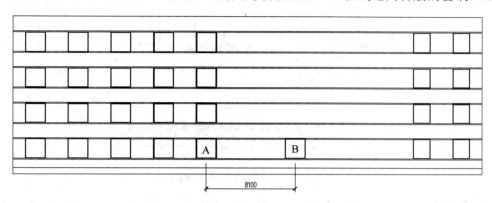

图 4.15　复制生成 7～8 轴线之间首层的窗洞口

(2) 使用【阵列】命令生成 7～10 轴线之间 1～4 层的 1800mm×1800mm 窗洞口。【阵列】对话框的设定为：4 行、3 列、行偏移 3300、列偏移 3900，结果如图 4.16 所示。

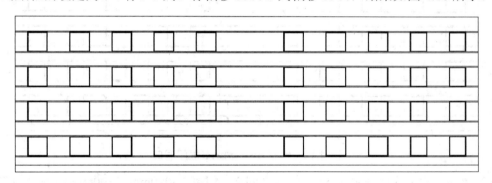

图 4.16　阵列生成 7～10 轴线所有 1800mm×1800mm 的窗洞口

5．绘制 6～7 轴线的 3000mm×2700mm 的阳台门洞口

(1) 单击【绘图】工具栏上的【矩形】图标 ▭，启动【矩形】命令。

① 在**指定第一个角点或 [倒角(C)/标高(E)/圆角(F)/厚度(T)/宽度(W)]：**提示下，输入"W"后按 Enter 键。

② 在**指定矩形的线宽 <0.0000>：**提示下，输入"50"后按 Enter 键，表示将矩形线宽改为 50mm。

③ 在**指定第一个角点或 [倒角(C)/标高(E)/圆角(F)/厚度(T)/宽度(W)]：**提示下，单击【对象捕捉】工具栏上的【捕捉自】图标 ⌐。

④ 在**指定第一个角点或 [倒角(C)/标高(E)/圆角(F)/厚度(T)/宽度(W)]：_from 基点：**提示下，捕捉 A 点，即以 A 点为基点(A 点的位置如图 4.17 所示)。

⑤ 在**指定第一个角点或 [倒角(C)/标高(E)/圆角(F)/厚度(T)/宽度(W)]：_from 基点：<偏移>：**提示下，输入 6～7 轴线首层门的左下角点相对于 A 点的坐标"@1650，−900"。其中 1650=1050+600，这样就绘出了 6～7 轴线首层门洞口的左下角点，如图 4.17 所示。

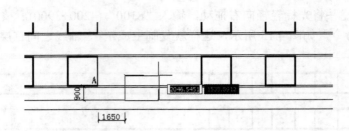

图 4.17　绘制 6～7 轴线首层门洞

⑥ 在指定另一个角点或 [面积(A)/尺寸(D)/旋转(R)]：提示下，输入"@3000，2700"，然后按 Enter 键结束命令，结果如图 4.18 所示。

图 4.18　绘制 6～7 轴线首层门洞口

(2) 使用【阵列】命令生成 6～7 轴线之间 2～4 层的 3000mm×2700mm 门洞口。【阵列】对话框的设定为：4 行、1 列、行偏移 3300，结果如图 4.19 所示。

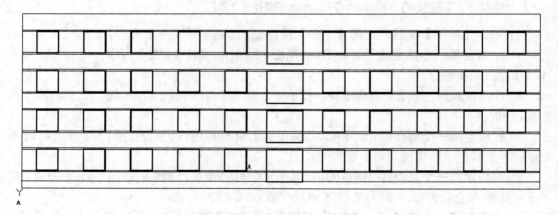

图 4.19　阵列生成 6～7 轴线阳台门洞口

(3) 使用【修剪】命令 剪掉与门洞口相交的窗台线，结果如图 4.20 所示。

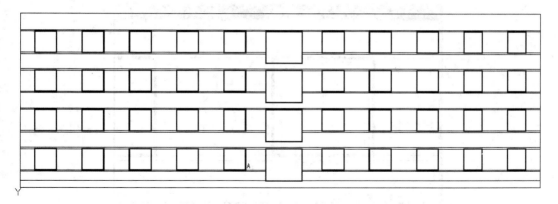

图 4.20　修剪窗台线

4.3　绘制立面窗

1. 绘制左下角的立面窗

(1) 设置"门窗"层为当前层,用【窗口缩放】命令 将左下角的窗洞口放大。

(2) 用【偏移】命令 将窗洞口线向内偏移两个 80mm,由于被其偏移出的两个矩形线宽为 50mm,所以需用【分解】命令 将其分解。矩形分解后,组成矩形的 4 条边变成 4 根独立直线(line 线),所以线宽也变为 0mm,结果如图 4.21 所示。

(3) 选择菜单栏中的【工具】|【草图设置】命令,打开【草图设置】对话框并勾选【对象捕捉】选项卡中的【中点】复选框。

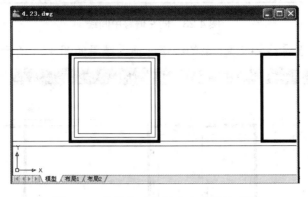

图 4.21　偏移生成窗框和窗扇的轮廓线

(4) 使用【直线】命令 并借助于【中点】捕捉绘制窗扇的中间线,结果如图 4.22 所示。

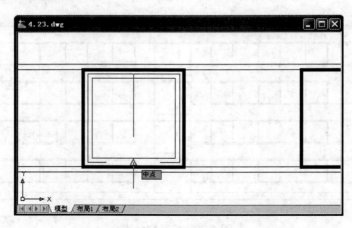

图 4.22　绘制窗扇的中间线

(5) 用【偏移】命令将上面绘制的中间线向左偏移 80mm，结果如图 4.23 所示。

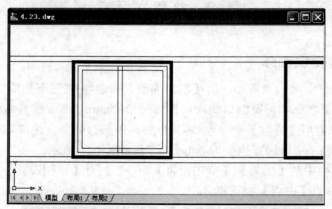

图 4.23　向左偏移中间线

(6) 使用【修剪】命令将多余的线修剪掉，结果如图 4.24 所示。

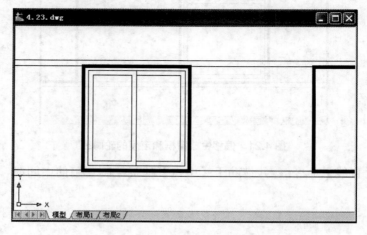

图 4.24　修剪窗扇多余的线

2. 绘制其他立面窗

(1) 上面，在左下角绘制好了一个 1800mm×1800mm 的窗，下面可以用相同的方法绘制右下角 1500mm×1800mm 的窗。

(2) 将"墙线"图层锁定后，用【阵列】或【复制】等命令生成其他 1800mm×1800mm 和 1500mm×1800mm 的窗子，结果如图 4.25 所示。

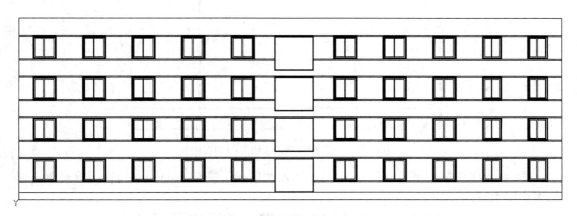

图 4.25　绘制其他立面窗

4.4　绘制立面门

1. 绘制立面门的门框

(1) 设置"门窗"层为当前层，用【窗口缩放】命令 🔍 将首层的门洞口放大至如图 4.26 所示的状态。

(2) 用【偏移】命令 ⬈ 将门洞口线向内偏移 80mm，并用【分解】命令 🗗 将其分解。由于门框没有下边框，所以需将最下面的线删除，结果如图 4.26 所示。

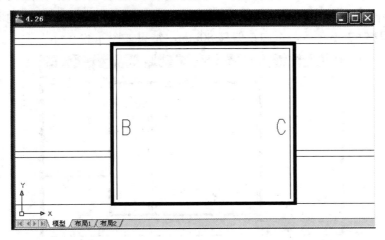

图 4.26　立面门的门框

(3) 用【延伸】命令 ⌐╱ 将 B、C 线向下延伸至门洞口线处，结果如图 4.27 所示。这样就绘制出门框的上框和左右边框。

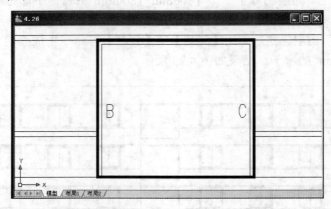

图 4.27　向下延伸 B、C 线至门洞口线处

(4) 绘制中横框：用【偏移】命令 ⌐ 将 A 线向下偏移 520mm 后，再向下偏移 80mm，结果如图 4.28 所示。

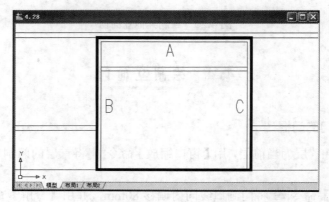

图 4.28　偏移生成中横框

(5) 绘制中竖框：用【偏移】命令 ⌐ 将 B 线向右偏移 675mm 后，再向右偏移 80mm，将 C 线向左偏移 675mm 后，再向左偏移 80mm，结果如图 4.29 所示。

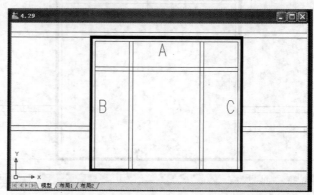

图 4.29　偏移生成中竖框

(6) 使用【修剪】命令 –/– 将多余的线修剪掉，结果如图 4.30 所示。

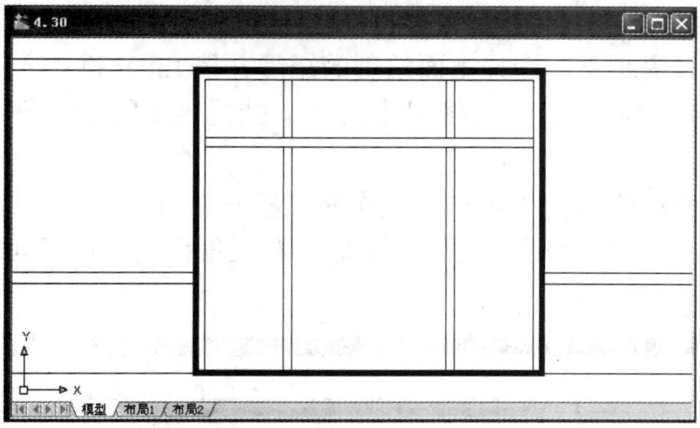

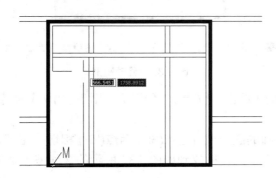

图 4.30　修剪多余的线

2. 绘制立面门的门扇

(1) 单击【绘图】工具栏上的【矩形】图标 □，启动【矩形】命令。

① 在**指定第一个角点或 [倒角(C)/标高(E)/圆角(F)/厚度(T)/宽度(W)]：**提示下，捕捉如图 4.31 所示的 M 点，将矩形的第一个角点绘制在 M 点处。

图 4.31　指定矩形第一个角点

② 在**指定另一个角点或 [面积(A)/尺寸(D)/旋转(R)]：**提示下，输入 "@510，1860" 后按 Enter 键结束命令，结果如图 4.32 所示。

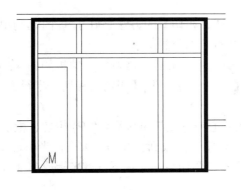

图 4.32　绘制出矩形

(2) 单击【修改】工具栏上的【移动】图标 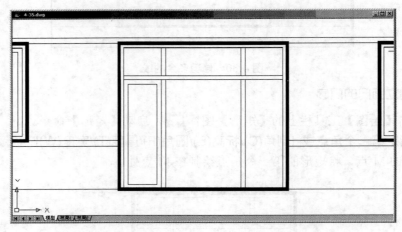，或在命令行输入"M"并按 Enter 键，启动【移动】命令。

① 在**选择对象**：提示下，选择上面绘制的矩形并按 Enter 键进入下一步命令。

② 在**指定基点或 [位移(D)] <位移>**：提示下，捕捉矩形的左下角点(即 M 点)作为移动的基点。

③ 在**指定第二个点或 <使用第一个点作为位移>**：提示下，输入"@80，80"并按 Enter 键结束命令，结果如图 4.33 所示。这样将矩形向右上角移动，水平向右偏移 80mm，垂直向上偏移 80mm。

图 4.33　移动矩形

(3) 选择菜单栏中的【绘图】|【圆】|【相切、相切、相切】命令，启动【相切、相切、相切】画圆的命令。

① 在**_circle 指定圆的圆心或 [三点(3P)/两点(2P)/相切、相切、半径(T)]：_3p 指定圆上的第一个点**：提示下，将光标放到如图 4.34 所示的 2 线偏上部位，当出现切点捕捉后单击鼠标左键。

② 在**指定圆上的第二个点**：提示下，将光标放到 1 线上，当出现切点捕捉后单击鼠标左键。

③ 在**指定圆上的第三个点**：提示下，将光标放到 4 线偏上部位，当出现切点捕捉后单击鼠标左键。

这样，就用【相切、相切、相切】的方法画好了一个圆，如图 4.34 所示。圆的大小和位置取决于与圆相切的 3 个对象的位置关系。

(4) 使用【修剪】命令 -/-- 将多余的线修剪掉，结果如图 4.35 所示。

(5) 选择菜单栏中的【绘图】|【圆】|【相切、相切、半径】命令，启动【相切、相切、半径】画圆的命令。

① 在 **circle 指定圆的圆心或 [三点(3P)/两点(2P)/相切、相切、半径(T)]：_ttr 指定对象与圆的第一个切点**：提示下，将光标放到 2 线偏下部位，当出现切点捕捉后单击鼠标左键。

② 在**指定对象与圆的第二个切点**：提示下，将光标放到 3 线偏左部位，当出现切点捕捉后单击鼠标左键。

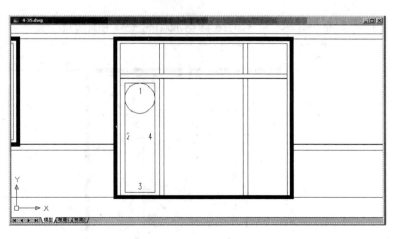

图 4.34　相切、相切、相切画圆

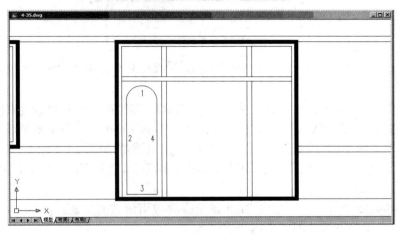

图 4.35　修剪多余的线

③ 在**指定圆的半径 <255.0000>**：提示下，输入"100"，按 Enter 结束命令。这样就绘制出一个半径为100mm 且与 2、3 线相切的圆，结果如图 4.36 所示。

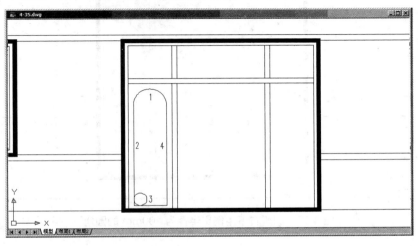

图 4.36　【相切、相切、半径】画圆

（6）使用【修剪】命令 ‑/‑‑‑ ，将图 4.36 修剪成如图 4.37 所示的状态。

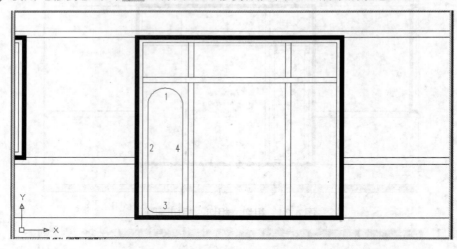

图 4.37　修剪多余的线

（7）单击【修改】工具栏上的【圆角】图标 ⌐ 或在命令行输入"F"并按 Enter 键，启动【圆角】命令。

① 在当前设置：模式 = 修剪，半径 = 0.0000，选择第一个对象或 [放弃(U)/多段线(P)/半径(R)/修剪(T)/多个(M)]：提示下，输入"R"后按 Enter 键，指定要修改圆角的半径。

② 在指定圆角半径：提示下，输入"100"，指定圆角半径为 100mm。

③ 在选择第一个对象或 [放弃(U)/多段线(P)/半径(R)/修剪(T)/多个(M)]：提示下，单击 3 线偏右的位置，选择 3 线。

④ 在选择第二个对象，或按住 Shift 键选择要应用角点的对象：提示下，单击 4 线偏下的位置，选择 4 线，结果如图 4.38 所示。

（8）用【直线】命令绘制中间门扇的分隔线，如图 4.39 所示。

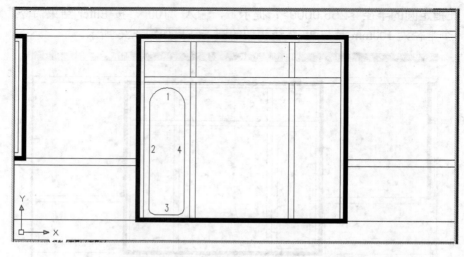

图 4.38　门扇右下角倒出半径为 100mm 的圆角

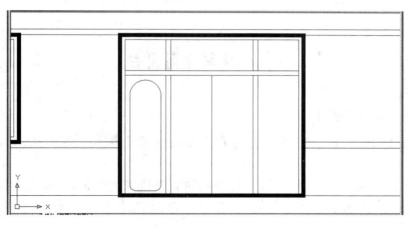

图 4.39 绘制门扇的分隔线

(9) 用【复制】命令生成其他门扇，结果如图 4.40 所示。

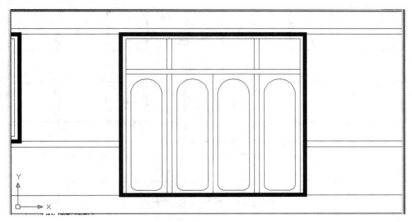

图 4.40 复制生成其他门扇

(10) 用【阵列】命令生成 2、3、4 层的阳台门，【阵列】对话框中的参数为 4 行、1 列、行偏移 3300，结果如图 4.41 所示。

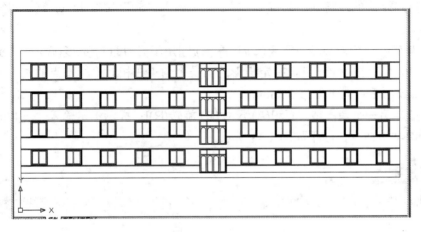

图 4.41 【阵列】命令生成 2、3、4 层的阳台门

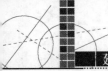

4.5　绘制立面阳台

1. 绘制立面阳台框架

（1）设置"阳台"层为当前层，并用【窗口缩放】命令 🔍 将视图放大至如图 4.42 所示的状态。

（2）在无命令状态下，单击如图 4.42 所示的 A 线(即阳台门洞口线)，此时出现 4 个夹点，然后将左下角的蓝色夹点单击变红，按两次 Esc 键取消夹点。通过此步操作就定义了下一步操作的相对坐标基本点。

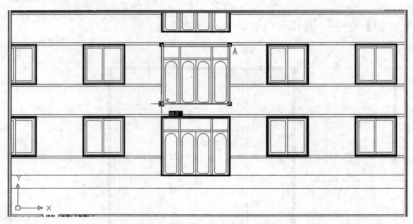

图 4.42　定义坐标基本点

（3）单击【绘图】工具栏上的【矩形】图标 ▭，启动【矩形】命令。

① 在**指定第一个角点或 [倒角(C)/标高(E)/圆角(F)/厚度(T)/宽度(W)]**：提示下，输入"W"后按 Enter 键。

② 在**指定矩形的线宽 <0.0000>**：提示下，输入"50"后按 Enter 键，将矩形的线宽改为 50mm。

③ 在**指定第一个角点或 [倒角(C)/标高(E)/圆角(F)/厚度(T)/宽度(W)]**：提示下，输入"@-600,-300"后按 Enter 键，指定矩形的第一个角点在相对坐标基点的左下部，水平向左偏移 600mm，垂直向下偏移 300mm。

④ 在**指定另一个角点或 [面积(A)/尺寸(D)/旋转(R)]**：提示下，输入"@4200,1400"后按 Enter 键结束命令，结果如图 4.43 所示。

> **特别提示**
> 4200mm 为阳台的长度，1400mm 为阳台栏板的高度 1100mm 加上封边梁的高度 300mm。

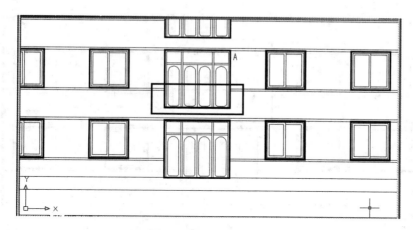

图 4.43　绘制出阳台的轮廓

（4）使用【修剪】命令 ‐/‐ 和【删除】命令 ✎，将与阳台重叠的阳台门和窗台线修剪至如图 4.44 所示的状态。

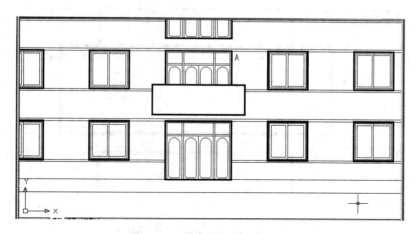

图 4.44　修剪阳台门和窗台线

（5）打开【正交】、【对象捕捉】、【对象追踪】功能。

（6）单击【绘图】工具栏上的【直线】图标 ✏，启动【直线】命令。

① 在**指定第一点**：提示下，将光标放到阳台的左下角点，当出现端点捕捉后不单击鼠标左键，然后将光标轻轻地向上拖动，会出现一条虚线，此时输入"300"后按 Enter 键，指定直线的起点位于距离阳台左下角点垂直向上 300mm 处。

② 在**指定下一点或 [放弃(U)]**：提示下，将光标向右拖动，输入"4200"后按 Enter 键结束命令，指定直线的长度为 4200mm，结果如图 4.45 所示。

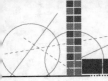

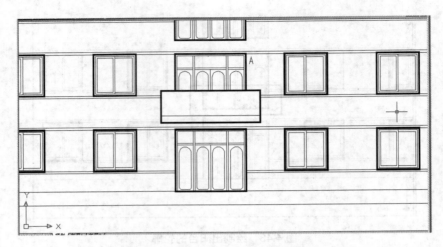

图 4.45　绘制阳台板下部分隔线

(7) 用【偏移】命令 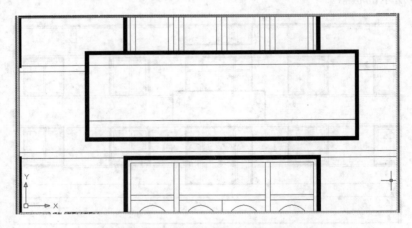 将上面所绘制的直线向上偏移 900mm，结果如图 4.46 所示。

图 4.46　绘制阳台板上部分隔线

2. 绘制立面阳台的"花瓶"

(1) 在阳台旁边，按照图 4.47 所示的尺寸，用【矩形】、【分解】、【偏移】、【修剪】等命令绘制图形。

(2) 在无命令的状态下，单击 1 线，1 线变虚并且出现 3 个夹点，如图 4.48 所示。由此可以观察 1 线的长度是 780mm。

(3) 单击【修改】工具栏上的【打断于点】图标，启动【打断于点】命令。

① 在**选择对象**：提示下，选择 1 线。

② 在**指定第一个打断点**：提示下，按照图 4.49 所示捕捉 1 线和 3 线的交点后命令自动结束。

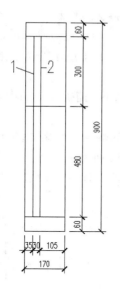

图 4.47　绘制"花瓶"的辅助线

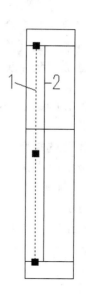

图 4.48　观察 1 线的长度

在无命令的状态下，单击 3 线以上部分的 1 线，可以观察到仅 3 线以上的 1 线部分变虚，并且也出现 3 个夹点，如图 4.50 所示。这说明通过【打断于点】命令，从 1 线与 3 线相交处将 1 线掰断，1 线从而变成了上下两根线，上面的线长为 300mm，下面的线长为 480mm。

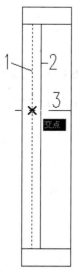

图 4.49　打断于点的位置

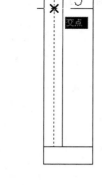

图 4.50　再次观察 1 线的长度

特 别 提 示

在第 2.12 节的"3. 绘制楼梯折断线"中介绍过【打断】命令。【打断】命令是将一条线从中间掰掉一段，而【打断于点】命令则是将一条线从某个位置掰断。

(4) 重复【打断于点】命令，从 2 线和 3 线相交处将 2 线掰断。

(5) 选择菜单栏中的【绘图】|【圆弧】|【三点】命令，启动三点画弧的命令。

① 在**指定圆弧的起点或 [圆心(C)]**：提示下，捕捉如图 4.51 所示的 A 点作为圆弧的起点。

② 在**指定圆弧的第二个点或 [圆心(C)/端点(E)]**：提示下，捕捉 2 线的中点作为圆弧的第二个点。

③ 在**指定圆弧的端点**：提示下，捕捉 B 点作为圆弧的端点，结果如图 4.51 所示。

(6) 以 3 线为边界将 4 线上部分修剪掉，结果如图 4.52 所示。

(7) 重复三点画弧的命令，起点、第二点和端点分别选在 B 点、4 线的中点和 C 点处，结果如图 4.53 所示。

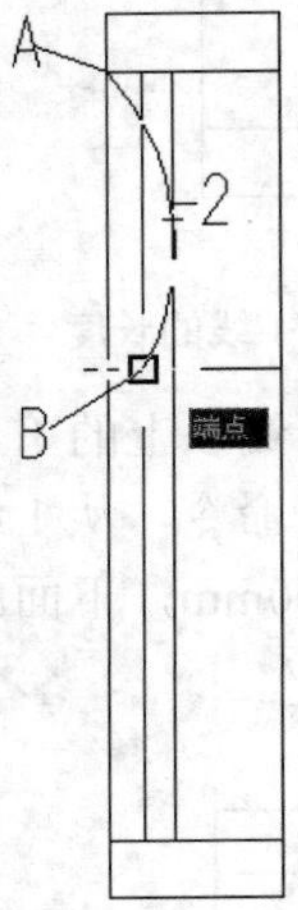

图 4.51 绘制“花瓶”第 1 段圆弧

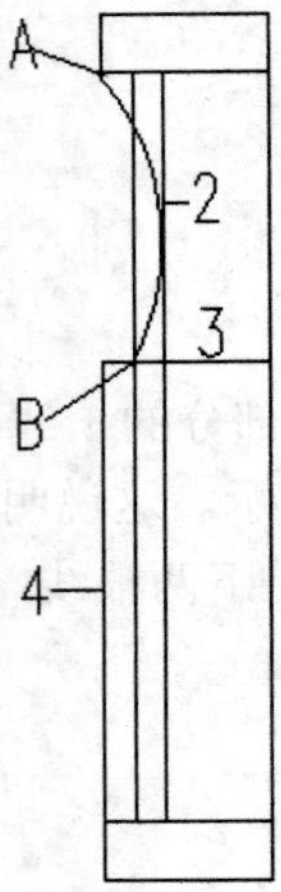

图 4.52 修剪 4 线上部分

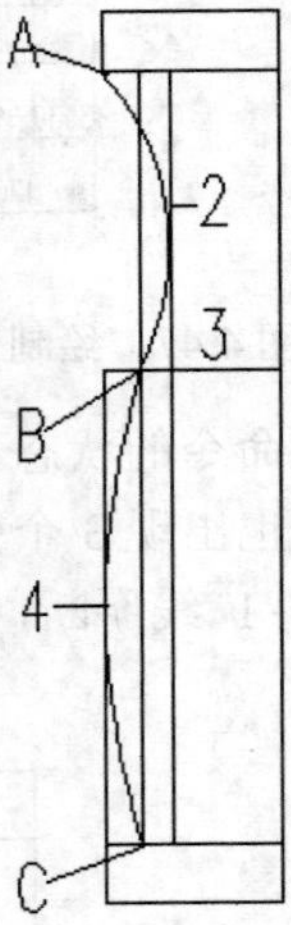

图 4.53 绘制“花瓶”第 2 段圆弧

(8) 用【修剪】和【删除】命令将图 4.53 整理成如图 4.54 所示的状态。

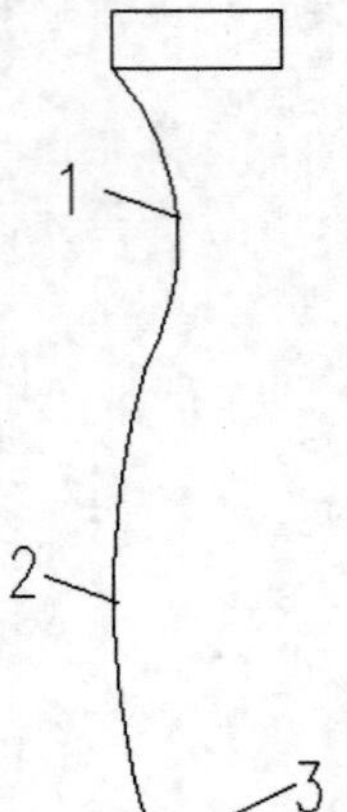

图 4.54 整理图形

(9) 在无命令的状态下，选择如图 4.55 所示的 1、2 圆弧和 3 线，并将 3 线中间的夹点单击变红，使其变成热夹点，结果如图 4.55 所示。

(10) 查看命令行，此时命令行为【拉伸】，反复按 Enter 键直至命令滚动至【镜像】命令。

① 在指定第二点或 [基点(B)/复制(C)/放弃(U)/退出(X)]：提示下，输入"C"后按 Enter 键，执行子命令【复制】，结果如图 4.56 所示。

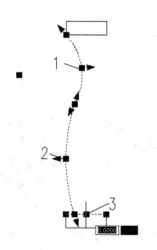
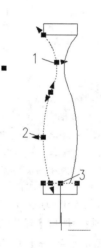

图 4.55　选择夹点　　　　　图 4.56　用【夹点编辑】命令生成 "花瓶"的另半部分

② 在指定第二点或 [基点(B)/复制(C)/放弃(U)/退出(X)]：提示下，打开【正交】功能，将光标垂直向下拖动，在任意位置单击鼠标左键，命令自动结束。

⏰ 特别提示

　　上面用夹点编辑执行了【镜像】命令，如果输入"C"，执行的是不删除源对象的镜像；如果不输入"C"，则执行的是删除源对象的镜像。镜像线的起点位于红夹点的位置，另一个端点在光标垂直向下拖动后指定的任意位置。

3．放置立面阳台的花瓶

1) 点的格式的设定

利用点的命令来定位"花瓶"，首先需要设定点的格式。

选择菜单栏中的【格式】|【点样式】命令，打开【点样式】对话框。按照图 4.57 所示设定对话框后，单击【确定】按钮关闭对话框。

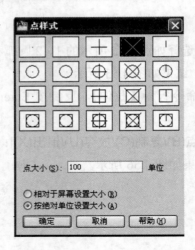

图 4.57　设置【点样式】对话框

特别提示

在【点样式】对话框中，点的大小如果选择【相对于屏幕设置大小】单选按钮，则设置的点的大小为屏幕的百分之几，如点的大小为屏幕的 3%，你能立即说出屏幕的 3%是多少么？由于这个相对尺寸比较抽象，所以使用较少；点的大小如果选择【按绝对单位设置大小】单选按钮，则设定的是点的大小的绝对尺寸，如点的大小为 100 单位(mm)，就能立即用手表示出 100mm 的大小。

2) 利用定数等分的方法定位"花瓶"

(1) 选择菜单栏中的【绘图】|【点】|【定数等分】命令，或在命令行输入"Div"后按Enter 键，启动【定数等分】命令。

① 在**选择要定数等分的对象**：提示下，选择如图 4.58 所示的 A 线。

② 在**输入线段数目或 [块(B)]**：提示下，输入"11"，表示用点将 A 线等分为 11 份，结果如图 4.58 所示。

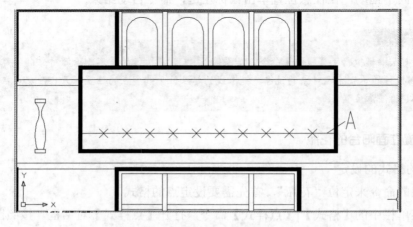

图 4.58　用点将 A 线等分为 11 份

(2) 右击状态栏上的【对象捕捉】图标，选择快捷菜单中的【设置】命令，打开【草图设置】对话框，勾选【节点】复选框。

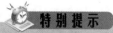

特 别 提 示

通常用【定数等分】命令等分对象。【节点捕捉】命令是用于捕捉"点"的。

(3) 用【复制】命令将"花瓶"复制到阳台上，"花瓶"最下部的中点和"点"相重合，所以复制基点应选择在"花瓶"最下部的中点的部位，结果如图 4.59 所示。

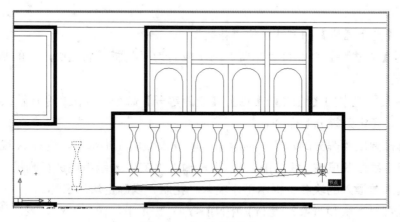

图 4.59　复制"花瓶"

(4) 最后删除定数等分插入的点。

3) 利用【定距等分】的方法定位"花瓶"

(1) 选择菜单栏中的【绘图】|【点】|【定距等分】命令，或在命令行输入"Me"后按 Enter 键，启动【定距等分】命令。

① 在**选择要定距等分的对象**：提示下，单击 A 线的左半部分，选择 A 线。

② 在**指定线段长度或 [块(B)]**：提示下，输入"380"，表示从 A 线左边开始，用 380mm 的距离对 A 线进行测量。结果从 A 线左端点每 380mm 插入一个点，如图 4.60 所示。

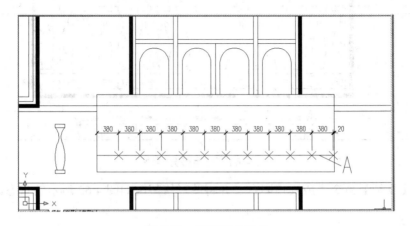

图 4.60　定距等分插点

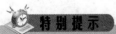

特别提示

如果被等分对象的长度不是输入距离的整倍数，使用【定距等分】命令时，定距等分对象选择的位置不同，结果就不一样。因为距离的测量是从离选择对象处最近的端点开始的。

(2) 用【复制】命令将"花瓶"复制到阳台上，注意，"花瓶"的左下角点应与上面插入的点相重合。

4) 利用【定距插块】的方法定位"花瓶"

(1) 使用【创建块】命令将"花瓶"制作成名为"花瓶"的图块，块的基点定在花瓶的右下角点处。

(2) 选择菜单栏中的【绘图】|【点】|【定距等分】命令，或在命令行输入"Me"后按 Enter 键，启动【定距等分】命令。

① 在**选择要定距等分的对象**：提示下，单击 A 线的左半部分，选择 A 线。

② 在**指定线段长度或 [块(B)]**：提示下，输入"B"，表示用块进行测量。

③ 在**输入要插入的块名**：提示下，输入"花瓶"以确定块的名称。

④ 在**是否对齐块和对象? [是(Y)/否(N)] <Y>**：提示下，输入"Y"，表示块与被测量对象是对齐的。

⑤ 在**指定线段长度**：提示下，输入"257"，结果从 A 线左端点每 257mm 插入一个花瓶块，如图 4.61 所示。

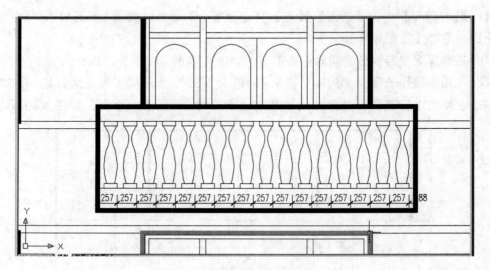

图 4.61　定距等分插块

(3) 用【复制】命令生成其他阳台，并将图形修整至如图 4.62 所示的状态。

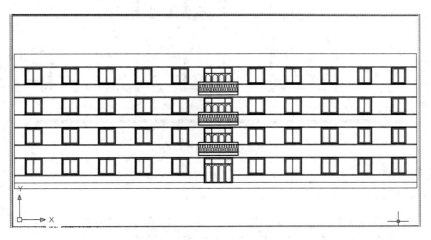

图 4.62　复制生成其他阳台

4.6　修整立面图

1. 修整地平线

1) 拉长地平线

(1) 打开【正交】功能，在无命令的状态下单击最下面的水平线(即地平线)，出现蓝色夹点，然后将左边的夹点单击变红，该夹点变成热夹点，查看命令行。

(2) 在**指定拉伸点或 [基点(B)/复制(C)/放弃(U)/退出(X)]**：提示下，将光标水平向左拖动，输入"2000"后按 Enter 键，结果如图 4.63 所示，地平线从左端点处向左加长 2000mm。

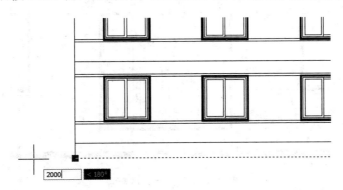

图 4.63　加长地平线

(3) 用同样的方法将地平线从右端点处向右加长 2000mm。

2) 加粗地平线

用【多段线编辑】命令将地平线加粗至 140mm，结果如图 4.64 所示。

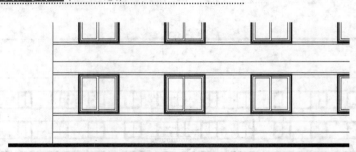

图 4.64　加粗地平线

2. 绘制台阶

(1) 调出【对象捕捉】工具栏，如图 4.65 所示。

捕捉自
在命令中获取某个点相对于参照点的偏移

图 4.65　【对象捕捉】工具栏

(2) 立面台阶的尺寸：踏高为 150mm，踏宽为 300mm，平台的长度为 4200mm。

(3) 绘制台阶轮廓：单击【绘图】工具栏上的【多段线】图标 或在命令行输入 "PL" 并按 Enter 键，启动绘制【多段线】命令。

① 在**指定起点**：提示下，单击选择【对象捕捉】工具栏上的【捕捉自】图标。

② 在**指定起点：_from 基点**：提示下，捕捉首层大门洞口的左下角点，指定首层大门洞口的左下角点为基点。

③ 在**指定起点：_from 基点：<偏移>**：提示下，输入 "@-1500，-600" 后按 Enter 键，指定直线起点画在距离基点水平向左 1500mm、垂直向下 600mm 处，结果如图 4.66 所示。

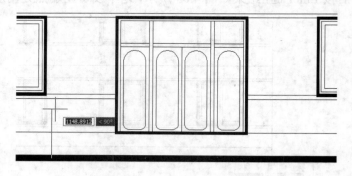

图 4.66　确定台阶的起点

④ 在**当前线宽为 0.0000，指定下一个点或 [圆弧(A)/半宽(H)/长度(L)/放弃(U)/宽度(W)]**：提示下，输入 "W" 后按 Enter 键，指定要修改线宽。

⑤ 在**指定起点宽度 <0.0000>**：提示下，输入 "50"。

⑥ 在**指定端点宽度 <0.0000>**：提示下，输入 "50"。将多线的线宽由 "0" 改为 "50"。打开【正交】功能并将光标垂直向上拖动。

⑦ 在**指定下一个点或 [圆弧(A)/半宽(H)/长度(L)/放弃(U)/宽度(W)]**：提示下，输入 "150"

后按 Enter 键，这样就画出台阶的高度 150mm。

⑧ 在**指定下一个点或** [圆弧(A)/半宽(H)/长度(L)/放弃(U)/宽度(W)]：提示下，将光标水平向右拖动，输入"300"后按 Enter 键，这样就画出台阶的宽度 300mm，结果如图 4.67 所示。

重复⑦～⑧步绘制出其他踏步和平台，结果如图 4.68 所示。

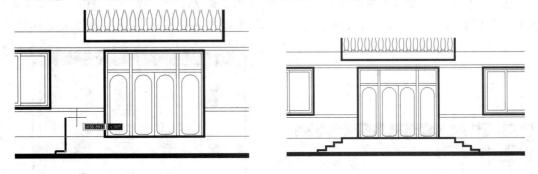

图 4.67　绘制台阶局部轮廓　　　　图 4.68　绘制台阶全部轮廓

(4) 用【直线】命令绘制立面台阶踏步线，结果如图 4.69 所示。

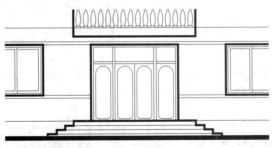

图 4.69　绘制立面台阶踏步线

3．加粗建筑的轮廓线

用【多段线编辑】命令将建筑的轮廓线加粗至 100mm，结果如图 4.70 所示。

图 4.70　修整立面图

4．填充勒脚

(1) 设置"填充"层为当前层。

(2) 单击【绘图】工具栏上的【图案填充】图标或在命令行输入 "H" 后按 Enter 键，打开【图案填充和渐变色】对话框，然后打开【类型】下拉列表框，如图 4.71 所示，可知填充类型分为预定义、用户定义和自定义 3 种。

(3) 用【预定义】图案填充。

① 将填充类型选为【预定义】，然后单击【图案】文本框右侧的按钮，打开【填充图案选项板】对话框，选择【其他预定义】选项卡中的 AR-B816 选项，如图 4.72 所示。

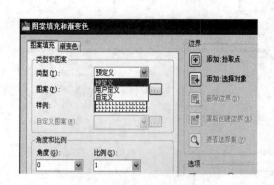

图 4.71　填充类型

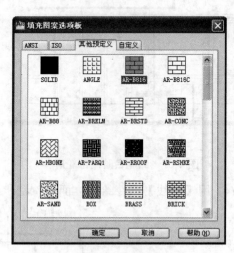

图 4.72　选择 AR-B816 图案

特别提示

　　【其他预定义】选项卡中的 AR-CONC 是混凝土图案，AR-SAND 是砂浆图案，ANSI31 是砖图案，将 AR-CONC 和 ANSI31 叠加后即为钢筋混凝土图案。

② 单击【确定】按钮回到【图案填充和渐变色】对话框，结果【图案】文本框内显示为 AR-B816，如图 4.73 所示。

③ 将角度设置为 "0"，表示填充时不旋转填充图案，将比例设置为 "1.5"，表示填充时将图案放大 1.5 倍，如图 4.73 所示。

特别提示

　　填充比例是控制图案疏密的参数，比例值越大，图案越稀；比例值越小，图案越密。当比例参数设置不合适时，图案会显示不出来。所以在设置比例参数时应反复试验预览以获得最佳效果。

④ 在【图案填充原点】选项组内选择【指定的原点】单选框，此时【单击以设置新原点】按钮亮显，如图 4.74 所示。

图 4.73 　【图案填充和渐变色】对话框　　　　　图 4.74 　选择【指定的原点】单选按钮

⑤ 然后单击【单击选择新原点】按钮，在**指定原点：**提示下，选择勒脚线的左端点为图案填充的新原点，如图 4.75 所示。

图 4.75 　选择图案填充的新原点

> **特别提示**
>
> 　　如果图案填充原点位置不同，相同图案填充的效果也就不一样。默认状态下图案填充原点位于被填充区域的中心。该案例中选择左上角点为图案填充的新原点，这时填充图案从左上角点向右下角点绘制，当填充区域的尺寸不是填充图案的整数倍时，不完整的图案放在填充区域的下部和右侧。

⑥ 单击【拾取点】按钮，以指定被填充区域的内部点，这时对话框消失。

⑦ 在拾取内部点或 [选择对象(S)/删除边界(B)]：提示下，分别在台阶两侧要填充的区域内部单击鼠标左键。AutoCAD 此时检测到包含这一点的封闭区域的边界并呈虚线显示，如图 4.76 所示。

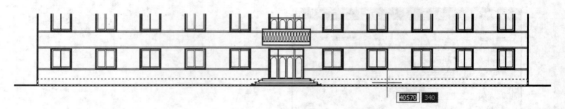

图 4.76　选择被填充的区域

⑧ 按 Enter 键返回【图案填充和渐变色】对话框。单击【预览】按钮，观察填充效果，按 Esc 键又返回【图案填充和渐变色】对话框。单击【确定】按钮关闭对话框，结果如图 4.77 所示。

图 4.77　填充勒脚

特别提示

　　预览功能并没有真正地执行填充过程，只有单击【确定】按钮后，填充结果才能写进图形数据库。

　　在预览状态下，如果对填充效果满意，按 Enter 键或单击鼠标右键接受图案填充；如果对填充效果不满意，则按 Esc 键返回【图案填充和渐变色】对话框修改参数。

　　被填充区域必须是封闭的区域，否则将无法填充。

　　单击【图案填充和渐变色】对话框右下角的 ⊙ 图标可展开高级选项。

(4) 用【用户定义】图案填充。

① 打开【图案填充和渐变色】对话框，然后打开【类型】下拉列表选择【用户定义】选项，结果如图 4.78 所示。

② 观察图 4.78 中【样例】选项右边的图案，可以发现图案为水平的线条状。勾选【双向】复选框，再次观察图 4.78 中【样例】选项右边的图案，可以发现图案变为网格状。

③ 设定【角度】为"45"，间距为"400"。

④ 单击【拾取点】按钮⊞，这时对话框消失，在拾取内部点或 [选择对象(S)/删除边界(B)]：提示下，分别在台阶两侧要填充的区域内部单击鼠标左键，选择填充区域。

图 4.78　填充类型为【用户定义】

⑤ 按 Enter 键返回【图案填充和渐变色】对话框，单击【确定】按钮关闭对话框，结果如图 4.79 所示。

图 4.79　用【用户定义】图案填充填充散水

⑥ 在命令行输入"Di"后按 Enter 键，启动【测量距离】命令。在**指定第一点：**和**指定第二点：**提示下，任意单击矩形填充图案相邻的两个角点，可知矩形边长为 400mm。

5．绘制配景

AutoCAD 为用户提供了【徒手绘图】(Sketch)命令，使用它就像用铅笔一样，可以自由地绘出一些抽象、随意的图形。

1) 修改 Skpoly 的系统变量

(1) 在命令行输入"Skpoly"后按 Enter 键。

(2) 在**输入 SKPOLY 的新值 <0>：**提示下，输入"1"后按 Enter 键结束命令。这样就将 Skpoly 的系统变量由"0"修改为"1"。

⏰ **特别提示**

Skpoly 的系统变量为"0"时，用 Sketch 命令绘制的随意图形由一些碎线组成(图 4.80)，不便于图形修改；Skpoly 的系统变量为"1"时，用 Sketch 命令绘制的随意图形为一根多段线，如图 4.81 所示，便于图形修改。

图 4.80　Skpoly 的系统变量为"0"时　　　　图 4.81　Skpoly 的系统变量为"1"时

2) 使用【徒手绘图】命令绘制图形

(1) 在命令行输入"Sketch"后按 Enter 键，启动【徒手绘图】命令。

(2) 在**记录增量 <1.0000>：**提示下，输入"10"。记录增量是用于 AutoCAD 自动记录点时的最小距离间隔，也就是说，只有光标的当前位置点与上一次记录点之间的距离大于 10mm 时，才将其作为一个点记录。

(3) 在**徒手画.　画笔(P)/退出(X)/结束(Q)/记录(R)/删除(E)/连接(C)：**提示下，在需要绘制配景的地方单击一点作为徒手画的起点，此时命令行提示**<笔 落>**，表示"画笔"已经落下。

(4) 按照树的形状轮廓移动光标，观察绘图区域，屏幕上会出现显示光标轨迹的绿线，如图 4.82 所示。

⏰ **特别提示**

如果当前层为"绿色"，那么执行【徒手绘图】命令时的线将显示为"红色"。

(5) 绘制完一段树木后单击鼠标左键，此时命令行提示**<笔 提>**，表示"画笔"抬起，这时可以将光标挪到其他位置，由于处于"提笔"状态，所以 AutoCAD 并不记录这段光标的轨迹。

(6) 按 Enter 键结束命令，结果绘制的绿线变为当前层的颜色，结果如图 4.83 所示。

⏰ **特别提示**

在使用【徒手绘图】命令时，无法从键盘上输入坐标。另外，在使用【徒手绘图】命令时应关闭状态栏上的【捕捉】和【正交】按钮。

图 4.82　光标移动轨迹绿线 　　　　图 4.83　【徒手绘图】命令绘制配景

6. 标注立面图上的尺寸、文字、符号。

(1) 通过 3 道尺寸线分别标注室内外高差、窗台高、窗高、窗顶至上一层楼面的高度、女儿墙的高度、层高和建筑的总高度。

(2) 标注标高。

(3) 标注详图索引符号。

(4) 标注 1 轴线和 12 轴线。

(5) 标注图名。

结果如图 4.84 所示。

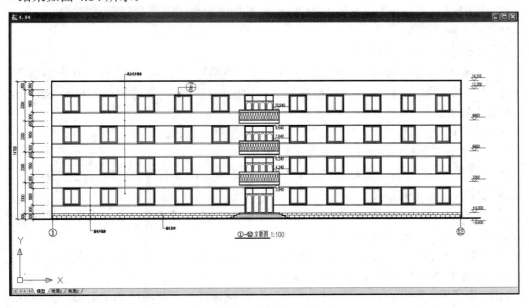

图 4.84　完成立面图的绘制

4.7 模板的制作

1. 模板的作用

前面在绘制平面图和立面图时，首先需要新建一个图形，然后建立图层、设线型比例、设定文字样式等，这里面包含大量的重复性工作。如果建立一个适合用户绘图习惯的模板，模板内已经包含了一些基本的设定，就能直接进入模板绘制新图，可以省去大量重复性的工作，使绘图速度大大提高。下面学习建立 1∶1 的模板文件。

2. 1∶1 模板的制作方法

(1) 新建一个图形文件。

(2) 建立图层：参照 2.4 节中的"1. 建立图层"，建立"轴线"、"墙线"、"门窗"、"楼梯"、"栏杆扶手"、"楼地面"、"梁柱"、"室外"、"文本"、"标注"和"辅助"等图层，将轴线的线型加载为 DASH DOT 或 CENTER 线型，设定图层颜色。

(3) 线型比例：由于建立的是 1∶1 的模板文件，所以，用菜单栏中的【格式】|【线型】命令打开的【线型管理器】对话框中的【全局比例因子】为"1"。

(4) 设置文字样式：参照 3.2.2 节设置文字样式。

(5) 设置标注样式：参照 3.3.2 节设置尺寸标注样式。

(6) 设置多线样式：按照 2.10.1 节设置 WINDOW 多线样式，并将 STANDARD 设置为当前样式。启动【绘图】|【多线】命令，将对正方式改为"无"，比例改为"240"。

(7) 设置点样式：按照 4.5 节中的"3. 放置立面阳台的花瓶"设置点样式。

(8) 制作基本图块。

① 参照 3.5.2 节制作门和窗图块。

② 参照 3.5.3 节，按照 1∶1 比例制作定位轴线编号、标高、指北针、详图索引符号、局部剖切索引符号、详图符号、剖切符号、断面的剖切符号、对称符号，以及 A1、A2、A3 图框等图块。

(9) 调整图纸离眼睛的距离。

① 打开【正交】功能并启动【直线】命令。

② 绘制一条长度为 15000mm 的水平线。由于新建图形有距离眼睛较近的特点，所以只能看到线头，看不到线尾。

③ 在命令行输入"Z"后按 Enter 键，再输入"E"后按 Enter 键，执行【范围缩放】命令，结果整条直线占满整个屏幕。

执行【范围缩放】命令后，将图纸推远了，所以能够看到直线的两个端点。

④ 启动【擦除】命令将水平线擦除。

(10) 将图形文件另存：文件类型选择为【AutoCAD 图形样板(*.dwt)】，此时 AutoCAD 自动选择 AutoCAD 2010 安装目录下的 Template(样板)文件夹。将文件命名为"模板"，如图 4.85 所示。

(11) 单击【保存】按钮后，AutoCAD 2010 弹出如图 4.86 所示的【样板说明】对话框，在文本框中可以输入对样板的说明。

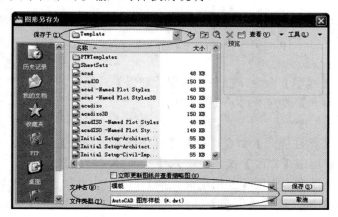

图 4.85 样板说明 图 4.86 另存图形文件

特别提示

本书配套的素材压缩包中附有样板文件"模板1∶1",大家可以参考使用。

下面将借助于剖面图的绘制,介绍图形样板的使用方法。

4.8 绘制出图比例为 1∶100 的剖面图

1. 新建图形

(1) 选择菜单栏中的【文件】|【新建】命令,默认状态下会弹出【选择样板】对话框,如图 4.87 所示。

图 4.87 【选择样板】对话框

(2) 选择【模板】文件,然后单击【打开】按钮,则进入上面制作的 1∶1 模板内。

(3) 将该文件存盘并命名为"1∶100 剖面图"。

2．修改部分参数

上面制作的为 1∶1 的模板，如果所绘制图形的比例为 1∶1，则不需对模板做任何修改。这里将要绘制的剖面图的比例为 1∶100，所以需对下列参数进行修改。

1) 线型比例：要求与出图比例一致

(1) 选择菜单栏中的【格式】|【线型】命令，打开【线型管理器】对话框。

(2) 将对话框中的【全局比例因子】改为"100"(图 2.19)。

2) 使用全局比例：要求与出图比例一致

(1) 选择菜单栏中的【格式】|【标注样式】命令，打开【标注样式管理器】对话框。

(2) 选中【外标注】样式，然后单击【修改】按钮，进入【修改标注样式】对话框。

(3) 选择【调整】选项卡并将该选项卡内的【使用全局比例】改为"100"(图 3.24)。

(4) 重复(1)～(3)步，将【标注】标注样式【调整】选项卡内的【使用全局比例】也改为"100"。

由于 1∶1 模板内的所有符号类图块是按照 1∶1 的比例制作的，所以在 1∶100 的剖面图中插入符号类图块时应将这些图块放大 100 倍。

3．绘制轴线

(1) 将"轴线"层设置为当前层。

(2) 绘制长度为 14700mm(14700=3300×4+600+900)的垂直线，并自左向右依次偏移 5400、2100、5400mm，结果如图 4.88 所示。

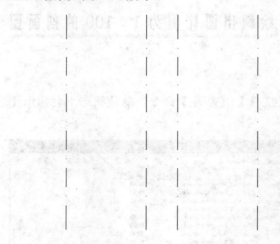

图 4.88 绘制轴线

4．绘制外墙

(1) 将"墙线"图层设置为当前层，用【多线】命令绘制外墙。注意，制作样板时已经将当前多线样式设置为 STANDARD，且将对正方式修改为"无"，比例修改为"240"，所以启动【多线】命令后，不需作任何参数修改就可以直接绘制 240mm 厚的墙体，结果如图 4.89 所示。

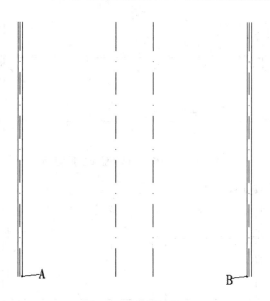

图 4.89 绘制外墙

(2) 用【分解】命令上面绘制的外墙分解。

5．绘制楼地面

(1) 将"楼地面"图层设置为当前层并绘制一条水平线，线的起点和终点分别在如图 4.89 所示的 A 和 B 处，结果如图 4.90 所示。

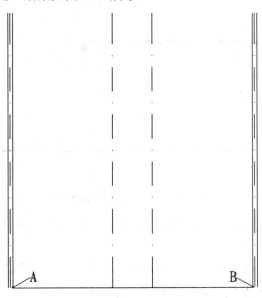

图 4.90 绘制 AB 辅助线

(2) 然后，依次将该线向上偏移 600mm(室内外高差)、3180mm(楼板下表面至一层室内地坪的距离)和 120mm(楼板的厚度)，这样就偏移生成一层地面和二层楼板，最后删除 AB 线，结果如图 4.91 所示。

图 4.91　偏移生成地面和二层楼板

(3) 将图 4.91 修剪成如图 4.92 所示的状态。

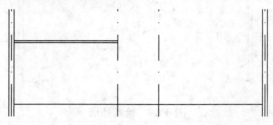

图 4.92　修剪二层楼板

(4) 绘制梁 L-1：将当前层换成"梁柱"层，按照图 4.93 所给的尺寸绘制梁 L-1，并用【填充】命令填充楼板和梁 L-1，填充图案选择【其他预定义】中的 Solid，同时用【多段线】命令编辑，将地面线加粗为 80mm，结果如图 4.93 所示。

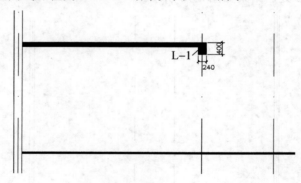

图 4.93　填充楼板并绘制梁 L-1

(5) 阵列生成三、四层楼板和屋面板，参数为 4 行、1 列、行偏移 3300，结果如图 4.94 所示。

(6) 用【延伸】命令将屋面板延伸至 D 轴线外墙处，并复制生成屋面板下部另一根大梁，两根大梁的间距为 2100mm，结果如图 4.95 所示。

6．绘制台阶

(1) 打开【正交】功能并启动【多段线】命令。

(2) 在指定起点：提示下，捕捉地面线的左端点。

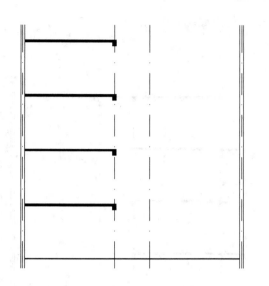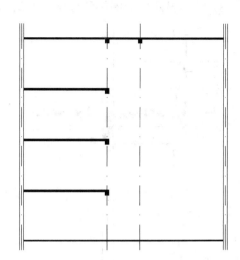

图4.94　阵列生成楼板和屋面板　　　　图4.95　修整屋面板

(3) 当前线宽为 0.0000，在指定下一个点或 [圆弧(A)/半宽(H)/长度(L)/放弃(U)/宽度(W)]：提示下，输入"W"后按 Enter 键。

(4) 在指定起点宽度 <0.0000>：提示下，输入"80"后按 Enter 键。

(5) 在指定端点宽度 <80.0000>：提示下，按 Enter 键。

(6) 在指定下一个点或 [圆弧(A)/半宽(H)/长度(L)/放弃(U)/宽度(W)]：提示下，将光标水平向左拖动，输入"1740"(1740=1500+240)后按 Enter 键。

(7) 在指定下一个点或 [圆弧(A)/半宽(H)/长度(L)/放弃(U)/宽度(W)]：提示下，将光标垂直向下拖动，输入"150"后按 Enter 键。

(8) 在指定下一个点或 [圆弧(A)/半宽(H)/长度(L)/放弃(U)/宽度(W)]：提示下，将光标水平向左拖动，输入"300"后按 Enter 键。

(9) 重复(7)～(8)步直至如图4.96 所示的状态。

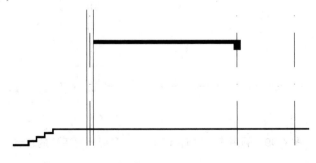

图4.96　绘制室外台阶

7．绘制阳台

(1) 将当前层换为"室外"层，按照图4.97 所示的尺寸绘制二层的阳台、圈梁及一层门过梁。

(2) 用【阵列】命令生成三、四层阳台，圈梁和过梁，参数为3 行、1 列、行偏移3300。

(3) 绘制出四层的圈梁和过梁并剪出门洞口，结果如图 4.98 所示。

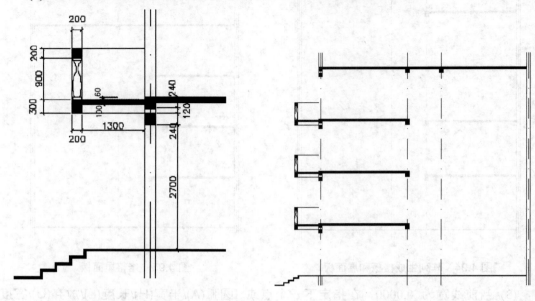

图 4.97　绘制阳台、圈梁和过梁　　　　　图 4.98　绘制其他层阳台、圈梁和过梁

8．绘制门窗洞口

(1) 将"墙"图层设置为当前层。

(2) 绘制 D 轴线上的剖面窗。

① 打开【正交】、【对象捕捉】和【对象追踪】功能，启动【直线】命令，在_line 指定第一点：提示下，捕捉地面线的右端点，不单击鼠标左键，然后将光标轻轻向上拖出虚线，输入"2750"(2750=1650+1100)后按 Enter 键，如图 4.99 所示。

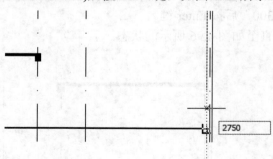

图 4.99　利用【对象追踪】辅助工具寻找水平线的起点

② 在指定下一点或 [放弃(U)]：提示下，将光标向右拖动并输入"240"，然后按 Enter 键。

③ 按 Enter 键结束【直线】命令，这样在距离地面高 2750mm 的地方绘制了一条 240mm 长的水平线。

④ 启动【偏移】命令，将上面绘出的水平线依次向上偏移 1500mm(窗高)和 240mm(过梁高)，然后填充过梁，结果如图 4.100 所示。

⑤ 关闭"轴线"层，用【阵列】命令生成二、三层休息平台的窗洞口线和过梁，参数

为 3 行、1 列、行偏移 3300。最后用【修剪】命令修剪出窗洞口，结果如图 4.101 所示。

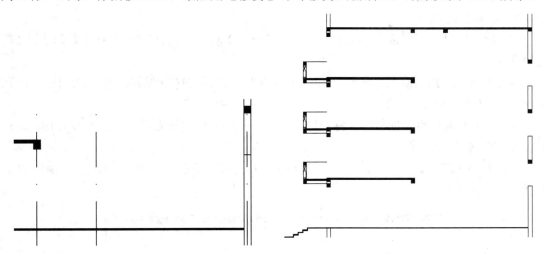

图 4.100　绘制 D 轴线一层休息平台的窗洞口线　　　　图 4.101　绘制楼梯间窗洞口

　　⑥ 修整剖面图：用【多段线编辑】命令将墙体加粗并绘制出屋面坡度线和门窗，结果如图 4.102 所示。

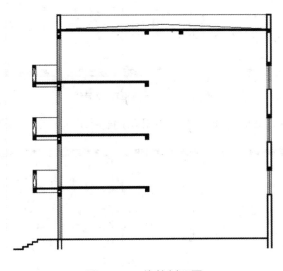

图 4.102　修整剖面图

9．绘制楼梯

1) 新建文件

选择菜单栏中的【文件】|【新建】命令，然后进入 1：1 模板内，将该文件存盘并命名为"楼梯"。

2) 调整绘图环境

(1) 打开【正交】功能，绘制一条长度为 10000mm 的水平线。

(2) 输入"Z"后按 Enter 键，再输入"E"后按 Enter 键，执行【范围缩放】命令。

(3) 将水平线擦除。

3) 绘制辅助线

(1) 将"辅助"图层设置为当前层，打开【正交】功能并选择菜单栏中的【绘图】|【构造线】命令。

① 在_xline 指定点或 [水平(H)/垂直(V)/角度(A)/二等分(B)/偏移(O)]：提示下，在绘图区域任意位置单击鼠标左键。

② 在指定通过点：提示下，将光标垂直向下拖动，形成垂直线后单击鼠标左键。这样就绘出一根垂直构造线。

(2) 启动【阵列】命令，阵列生成其他垂直构造线，参数为 1 行、10 列、列偏移 300，结果如图 4.103 所示。

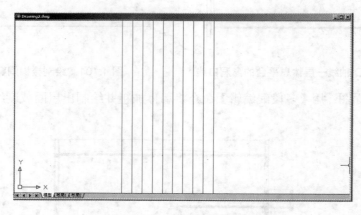

图 4.103　绘制垂直构造线

(3) 任意绘制一根水平构造线，结果如图 4.104 所示。

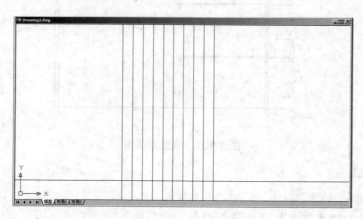

图 4.104　绘制一根水平构造线

(4) 启动【阵列】命令，阵列生成其他水平构造线，参数为 21 行、1 列、行偏移 165，结果如图 4.105 所示。

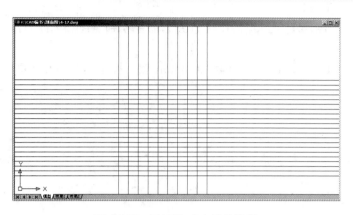

图 4.105　阵列生成水平构造线

(5) 将第一根垂直构造线向左偏移 2400mm，将最后一根垂直构造线向右偏移 2280mm，结果如图 4.106 所示。2400mm 为走道的宽度 2100mm 和缓冲平台的宽度 300mm 之和，2280mm 为楼梯休息平台的宽度。

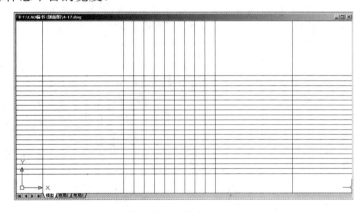

图 4.106　偏移构造线

4) 绘制楼梯

(1) 将"楼梯"图层设置为当前层，用【直线】命令描出平台板和楼梯段，结果如图 4.107 所示。

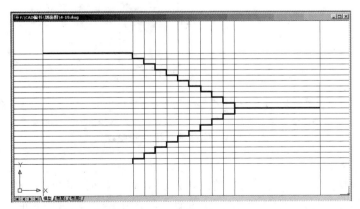

图 4.107　描出平台板和楼梯段

(2) 将"辅助"图层关闭，然后用【直线】命令绘制 AB 和 CD 直线，结果如图 4.108 所示。

(3) 将 AB 和 CD 直线分别向下偏移 110mm，然后擦除 AB 和 CD 直线，结果如图 4.109 所示。

图 4.108　绘制 AB 和 CD 直线　　　　图 4.109　偏移并删除 AB 和 CD 直线

(4) 按照图 4.110 所给的尺寸绘制平台梁。

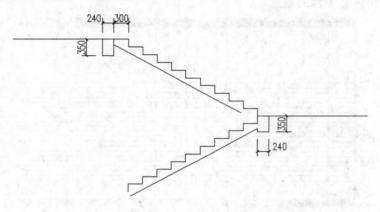

图 4.110　绘制平台梁

(5) 将平台板线向下偏移 100mm，然后修整图形，结果如图 4.111 所示。

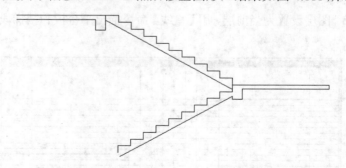

图 4.111　偏移平台线并修整梯段

5) 绘制栏杆扶手

(1) 将"栏杆扶手"图层设置为当前层，分别在 M、N、O 和 P 踏口处向上绘制 900mm 高的垂直线，然后用直线分别连接 M、N 处垂直线的上端和 P、O 处垂直线的上端，形成扶手线，结果如图 4.112 所示。

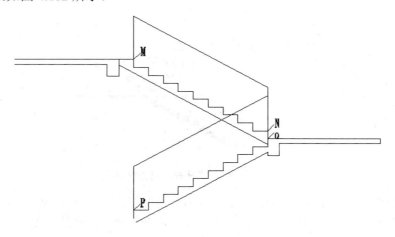

图 4.112　绘制栏杆线

(2) 将 P 和 M 处的垂直线向左偏移 150mm，将 O 处的垂直线向右偏移 150mm，然后删除 M、N 和 P 处的垂直线，结果如图 4.113 所示。

(3) 启动【圆角】命令，要求模式为【修剪】，半径为 "0.0000"，将垂直线和斜线连接在一起，结果如图 4.114 所示。

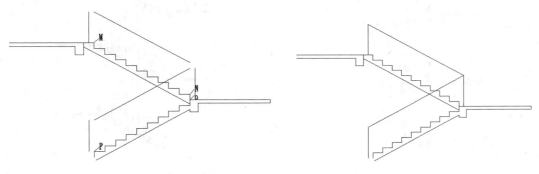

图 4.113　偏移栏杆线　　　　　　　图 4.114　用【圆角】命令连接栏杆线和扶手线

(4) 将上下行扶手线分别向下偏移 60mm，结果如图 4.115 所示。

(5) 按照图 4.116 所示的形状和尺寸修整上下行扶手相交处。

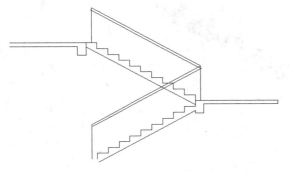

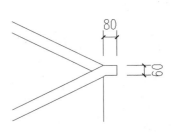

图 4.115　向下偏移扶手线　　　　　　图 4.116　修整转弯处扶手

(6) 绘制栏杆，填充剖切梯段，结果如图 4.117 所示。

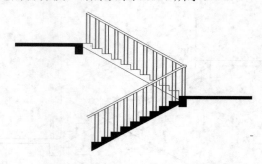

图 4.117　绘制栏杆并填充剖切梯段

(7) 阵列生成其他楼梯，参数为 3 行、1 列、行偏移 3300，结果如图 4.118 所示。

(8) 图 4.118 内的圆圈处上下行梯段的前后关系不正确，需将其修整成如图 4.119 所示的状态。

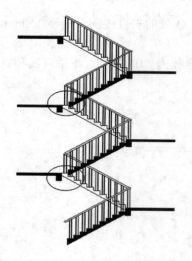

图 4.118　阵列生成其他楼梯

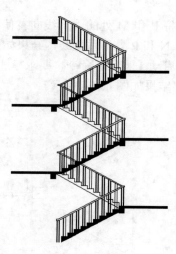

图 4.119　修整楼梯

6) 绘制梯基

按照图 4.120 所示的尺寸绘制梯基。

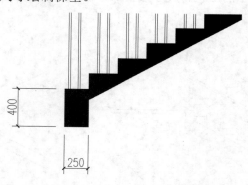

图 4.120　绘制梯基

7) 复制楼梯

将绘制好的楼梯复制到"1∶100 剖面图"文件中。

(1) 首先，同时打开"1∶100 剖面图"文件和"楼梯"文件并将"楼梯"文件置为当前，然后，选择菜单栏中的【编辑】|【带基点复制】命令。

(2) 在_copybase 指定基点：提示下，选择如图 4.119 所示的 A 点作为复制的基点。

(3) 在选择对象：提示下，将绘制好的楼梯全部选中，按 Enter 键结束命令。

(4) 选择菜单栏中的【窗口】|【1∶100 剖面图.dwg】命令，将"1:100 剖面图"文件设置为当前文件。

(5) 选择菜单栏中的【编辑】|【粘贴】命令，或按 Ctrl+V 键，在指定插入点：提示下，捕捉如图 4.121 所示处，这样就将楼梯跨文件复制到"1∶1 剖面图"中，结果如图 4.122 所示。

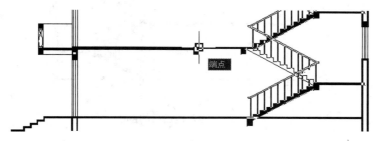

图 4.121　指定插入点

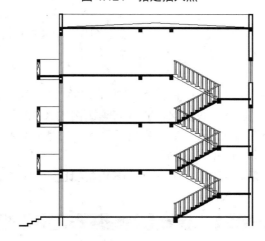

图 4.122　复制生成楼梯

特别提示

菜单栏中的【修改】|【复制】命令是用于文件内部的图形复制命令，如将某平面图中的门由 A 处复制到 B 处；而【编辑】|【复制】命令或【编辑】|【带基点的复制】命令用于将图形复制到剪贴板上，是跨文件的复制，如将 A 平面图中的门复制到 B 平面图中或将 CAD 图形复制到 Word 文档中。

【编辑】|【复制】命令的复制基点默认在文件的左下角点，不允许修改；【编辑】|【带基点的复制】命令则允许根据需要确定复制基点，便于文件粘贴时准确地定位。

8) 绘制阳角线

绘制剖面图中走道两侧的阳角线，结果如图 4.123 所示。

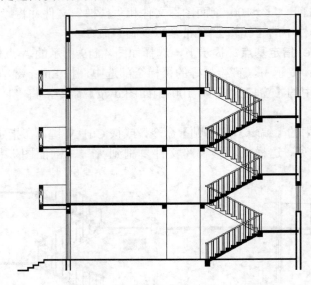

图 4.123　插入楼梯后的剖面

10．标注尺寸及标高

1) 标注进深尺寸

将"标注"层设置为当前图层并打开"轴线"图层，将当前标注样式设为【外标注】样式，用【线性】和【连续标注】命令标注出进深尺寸。

2) 插入图块

(1) 插入定位轴线编号：1∶1 模板内的图块是按照 1∶1 的比例制作的，所以插入到 1∶100 的剖面图内时，须将图块沿 X、Y 方向等比例放大 100 倍。

① 在命令行输入"I"后按 Enter 键，弹出【插入】对话框。按照图 4.124 所示设置对话框，然后单击【确定】按钮关闭对话框。

② 在指定插入点或 [基点(B)/比例(S)/旋转(R)/预览比例(PS)/预览旋转(PR)]：提示下，捕捉如图 4.125 所示处作为插入点。

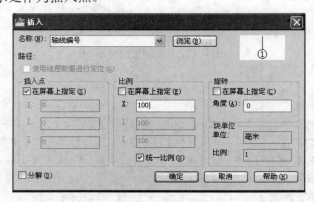

图 4.124　【插入】对话框

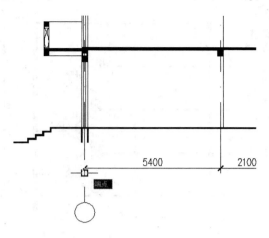

图 4.125　捕捉插入点

③ 在**输入轴线编号 <1>**：提示下，输入"A"。

④ 将上面插入的定位轴线复制到 B、C、D 轴线处，结果如图 4.126 所示。

⑤ 输入"Ed"后按 Enter 键，启动【文字编辑】命令，将后面 3 个轴线的编号分别修改为 B、C、D。

(2) 插入楼板和地面的标高。

3) 标注外墙 3 道尺寸

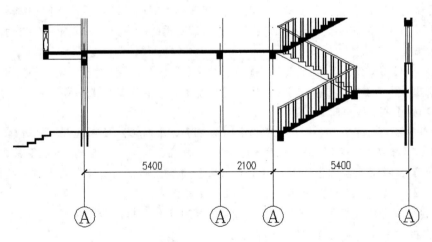

图 4.126　复制轴线编号

标注相应的标高并注写图名，结果如图 4.127 所示。

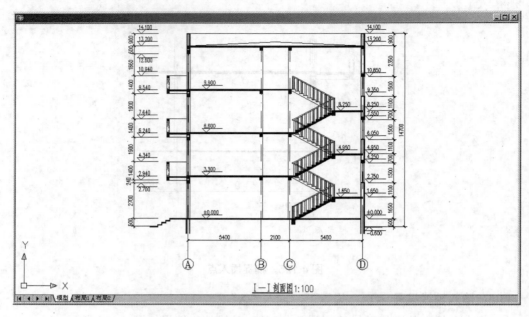

图 4.127　剖面图

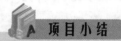 项目小结

　　本项目主要介绍了建筑立面图和剖面图的基本绘图步骤以及绘制建筑平面图和剖面图所涉及的绘图和编辑命令。大家首先应看懂附图中所给的建筑立面图和剖面图，要求了解建筑立面图和剖面图的基本绘图步骤和方法，并在理解的基础上掌握新的绘图和编辑命令。

　　另外，在绘制建筑立面图和剖面图时对前几章所学的命令加以重复使用，以达到深入理解和熟练掌握的目的。

　　(1) 本项目重复使用了下列命令：【矩形】、【分解】、【相对坐标基点的定义】、【复制】、【圆角】、【捕捉自】、【偏移】、【修剪】、【直线】、【移动】、【对象追踪】、【多段线】及【多段线编辑】等。

　　(2) 本项目学习了下列命令：【编辑】|【复制】、【编辑】|【带基点的复制】、【编辑】|【粘贴】、【相切】、【相切】、【相切】的方法画圆、【相切、相切、半径】的方法画圆、【打断于点】、【三点画弧】、利用【夹点编辑】镜像图形、利用【夹点编辑】拉伸图形、【定数等分】、【定距插块】、【填充】、【徒手做图】。

　　(3) 利用适合的模板画图可以省去大量重复性的工作，提高绘图速度，所以本项目学习了 1∶1 模板的制作和使用方法。

习　　题

一、单选题

1. 如果用【偏移】命令偏移一个用【矩形】命令绘制的正方形的一条边，需要将正方形( )。

    A．延伸　　　　　　　　　B．分解　　　　　　　　　C．修剪

2. 执行【阵列】命令时，如果向上生成图形，则行偏移为( )。

    A．正　　　　　　　　　　B．负　　　　　　　　　　C．不分正负

3. 红夹点是( )夹点，是编辑图形的基点。

    A．热　　　　　　　　　　B．冷　　　　　　　　　　C．温

4. 绘制直线时，如果直线的起点在已知点左上方的某个位置，可以利用定义坐标基点和( )方法寻找直线的起点。

    A．对象追踪　　　　　　　B．极轴　　　　　　　　　C．捕捉自

5. 用【多段线编辑】命令连接线时，要求被连接的线必须( )。

    A．首尾相连　　　　　　　B．以任何方式相连　　　　C．中间相连

6. ( )只能使用一次，再次使用时，需要重新启动它。

    A．所有捕捉　　　　　　　B．临时捕捉　　　　　　　C．永久性捕捉

7. 执行【阵列】命令时，如果向左生成图形，则列偏移为( )。

    A．正　　　　　　　　　　B．负　　　　　　　　　　C．不分正负

8. 【图案填充和渐变色】对话框中的【图案填充原点】的位置不同，相同图案填充的效果( )。

    A．相同　　　　　　　　　B．不相同　　　　　　　　C．相似

9. 【草图设置】对话框中的【节点】是用来捕捉( )。

    A．直线的端点和中点　　　B．直线的端点　　　　　　C．点

10. 绘制矩形时，如果矩形的一个角点在已知点水平向左的某个位置，可以利用( )方法寻找矩形的这个角点。

    A．栅格　　　　　　　　　B．正交　　　　　　　　　C．对象追踪

11. 【图案填充和渐变色】对话框中的【填充比例】是控制图案( )的参数。

    A．远近　　　　　　　　　B．大小　　　　　　　　　C．形状

12. 用【矩形】命令绘制的正方形的 4 条边为( )。

    A．多段线　　　　　　　　B．直线　　　　　　　　　C．多线

13. 填充 600mm×600mm 的地板砖时，应该用( )填充类型。

    A．预定义　　　　　　　　B．自定义　　　　　　　　C．用户定义

14. 在预览状态下，如果对填充效果不满意，则按( )键返回【图案填充和渐变色】对话框来修改参数。

    A．Enter　　　　　　　　　B．Del　　　　　　　　　　C．Esc

15．AutoCAD 图形样板文件的后缀为(　　)。

    A．.dwg　　　　　　　　　B．.dwt　　　　　　　　　C．.dwv

二、简答题

1．【打断】和【打断于点】命令有什么区别？

2．【移动】命令中的基点有什么作用？

3．在【点样式】对话框中如何设置点的大小？为什么？

4．执行【徒手绘图】(Sketch)命令时，Skpoly 的系统变量对绘制出的图形有什么影响？

5．执行【填充】命令时，被填充的区域有什么要求？

6．【捕捉】和【对象捕捉】辅助工具有什么区别？

7．制作 1∶1 的模板和 1∶100 的模板有哪些不同？两者使用方法是否相同？

8．【编辑】|【复制】、【编辑】|【带基点的复制】两个命令有什么不同？

9．【复制】命令和 Ctrl+C 键的作用有什么不同？

10．什么是方向、长度的方法画线？

三、自学内容

1．通过使用【编辑】菜单中的【粘贴】、【粘贴为块】和【选择性粘贴】命令，总结这些命令的不同之处。

2．通过使用【构造线】和【射线】命令，体会这两个命令的差别。

3．用【样条曲线】命令绘制立面图中的花瓶。

四、绘图题

1．绘制如图 4.128 所示的五角星，圆的直径为 1000mm。

2．绘制如图 4.129 所示的长度为 1500mm，宽度为 800mm 的浴盆。

3．填充如图 4.130 所示的图形。

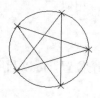　　　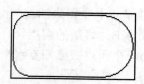　　　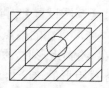

图 4.128　　　　　　　　　图 4.129　　　　　　　　　图 4.130

4．绘制如图 4.131 所示的筒灯。

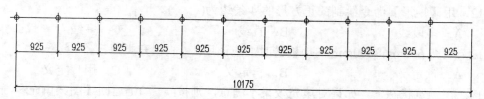

图 4.131

5. 绘制如图 4.132 所示的立面图。

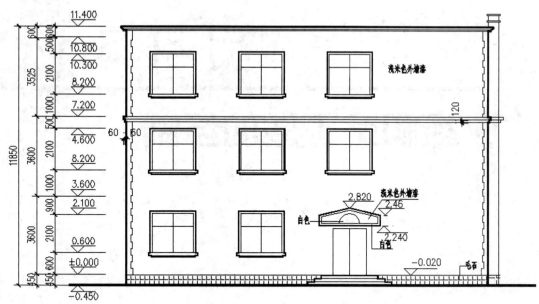

图 4.132

项目 5

结构施工图的绘制

教学目标

通过绘制基础平面图等结构施工图，了解绘制结构施工图的步骤和方法，掌握线型比例的修改方法和多重比例出图的方法。同时，在绘制结构施工图时，通过对已经学过的绘图和编辑命令的重复使用，达到熟练掌握的程度。

教学要求

能力目标	知识要点	权重
能绘制结构施工图	结构施工图的绘图方法、【清理】命令的使用、跨文件复制图形、修改线型比例、【对象特征】工具栏的使用、绘制圆环	70%
能在模型空间内进行多重比例的出图	图块的特点、在位编辑参照、计算图形尺寸、设置【打印】对话框	15%
能在布局空间内进行多重比例的出图	理解布局的概念、建立和修改视口、设置当前视口、设置视口的出图比例、设置【页面设置管理器】	15%

本项目主要学习宿舍楼基础平面图、标准层结构布置平面图、L-1 梁的纵断图和楼梯配筋图等结构施工图的绘制方法；同时，借助于结构施工图介绍多重比例的出图方法。

5.1 绘制宿舍楼基础平面图

前面已经绘制了宿舍楼底层平面图，宿舍楼基础平面图(比例为 1：100)可在底层平面图的基础上进行绘制。另外，宿舍楼基础平面图的尺寸可以参照"附图 2.4 基础平面图"(见本书第 303 页)。

1. 新建图形文件

1) 选择样板

选择菜单栏中的【文件】|【新建】命令，默认状态下会弹出【选择样板】对话框，如图 5.1 所示。选择"模板"文件，进入该模板绘制 1：100 基础平面图并保存该图。

图 5.1 【选择样板】对话框

2) 修改图层

(1) 修改图层名称：打开【图层特性管理器】，选中"墙线"图层，然后按 F2 键，这样该图层被激活，将"墙线"改为"基础墙"，然后再新建"大放脚"图层。

(2) 清理图层。

① 选择菜单栏中的【文件】|【绘图实用程序】|【清理】命令，打开【清理】对话框并展开【图层】选项，如图 5.2 所示。

② 清除除"基础墙"、"标注"、"大放脚"、"文本"、"辅助"层之外的其他图层。

图 5.2 【清理】对话框

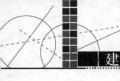

> **特别提示**
>
> 【清理】命令可以清理未经使用的图层、多线样式、图块、文字样式、线型、表格样式和标注样式等。

3）修改部分参数

(1) 将【线型管理器】对话框中的【全局比例因子】改为"100"。

(2) 打开【标注样式管理器】，将【标注】和【外标注】样式的【调整】选项卡内的【使用全局比例】改为"100"。

2. 图形准备

将"基础墙"图层设置为当前层并参照 2.4 节的 3. 至 2.7 节的 5.，将图形绘制到如图 5.3 所示的状态，下面将在该图基础上绘制基础平面图。

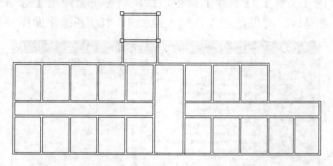

图 5.3　图形准备

> **特别提示**
>
> 这里也可以利用跨文件的复制将该图从底层平面图中复制过来。

3. 绘制大放脚

1）绘制大放脚(一)

(1) 在命令行输入"O"并按 Enter 键，启动【偏移】命令，参照"附图 2.4 基础平面图"尺寸偏移基础墙，结果如图 5.4 所示。

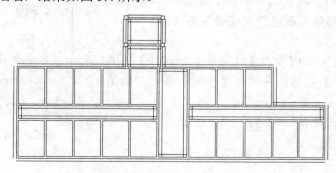

图 5.4　偏移基础墙

(2) 用【圆角】命令修角，模式为【修剪】模式，圆角半径为"0"，图5.4经过【圆角】命令修角后，如图5.5所示。

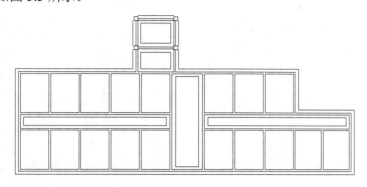

图5.5 修整大放脚

(3) 如图5.6所示，将A和B大放脚分别向外偏移480mm。

(4) 用【圆角】命令将图5.6修整至如图5.7所示的状态。

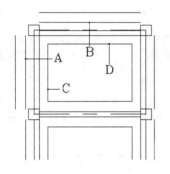

图5.6 偏移大放脚

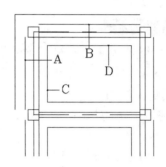

图5.7 修整大放脚

(5) 拉长D大放脚：在无命令状态下选中D大放脚，出现3个蓝色夹点。将左侧夹点单击变红，打开【正交】功能，然后向左水平拉长D大放脚至如图5.8所示。

(6) 用相同的方法向上拉长C大放脚，向下拉长E大放脚，向左拉长F和G大放脚，结果如图5.9所示。

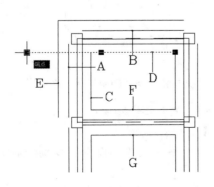

图5.8 拉长D大放脚

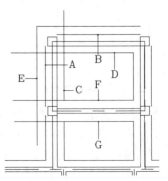

图5.9 拉长C、E、F、G大放脚

(7) 用【修剪】命令将图 5.9 修整至如图 5.10 所示的状态。

(8) 将左侧两个构造柱的大放脚镜像复制到右侧并进行进一步修剪，结果如图 5.11 所示。

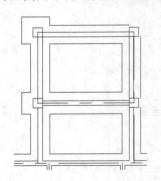 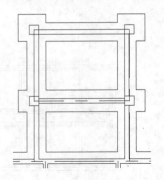

图 5.10　修整大放脚　　　　　　　　　　图 5.11　镜像并修剪大放脚

(9) 换图层：由于大放脚是由基础墙偏移形成的，所以目前所有的大放脚都在"基础墙"图层上，须将它们由"基础墙"图层换到"大放脚"图层上。

特别提示

　首先，用【图层】工具栏将某条大放脚换到"大放脚"图层上，然后用【格式刷】命令将剩余的大放脚换到"大放脚"图层上。

2) 绘制大放脚(二)

(1) 将左上角的基础墙放大，并参照"附图 2.4 基础平面图"尺寸偏移大放脚，结果如图 5.12 所示。

(2) 用【圆角】命令修角，模式为【修剪】，圆角半径为"0"，结果如图 5.13 所示。

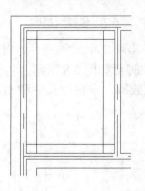 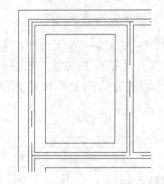

图 5.12　偏移大放脚　　　　　　　　　　图 5.13　用【圆角】命令修角

(3) 将上面绘制的大放脚由"基础墙"图层换到"大放脚"图层。

(4) 在命令行输入"Co"并按 Enter 键，启动【复制】命令。

① 在选择对象：提示下，选择刚才偏移并经修剪后的大放脚作为被复制的对象，按 Enter 键进入下一步命令。

② 在指定基点或 [位移(D)] <位移>：提示下，捕捉 A 点作为复制基点。

③ 在指定基点或 [位移(D)] <位移>：指定第二个点或 <使用第一个点作为位移>：提

示下，分别捕捉所有 3900 开间基础墙左上角的阴角点处，如图 5.14 所示。

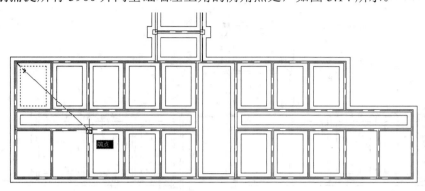

图 5.14　复制大放脚

④ 用相同的方法绘制右下角两个 3600 开间的大放脚。

4．绘制构造柱

(1) 关闭"轴线"层，并将"构造柱"层设置为当前层。

(2) 启动【矩形】命令，在如图 5.15 所示的基础平面图左下角的位置绘制 240mm×240mm 的正方形并将其填充。

(3) 将"轴线"层、"基础墙"层和"大放脚"层锁定。启动【阵列】命令，【阵列】对话框参数为 2 行、6 列、行偏移 12900、列偏移 3900。选择阵列对象的方法如图 5.16 所示，阵列后的结果如图 5.17 所示。

图 5.15　绘制构造柱　　　　　　　　图 5.16　选择阵列对象

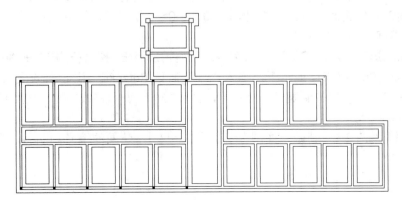

图 5.17　阵列复制构造柱

(4) 用相同的方法生成其他构造柱并填充 GZ3，结果如图 5.18 所示。

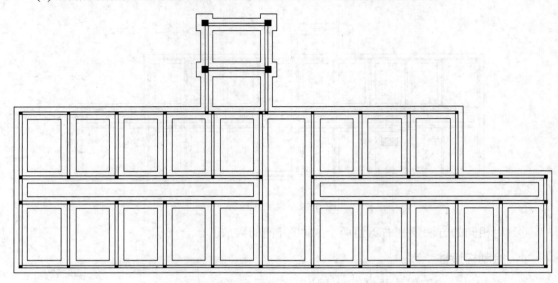

图 5.18　绘制构造柱

5. 修整图形

(1) 加粗基础墙。

将"大放脚"、"构造柱"和"轴线"层锁定，启动【多段线编辑】命令。

① 在选择多段线或 [多条(M)]：提示下，输入"M"后按 Enter 键，表示一次要编辑多条多段线。

② 在选择对象：提示下，输入"All"后按 Enter 键，结果屏幕上所有基础墙变虚。

③ 在选择对象：提示下，按 Enter 键进入下一步命令。

④ 在是否将直线和圆弧转换为多段线？[是(Y)/否(N)]？ <Y>：提示下，按 Enter 键执行尖括号内的默认值"Y"(即 Yes)，表示要将所有选中的对象转化为多段线。

⑤ 在输入选项 [闭合(C)/合并(J)/宽度(W)/编辑顶点(E)/拟合(F)/样条曲线(S)/非曲线化(D)/线型生成(L)/放弃(U)]：提示下，输入"J"后按 Enter 键，表示要执行【合并】子命令。这样，AutoCAD 将第②步全选的基础墙中所有首尾相连的对象连接在一起。

⑥ 在输入模糊距离或 [合并类型(J)] <0.0000>：提示下，按 Enter 键，表示执行尖括号内默认的模糊距离"0.000"。

⑦ 在输入选项,[打开(O)/合并(J)/宽度(W)/编辑顶点(E)/拟合(F)/样条曲线(S)/非曲线化(D)/线型生成(L)/放弃(U)]：提示下，输入"W"后按 Enter 键，表示要改变线的宽度。

⑧ 在指定所有线段的新宽度：提示下，输入"50"，表示将线的宽度由"0"改为"50"，结果如图 5.19 所示。

(2) 参照"附图 2.4　基础平面图"标注轴线、尺寸、断面的编号和图名，结果如图 5.20 所示。

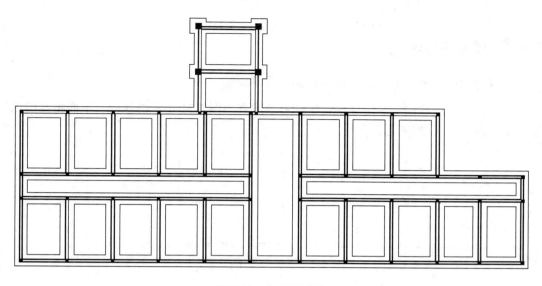

图 5.19　加粗基础墙

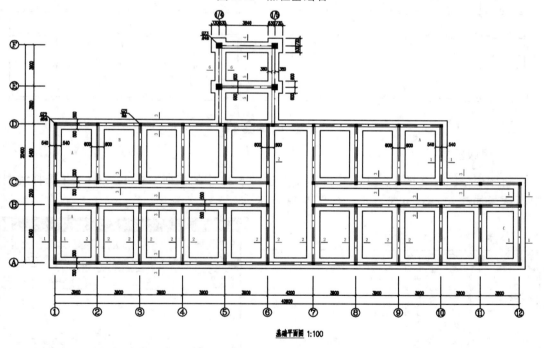

基础平面图 1:100

图 5.20　基础平面图

5.2　绘制宿舍楼标准层结构布置平面图

　　1:100 的宿舍楼标准层结构布置平面图和基础平面图一样，也是在底层建筑平面图的基础上绘制的。同时，在绘制标准层结构布置平面图时，需要参照"附图 2.5　标准层结构平面图"中的尺寸。

5.2.1 图形的准备

1. 在图 5.21 基础上绘制标准层结构布置平面图

参照项目 2 的底层建筑平面图，将图形绘制到如图 5.21 所示的状态，下面将在图 5.21 基础上绘制标准层结构布置平面图。

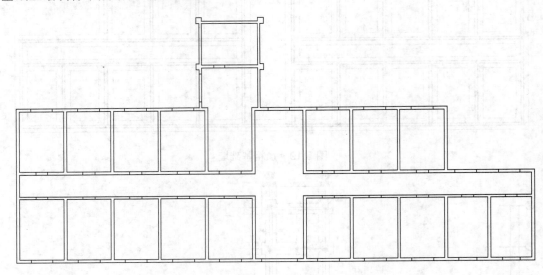

图 5.21 图形准备

2. 修改图层

将图层修改至如图 5.22 所示的状态，单击图 5.22 中的任何 Continuous，在【选择线型】对话框内加载入 HIDDEN 线型，如图 5.23 所示。

图 5.22 准备图层

图 5.23 加载入 HIDDEN 线型

3. 修改墙线的线型

参照"附图 2.5 标准层结构平面图"，将被楼板所遮盖墙体的线型由 Continuous 改为 HIDDEN。

(1) 在无命令的状态下，选中需要修改线型的墙体，然后打开【对象特征】工具栏上的【线型】下拉列表，如图 5.24 所示，选择 HIDDEN 选项。

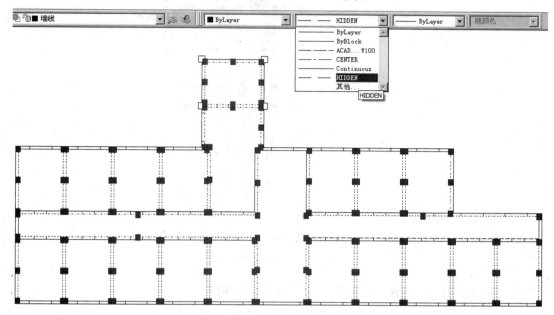

图 5.24　给部分墙线换线型

(2) 按 Esc 键取消夹点，可以看到刚才所有被选中的线由实线变为虚线。

特别提示

　　刚才换了线型的墙线仍然位于"墙线"层上，它们的线型不再是 ByLayer(随层)，而是变成了 HIDDEN。也就是说，虽然这些线在"墙线"层上，但其线型不再随着图层线型走，而是拥有自己的线型。为便于修改图形的对象特征，一般情况下，最好选择 ByLayer。

(3) 修改虚线的线型比例：取消夹点后，可以看出虚线的线段太长、不美观。接下来修改虚线的线型比例以改变虚线的显示。

(4) 如图 5.25 所示，在无命令的状态下选中其中一条虚线，单击【标准】工具栏上的 图标，打开【特性】对话框，将线型比例由"1"改为"0.5"，然后关闭对话框。由于该虚线的线型比例由"1"变为"0.5"，所以其显示状态发生了变化。

特别提示

　　通常需要反复修改线型比例，直至合适为止。

(5) 用【特性匹配】命令(格式刷)改变剩余虚线的线型比例。

① 选择菜单栏中的【修改】|【特性匹配】命令，启动【特性匹配】命令。

② 在选择源对象：提示下，选择(1)步骤中操作的虚线，此时光标变成一把大刷子。

③ 在选择目标对象或 [设置(S)]：提示下，选择其他未改变线型比例的虚线，然后按 Enter 键结束命令，结果所有虚线的显示都发生了变化。

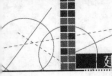

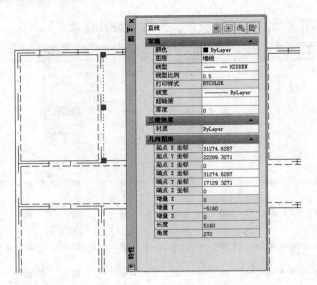

图 5.25　修改线型比例

5.2.2　绘制预制楼板的布置方式并标出配板符号

下面以 1、2 和 C、D 轴线所围合的房间为例介绍楼板的布置方式并标出配板符号。

1. 绘制预制楼板的布置方式

(1) 单击【修改】工具栏上的【偏移】图标 ，启动【偏移】命令，将 A 线向下分别偏移 7 个 600mm，如图 5.26 所示。

(2) 换图层：由于楼板是由墙线偏移得来的，所以楼板目前位于"墙线"层上，需要将楼板换到"楼板"层上。

① 在无命令的状态下选中所有楼板，打开【图层控制】下拉列表并选择"楼板"图层，如图 5.27 所示。

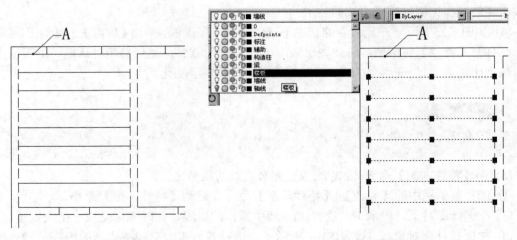

图 5.26　偏移形成楼板　　　　　　　　　图 5.27　换图层

② 按 Esc 键取消夹点，这样所有被选中的楼板线由"墙线"层换到"楼板"层上。

③ 打开"轴线"层，将楼板线两端用【延伸】命令延伸至轴线，生成楼板的支撑长度，结果如图 5.28 所示。

2．标出配板符号

1) 将"楼板"层设置为当前层

2) 启动【直线】命令和【圆环】命令

如图 5.29 所示，启动【直线】命令绘制直线；启动【圆环】命令，绘制内径为"0"、外径为"70"的圆环。

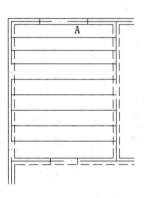

图 5.28　延伸楼板线

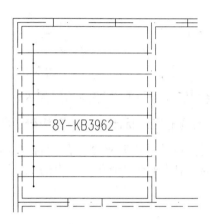

图 5.29　标出配板符号

3) 写配板文字

(1) 将 Standard 字体设为当前字体，在命令行输入"Dt"后按 Enter 键，启动【单行文字】命令。

(2) 在**指定文字的起点或 [对正(J)/样式(S)]：**提示下，在适当的位置单击一点作为文字的起点位置。

(3) 在**指定高度 <2.5000>：**提示下，输入"300"，表示字高为 300mm。

(4) 在**指定文字的旋转角度 <0>：**提示下，按 Enter 键。

(5) 输入"8Y-KB3962"，按两次 Enter 键结束命令。

3．绘制配板编号

(1) 在命令行输入"C"后按 Enter 键，启动画圆命令。

① 在**指定圆的圆心或 [三点(3P)/两点(2P)/相切、相切、半径(T)]：**提示下，在房间左上角适当的位置单击鼠标左键作为圆的圆心。

② 在**指定圆的半径或 [直径(D)]：**提示下，输入"300"后按 Enter 键结束命令。这样就绘制了圆心在指定位置，半径为 300mm 的圆。

(2) 用【单行文字】或【多行文字】命令在圆圈内写配板编号"甲"，字高 500mm。

(3) 用【修剪】命令，以圆为边界修剪掉和圆相重合的楼板线，结果如图 5.30 所示。

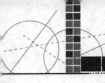
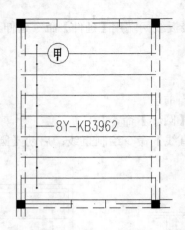

图 5.30 绘制配板编号

(4) 将配板编号复制到相同的房间内。

4．用相同的方法标出其他的配板符号和配板编号

用相同的方法标出附录 2 中的"标准层结构平面图"内 A、B 和 10、11 轴线及 A、B 和 6、7 轴线所围合的宿舍和走道内的配板符号和配板编号，结果如图 5.31 所示。

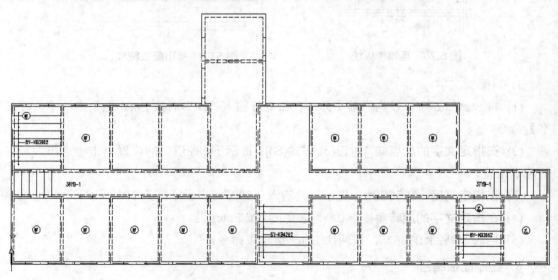

图 5.31 绘制配板编号

5.2.3 绘制梁

1．将"梁"层设置为当前层

2．启动【多段线】命令

将当前线宽改为"50"，按照图 5.32 所示的位置绘制 L-1、L-2、L-3 和 TL-1。

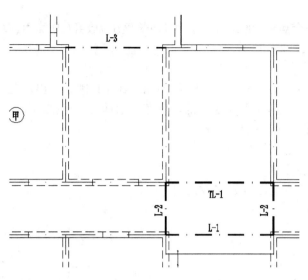

图 5.32　绘制 L-1、L-2、L-3 和 TL-1

3．绘制阳台的挑梁和封边梁

1) 启动【多段线】命令

将当前线宽改为"50"。

(1) 在**指定起点**：提示下，捕捉如图 5.33 所示的 A 点。

(2) 在**指定下一个点或** [圆弧(A)/半宽(H)/长度(L)/放弃(U)/宽度(W)]：提示下，打开【正交】功能，将光标垂直向下拖动，输入"1500"。

(3) 在**指定下一个点或** [圆弧(A)/半宽(H)/长度(L)/放弃(U)/宽度(W)]：提示下，将光标水平向右拖动，输入"4200"，如图 5.33 所示。

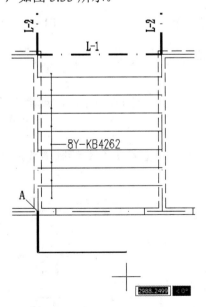

图 5.33　绘制阳台的挑梁和封边梁

（4）在**指定下一个点或 [圆弧(A)/半宽(H)/长度(L)/放弃(U)/宽度(W)]**：提示下，将光标垂直向上拖动，输入"1500"。

2）形成拖梁

在命令行无命令的状态下单击上面所绘制的阳台的挑梁，出现蓝色夹点。将如图 5.34 所示的夹点单击变红，打开【正交】功能，并将光标垂直向上拖动，输入"3000"后按 Enter 键，这样就形成了阳台挑梁的拖梁部分。

用同样的方法形成右边的拖梁。

3）标出阳台挑梁的编号

4）将所有梁的【线型比例】修改为"0.3"

结果如图 5.35 所示。

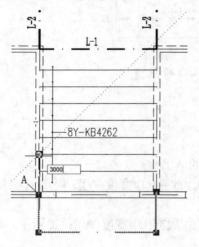

图 5.34　形成阳台的托梁

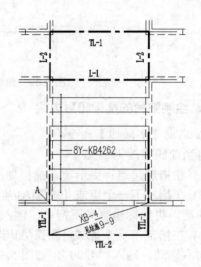

图 5.35　绘制阳台的边梁和封边梁

5.2.4　标出现浇板的配板符号

首先标注 E、F 和 1/4 及 1/6 轴线所围合卫生间的现浇板的配板符号。

1. 绘制斜线

当前层仍为"楼板"层。启动【直线】命令绘制斜线，注意斜线的起止位置，结果如图 5.36 所示。

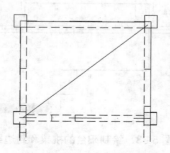

图 5.36　绘制斜线

2．写配板文字

(1) 在命令行输入"Di"后按 Enter 键。

① 在**指定第一点**：提示下，捕捉斜线的左下端点。

② 在**指定第二点**：提示下，捕捉斜线的右上端点，结果测得斜线的角度为 38°。

(2) 将 Standard 字体设为当前字体，在命令行输入"Dt"后按 Enter 键，启动【单行文字】命令。

① 在**指定文字的起点或 [对正(J)/样式(S)]**：提示下，在斜线上方适当的位置单击，来确定文字的起点位置。

② 在**指定高度 <2.5000>**：提示下，输入"300"，表示字高为 300mm。

③ 在**指定文字的旋转角度 <0>**：提示下，输入"38"后按 Enter 键，表示文字逆时针旋转 38°。

④ 输入"XB-1"，按两次 Enter 键结束命令，结果如图 5.37 所示。

(3) 启动【复制】命令，将"XB-1"复制到斜线下部并用【文字编辑】命令将其修改为"见本图"，结果如图 5.38 所示。

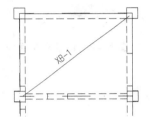

图 5.37 写配板文字 1

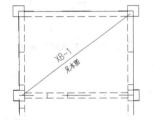

图 5.38 写配板文字 2

特别提示

修改文字要比重新书写文字方便。

用相同的方法标注其他现浇板的配板文字，结果如图 5.39 所示。

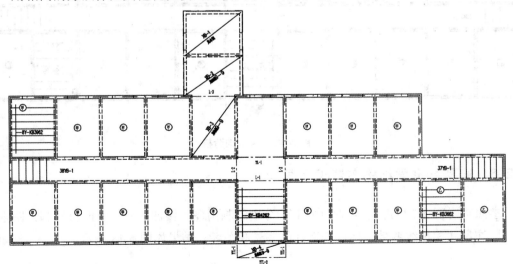

图 5.39 现浇板的配板文字

5.2.5 绘制构造柱

(1) 打开基础平面图，锁定除"构造柱"以外的其他图层。

(2) 选择菜单栏中的【文件】|【带基点的复制】命令。

① 在**指定基点**：提示下，捕捉如图 5.40 所示的位置作为复制的基点。

② 在**选择对象**：提示下，输入"All"后按 Enter 键。

(3) 按 Ctrl+Tab 键，将"标准层结构布置图"设置为当前图形文件，然后按 Ctrl+V 键。在**指定插入点**：提示下，捕捉如图 5.41 所示的位置作为插入点，结果如图 5.42 所示。

图 5.40 选择复制基点   图 5.41 确定插入点

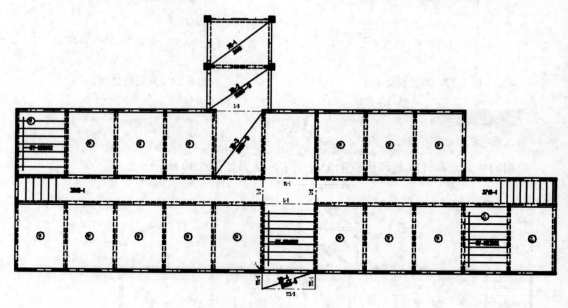

图 5.42 绘制构造柱

5.2.6 修整标准层结构布置平面图

参照"附图 2.5 标准层结构平面图"，分别绘制雨篷、楼梯代号、断面符号和详图索引号、标注尺寸和轴线编号、标注构造柱的编号和图名，结果如图 5.43 所示。

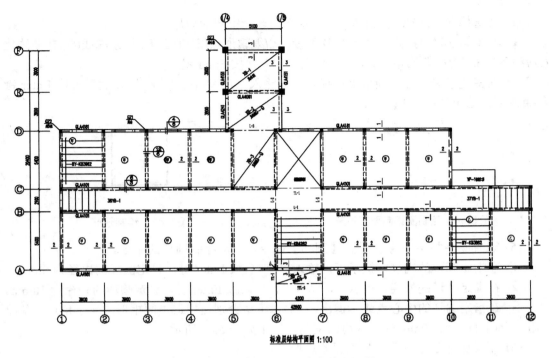

标准层结构平面图 1:100

图 5.43　绘制标准层结构布置平面图

5.3　绘制圈梁 1-1 断面图和卫生间的 XB-1 配筋图

参见"附图 2.5　标准层结构平面图",可知圈梁 1-1 断面图绘制在标准层结构布置平面图的左上部,其出图比例为 1：20;卫生间的 XB-1 配筋图绘制在标准层结构布置平面图的右上部,其出图比例为 1：50。

5.3.1　绘制出图比例为 1：20 的圈梁"1-1 断面图"

1. 在标准层结构布置平面图左上部按 1：1 的比例绘制

(1) 将"梁"层设置为当前层。

(2) 单击【绘图】工具栏上的【矩形】 □ 图标,启动【矩形】命令。

① 在指定第一个角点或 [倒角(C)/标高(E)/圆角(F)/厚度(T)/宽度(W)]:提示下,在圈梁 1-1 断面图所处的位置单击鼠标左键,将该点作为圈梁断面图的左下角点。

② 在指定另一个角点或 [面积(A)/尺寸(D)/旋转(R)]:提示下,输入"@240,240"后按 Enter 键结束命令,结果绘制出圈梁断面图的外轮廓。

(3) 用【偏移】命令 凸 将圈梁断面图的外轮廓依次向内偏移 30(25mm 厚的保护层+半个线宽 5mm)和 10mm,结果如图 5.44 所示。

(4) 启动编辑多段线的命令。

选择菜单栏中的【修改】|【对象】|【多段线】命令,或在命令行输入"Pe"并按 Enter 键,启动编辑多段线的命令。

① 在**选择多段线或 [多条(M)]**：提示下，选择中间的矩形。

② 在**输入选项 [打开(O)/合并(J)/宽度(W)/编辑顶点(E)/拟合(F)/样条曲线(S)/非曲线化(D)/线型生成(L)/放弃(U)]**：提示下，输入"W"并按 Enter 键。

③ 在**指定所有线段的新宽度**：提示下，输入"10"后按 Enter 键，然后再按 Enter 键结束命令，结果如图 5.45 所示。

图 5.44　绘制圈梁断面图轮廓　　　　　　　　　图 5.45　绘制箍筋

(5) 选择菜单栏中的【绘图】|【圆环】命令，启动绘制圆环的命令。

① 在**指定圆环的内径**：提示下，输入"0"后按 Enter 键，设定圆环的内径为 0mm。

② 在**指定圆环的外径**：提示下，输入"10"后按 Enter 键，设定圆环的外径为 10mm。

③ 在**指定圆环的中心点或 <退出>**：提示下，分别捕捉最里面矩形的 4 个角点，就绘制出了圈梁直径为 10mm 的 4 根纵向钢筋，结果如图 5.46 所示。

(6) 用【删除】命令删除最里面的矩形。

(7) 用 10mm 宽的多段线在左上角绘制箍筋的弯钩，结果如图 5.47 所示。这样就绘制出圈梁的 1-1 断面图。

图 5.46　绘制圈梁纵向钢筋　　　　　　　　　图 5.47　绘制箍筋钢筋弯钩

2. 按照 1：20 的出图比例标注尺寸、标高、文字及图名

1) 标注尺寸

(1) 设定 1：20 的标注样式。

① 选择菜单栏中的【格式】|【标注样式】命令，打开【标注样式管理器】对话框。

② 选中【标注】标注样式，然后单击【新建】按钮，弹出【创建新标准样式】对话框，在【新样式名】文本框中输入"1 比 20"。

③ 单击【继续】按钮进入【新建标注样式】的参数设置对话框，该对话框共有 7 个选项卡，除【调整】选项卡中的【使用全局比例】设定为"20"外，其他设定均与 3.3.2 节尺寸标注样式中的【标注】相同。

④ 将"1：20"标注样式设为当前标注样式。

(2) 用【线性】标注命令标注梁的宽度和高度。

2) 标注标高

标高符号的三角形高度为 3×比例(20)=60mm。

3）标注文字

一般文字高度为 3.5×比例(20)=70mm，图名 7×比例(20)=140mm。

4）绘制钢筋索引圆圈

该圆圈直径为 6×比例(20)=120mm，结果如图 5.48 所示。

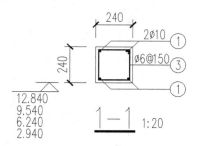

图 5.48　绘制圈梁断面

5.3.2　绘制卫生间的"XB-1 配筋图"

1. 按 1：1 的比例绘制卫生间的"XB-1 配筋图"

打开图 5.48，下面将在标准层结构布置平面图的右上角，按 1：1 的比例绘制卫生间的"XB-1 配筋图"。

1）调整图层

新建"钢筋"图层。

2）图形准备

(1) 在命令行输入"Co"并按 Enter 键，启动【复制】命令。

(2) 在**选择对象**：提示下，按照图 5.49 所示选择图形。

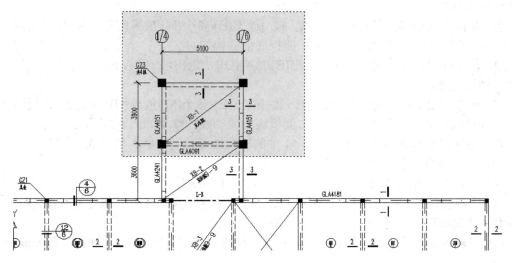

图 5.49　复制图形

(3) 在**指定基点或 [位移(D)] <位移>**：提示下，在 XB-1 内部任意单击一点作为复制基点。

(4) 在**指定基点或 [位移(D)] <位移>**：指定第二个点或 **<使用第一个点作为位移>**：提

示下，将图形放到标准层结构布置平面图的右上角空白处。

（5）将上面复制出的图形修整至如图 5.50 所示的状态。

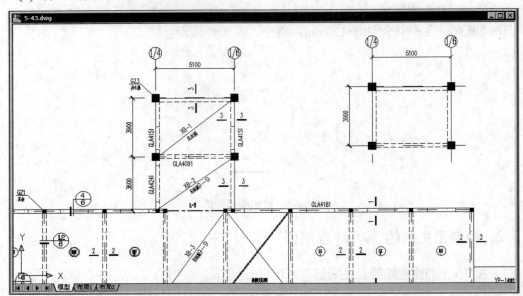

图 5.50　复制并修整图形

3）绘制板底梁

（1）在命令行输入"O"并按 Enter 键，启动【偏移】命令。

① 在指定偏移距离或[通过(T)/删除(E)/图层(L)]<通过>：提示下，输入 1/4 轴线和板底梁之间的距离"1500"后按 Enter 键。

② 在选择要偏移的对象，或 [退出(E)/放弃(U)] <退出>：提示下，选择 1/4 轴线，此时 1/4 轴线变虚。

③ 在指定要偏移的那一侧上的点，或 [退出(E)/多个(M)/放弃(U)] <退出>：提示下，单击 1/4 轴线右侧任意位置，则生成左侧板底梁的轴线。

④ 在选择要偏移的对象，或 [退出(E)/放弃(U)] <退出>：提示下，选择 1/6 轴线，此时 1/6 轴线变虚。

⑤ 在指定要偏移的那一侧上的点，或 [退出(E)/多个(M)/放弃(U)] <退出>：提示下，单击 1/6 轴线左侧任意位置，则生成右侧板底梁的轴线，结果如图 5.51 所示。

（2）用【对象特性管理器】将图 5.51 中的轴线的【线型比例】修改成"0.5"。

（3）将"虚线"层设置为当前图层。

（4）在命令行输入"Ml"并按 Enter 键，启动【多线】命令。

① 在当前设置：对正＝无，比例＝240.00, 样式＝STANDARD, 指定起点或 [对正(J)/比例(S)/样式(ST)]：提示下，输入"S"后按 Enter 键。

② 在输入多线比例 <240.00>：提示下，输入"200"(板底梁的宽度为 200mm)后按 Enter 键。

③ 在指定起点或 [对正(J)/比例(S)/样式(ST)]：提示下，捕捉 A 点作为多段线的起点。

④ 在指定下一点或 [闭合(C)/放弃(U)]：提示下，捕捉 B 点作为多段线的终点，然后按 Enter 键结束命令。

(5) 按 Enter 键重复【多线】命令，绘制 CD 多段线后按 Enter 键结束命令，结果如图 5.52 所示。

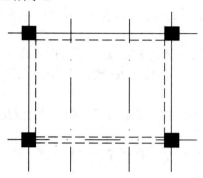

图 5.51　偏移生成梁的轴线

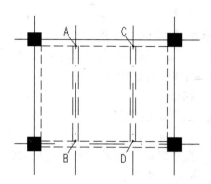

图 5.52　绘制板底梁

(6) 用【对象特性管理器】将图 5.52 中的两根板底梁的【线型比例】修改成 "0.5"。

4) 绘制板下部的受力钢筋

(1) 将 "钢筋" 层设置为当前图层。

(2) 启动【偏移】命令将 1/4 和 1/6 轴线外墙的外墙线分别向内偏移 120mm，然后绘制一条水平辅助线，结果如图 5.53 所示。

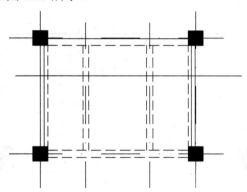

图 5.53　向内偏移外墙线

(3) 在命令行输入 "PL" 后按 Enter 键，启动绘制【多段线】命令。

① 在**指定起点**：提示下，捕捉辅助线和 1/4 轴线外墙的内墙线的交点。

② **当前线宽为 0.0000，在指定下一个点或 [圆弧(A)/半宽(H)/长度(L)/放弃(U)/宽度(W)]**：提示下，输入 "W" 后按 Enter 键。

③ 在**指定起点宽度 <0.0000>**：提示下，输入 "25" 后按 Enter 键。

④ 在**指定端点宽度 <25.0000>**：提示下，按 Enter 键。

　特别提示

　　卫生间的 "XB-1 配筋图" 的出图比例为 1:50，打印出图后钢筋为 0.5mm 宽的粗线，所以出图前钢筋的线宽为 0.5mm×50=25mm。

⑤ 在**指定下一个点或** [圆弧(A)/半宽(H)/长度(L)/放弃(U)/宽度(W)]：提示下，捕捉辅助线和 1/6 轴线外墙的内墙线的交点。

⑥ 在**指定下一个点或** [圆弧(A)/半宽(H)/长度(L)/放弃(U)/宽度(W)]：提示下，输入"A"并按 Enter 键，表示要画圆弧。

⑦ 在**指定圆弧的端点或**[角度(A)/圆心(CE)/闭合(CL)/方向(D)/半宽(H)/直线(L)/半径(R)/第二个点(S)/放弃(U)/宽度(W)]：提示下，输入"A"并按 Enter 键，表示要以指定角度的方法画圆弧。

⑧ 在**指定包含角**：提示下输入"180"并按 Enter 键，指定圆弧的旋转角度为逆时针180°。

⑨ 在**指定圆弧的端点或** [圆心(CE)/半径(R)]：提示下，打开【正交】功能，将光标垂直向上拖动，然后输入"100"。

⑩ 在**指定圆弧的端点或**[角度(A)/圆心(CE)/闭合(CL)/方向(D)/半宽(H)/直线(L)/半径(R)/第二个点(S)/放弃(U)/宽度(W)]：提示下，输入"L"并按 Enter 键，表示要画直线。

⑪ 在**指定下一个点或** [圆弧(A)/半宽(H)/长度(L)/放弃(U)/宽度(W)]：提示下，向左水平拖动鼠标，然后输入"80"并按 Enter 键，结果如图 5.54 所示。

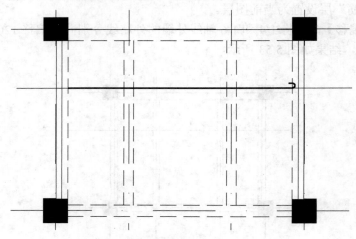

图 5.54　绘制受力钢筋 1

特别提示

为了能够表示出板下部受力钢筋的 180° 弯钩，受力钢筋的 180° 弯钩没有按照实际尺寸绘制。

(4) 重复绘制多段线命令，绘制出钢筋左侧的半圆弯钩。

(5) 锁定"轴线"和"墙线"图层，用【拉伸】命令将钢筋左右两端拉伸至墙的中心线的位置，最后删除辅助线，结果如图 5.55 所示。

5) 重复【多段线】命令绘制板上部的支座负筋

结果如图 5.56 所示。支座负筋的线宽为中粗线，即 0.5mm×50=25mm，支座负筋的长度如图 5.58 所示，向下弯钩长度为 100mm-15mm=85mm。

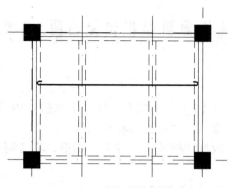
图 5.55 绘制受力钢筋 2

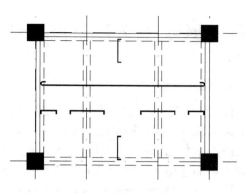
图 5.56 绘制拉结钢筋

2. 按照 1∶50 的出图比例标注尺寸、文字及图名

1) 字体

一般字体高度 3.5mm×50=175mm，如 "$\phi 8@200$"。图名字体高度为 7mm×50=350mm，图名旁边的比例字体高度为 5mm×50=250mm。

2) 圆圈

钢筋编号圆圈的直径为 6mm×50=300mm，钢筋编号圆圈内的字高为 5mm×50=250mm。定位轴线圆圈的直径为 10mm×50=500mm，定位轴线圆圈内的字高为 5mm×50=250mm。

3) 标注样式

以【标注】标注样式为基础样式(图 5.57)建立 1∶50 的标注样式，由于【标注】是 1∶100 的标注样式，所以将【调整】选项卡内的【使用全局比例】修改为 "50" 即可。

4) 标注尺寸

以 1∶50 的标注样式为当前标注样式，标注板上部的拉结钢筋的尺寸，结果如图 5.58 所示。

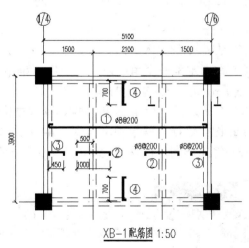
图 5.58 XB-1 配筋图

图 5.57 建立 1∶50 标注样式

建筑 CAD 项目教程（2010 版）

5.4 绘制 1∶20 的 L-1 梁的纵断面图和楼梯配筋图

1. 绘图准备

(1) 新建图形。打开【选择样板】对话框，选择【1∶1 模板】文件，进入模板内绘制 L-1 梁的纵断面图和楼梯配筋图，将该文件存盘并命名为"L-1 梁和楼梯"。

(2) 修改标注样式，如图 5.59 所示。打开【修改标注样式：标注】对话框，将【调整】选项卡内的【使用全局比例】因子改为"20"。

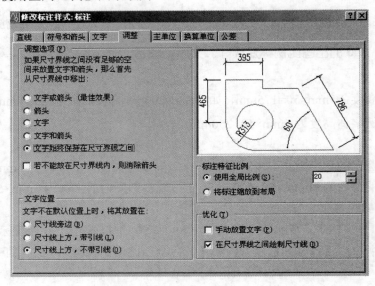

图 5.59 修改标注样式

2. 绘制 1∶20 的 L-1 梁的纵断面图

(1) 设置"梁柱"图层为当前图层。

(2) 在命令行输入"Rec"并按 Enter 键，启动绘制【矩形】命令。

① 在指定第一个角点或 [倒角(C)/标高(E)/圆角(F)/厚度(T)/宽度(W)]：提示下，在屏幕上任意单击一点作为矩形的起点。

② 在指定另一个角点或 [面积(A)/尺寸(D)/旋转(R)]：提示下，输入"@4440，350"后按 Enter 键。这样，就绘制出长度为 4440mm、高度为 350mm 的 L-1 梁的轮廓。

(3) 将矩形向内偏移 30mm，得到主筋和架立筋中心线的位置。

特别提示

梁内的钢筋为中粗线，出图前的线宽为 0.5×20=10mm，梁内钢筋外沿到梁外表面的保护层的厚度为 25mm，所以钢筋中心线到梁外沿的距离是 25+10/2=30mm。

(4) 在命令行输入"Pe"并按 Enter 键，启动编辑多段线的命令。

① 在**选择多段线或 [多条(M)]**：提示下，选择上面由【偏移】命令生成的矩形。

② 在**输入选项，[打开(O)/合并(J)/宽度(W)/编辑顶点(E)/拟合(F)/样条曲线(S)/非曲线化(D)/线型生成(L)/放弃(U)]**：提示下，输入"W"后按 Enter 键。

③ 在**指定所有线段的新宽度**：提示下，输入"10"，表示将线的宽度由"0"改为"10"，结果如图 5.60 所示。

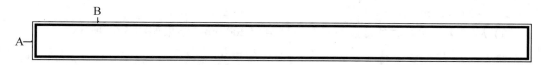

图 5.60   绘制主筋和架力筋

(5) 用【分解】命令将外部矩形分解。

(6) 启动【偏移】命令将 B 线向下偏移 175(150+25=175)mm，将 A 线向左偏移 295(270+25=295)mm，结果如图 5.61 所示。

图 5.61   偏移生成绘制钢筋的辅助线

(7) 在命令行输入"Tr"并按 Enter 键，启动【修剪】命令，将图 5.61 修剪成如图 5.62 所示的状态。

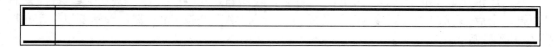

图 5.62   修剪图形

(8) 在命令行输入"PL"并按 Enter 键，启动绘制【多段线】命令。

① 在**指定起点**：提示下，捕捉 C 点作为多段线的起点。

② 将线宽改为"10"后，在**指定下一个点或 [圆弧(A)/半宽(H)/长度(L)/放弃(U)/宽度(W)]**：提示下，打开【极轴】功能，然后将光标向右下角 45°方向拖动，寻找到 45°方向的虚线和梁下部主筋的交点后单击鼠标左键，并按 Enter 键结束命令，结果如图 5.63 所示。

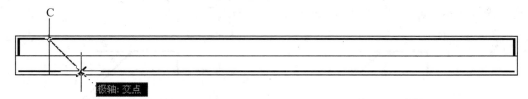

图 5.63   绘制架立筋左侧 45°弯起部分

(9) 在命令行输入"Mi"并按 Enter 键，启动【镜像】命令，将架立筋 45°弯起部分对称复制到右侧，最后删除辅助线，结果如图 5.64 所示。

图 5.64　复制架立筋右侧 45°弯起部分

(10) 用绘制【多段线】命令绘制如图 5.65 所示的辅助线，然后启动【修剪】命令，将图形修剪至如图 5.66 所示的状态。

(11) 启动【偏移】命令将箍筋向右偏移两个 200mm，结果如图 5.67 所示。

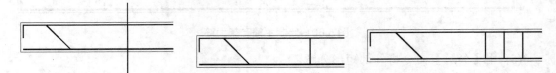

图 5.65　绘制箍筋步骤 1　　　　图 5.66　绘制箍筋步骤 2　　　　图 5.67　绘制箍筋步骤 3

(12) 绘制架立筋的 180°弯钩。

① 启动【偏移】命令，将梁左侧的外轮廓线向右偏移"52"，结果如图 5.68 所示。

② 在命令行输入"PL"并按 Enter 键，启动绘制【多段线】命令。

(a) 在指定起点：提示下，捕捉 D 点作为多段线的起点。

(b) 当前线宽为"10"，在指定下一个点或 [圆弧(A)/半宽(H)/长度(L)/放弃(U)/宽度(W)]：提示下，输入"A"表示要画圆弧。

(c) 在指定圆弧的端点或[角度(A)/圆心(CE)/闭合(CL)/方向(D)/半宽(H)/直线(L)/半径(R)/第二个点(S)/放弃(U)/宽度(W)]：提示下，输入"A"并按 Enter 键，表示要以指定角度的方法画圆弧。

(d) 在指定包含角：提示下输入"180"并按 Enter 键，指定圆弧的旋转角度为逆时针 180°。

(e) 在指定圆弧的端点或 [圆心(CE)/半径(R)]：提示下，打开【正交】功能，将光标垂直向下拖动，然后输入"40"。

(f) 在指定圆弧的端点或[角度(A)/圆心(CE)/闭合(CL)/方向(D)/半宽(H)/直线(L)/半径(R)/第二个点(S)/放弃(U)/宽度(W)]：提示下，输入"L"并按 Enter 键，表示要画直线。

(g) 在指定下一个点或 [圆弧(A)/半宽(H)/长度(L)/放弃(U)/宽度(W)]：提示下，向右水平拖动光标，然后输入"36"并按 Enter 键，结果如图 5.69 所示。

图 5.68　向右偏移外轮廓线　　　　　图 5.69　绘制架立筋的 180°弯钩

③ 启动【镜像】命令，将架立筋左侧的 180°弯钩对称复制到右侧，然后删除辅助线。

(13) 标注梁 L-1 的尺寸和钢筋编号，结果如图 5.70 所示。

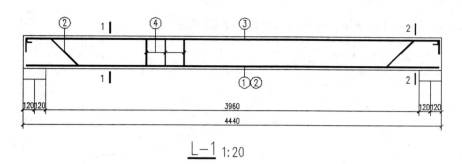

图 5.70　绘制 L-1 梁纵断面图

3．绘制 1∶20 的楼梯配筋图

1）图形准备

(1) 选择菜单栏中的【文件】|【复制】和【文件】|【粘贴】命令，将项目 4 中图 4.110 复制到"L-1 梁和楼梯"文件中。

(2) 将跨文件复制出的图形修剪成如图 5.71 所示的状态。

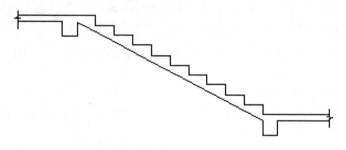

图 5.71　复制并修剪图形

(3) 设置"楼梯"图层为当前图层。

2）绘制板上部的负弯矩筋

(1) 启动【直线】命令，绘制如图 5.72 所示的 A 线。

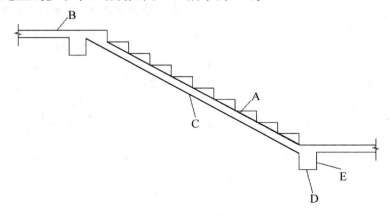

图 5.72　绘制辅助线 A

(2) 启动【偏移】命令，将 A 和 B 线向下偏移 20mm，C 线向上偏移 20mm，D 线向上

偏移 52mm，E 线向右偏移 30mm，结果如图 5.73 所示。

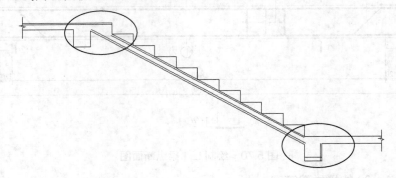

图 5.73 偏移形成作图辅助线

特别提示

20=15mm 厚的钢筋保护层+半个线宽 5mm。

52=25mm 厚的钢筋保护层+2.25 倍的钢筋直径（即 2.25×12mm）。

30=25mm 厚的钢筋保护层+半个线宽 5mm。

(3) 用【圆角】命令修整如图 5.73 所示的圆圈内的辅助线，结果如图 5.74 所示。

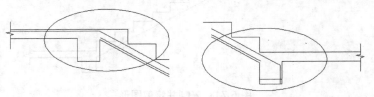

图 5.74 修整辅助线

(4) 如图 5.75 所示，绘制 A 和 B 辅助线，并将 A 线向左偏移 850mm，B 线向右偏移 850mm。

(5) 删除如图 5.75 所示的 A 和 B 辅助线，然后绘制如图 5.76 所示的 C 和 D 线，注意 C、D 线和板下部受力钢筋的位置线相互垂直。

图 5.75 绘制辅助线 1   图 5.76 绘制辅助线 2

(6) 用【多段线】命令绘制 1 号负弯矩筋。

① 在命令行输入"PL"并按 Enter 键，启动绘制【多段线】命令。

② 在**指定起点**：提示下，捕捉 C 线的下端点作为多段线的起点，如图 5.77 所示。

③ 当前线宽为"10"，在指定下一个点或 [圆弧(A)/半宽(H)/长度(L)/放弃(U)/宽度(W)]：提示下，捕捉 C 线的上端点。

④ 在**指定下一个点或** [圆弧(A)/半宽(H)/长度(L)/放弃(U)/宽度(W)]：提示下，捕捉如图 5.78 所示的折点位置。

⑤ 在**指定下一个点或** [圆弧(A)/半宽(H)/长度(L)/放弃(U)/宽度(W)]：提示下，打开【正交】功能，然后将光标水平向左拖动，输入"600"后按 Enter 键，结果如图 5.79 所示。

⑥ 在**指定下一个点或** [圆弧(A)/半宽(H)/长度(L)/放弃(U)/宽度(W)]：提示下，输入"A"，表示要画圆弧。

⑦ 在指定圆弧的端点或[角度(A)/圆心(CE)/闭合(CL)/方向(D)/半宽(H)/直线(L)/半径(R)/第二个点(S)/放弃(U)/宽度(W)]：提示下，输入"A"并按 Enter 键，表示要以指定角度的方法画圆弧。

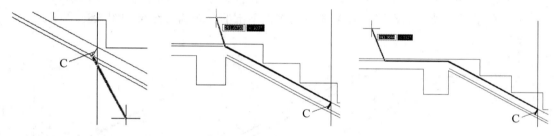

图 5.77　绘制 1 号负弯矩筋 1　　图 5.78　绘制 1 号负弯矩筋 2　　图 5.79　绘制 1 号负弯矩筋 3

⑧ 在**指定包含角**：提示下，输入"180"并按 Enter 键，指定圆弧的旋转角度为逆时针 180°。

⑨ 在**指定圆弧的端点或[圆心(CE)/半径(R)]**：提示下，打开【正交】功能，将光标垂直向下拖动，然后输入"40"。

⑩ 在**指定圆弧的端点或[角度(A)/圆心(CE)/闭合(CL)/方向(D)/半宽(H)/直线(L)/半径(R)/第二个点(S)/放弃(U)/宽度(W)]**：提示下，输入"L"并按 Enter 键，表示要画直线。

⑪ 在**指定下一个点或** [圆弧(A)/半宽(H)/长度(L)/放弃(U)/宽度(W)]：提示下，向右水平拖动光标，然后输入"36"并按 Enter 键，结果如图 5.80 所示。

(7) 重复【多段线】命令，依照参照线绘制 4 号负弯矩筋，注意钢筋钩的包含角为"-180°"，结果如图 5.81 所示。

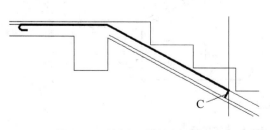

图 5.80　绘制 1 号负弯矩筋 4

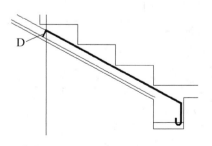

图 5.81　绘制 4 号负弯矩筋

(8) 绘制板下部的受力筋。

① 将 A 线向左偏移 40mm 并将板下部受力筋的位置线的左端点延伸至 1 号负弯矩筋处，如图 5.82 所示。

② 用【圆角】命令将右侧平台梁处的辅助线修整至如图 5.83 所示的状态。

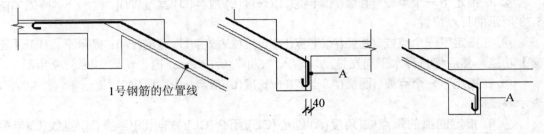

图 5.82　绘制辅助线　　　　　　　　　　　　　图 5.83　修整辅助线

③ 依照参照线，用【多段线】命令绘制板下部受力筋，结果如图 5.84 所示。

(9) 借助辅助线，启动【圆环】命令绘制板下部的分布筋，结果如图 5.85 所示。

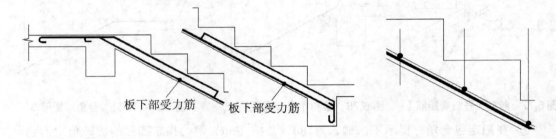

图 5.84　绘制板下部的 3 号受力筋　　　　　　图 5.85　绘制板下部的分布筋

(10) 按 1：20 的比例标注尺寸、钢筋编号及图名和比例，结果如图 5.86 所示。

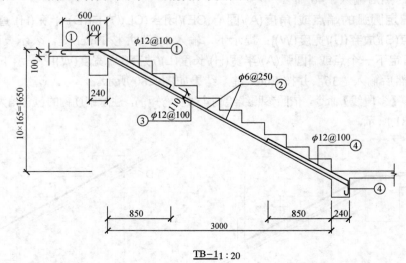

TB-1 1：20

图 5.86　标注尺寸和钢筋编号

5.5 多重比例的出图

在"标准层结构布置平面图"中布置 3 个图形：一是"标准层结构布置平面图"，比例为 1∶100；二是圈梁的"1-1 断面图"，比例为 1∶20；三是卫生间的"XB-1 配筋图"，比例为 1∶50，这就涉及较难理解的多重比例的出图问题。

注意，在一张图纸上布置两种以上比例图形时，出图后(即图纸打印出来后)各种比例图形中的文字高度、标注高度及标高等各种符号的大小应该是一样的。

5.5.1 在模型空间进行多重比例的出图

(1) 打开图 5.58

(2) 利用【写块】(Write Block)命令将"1-1 断面图"和"XB-1 配筋图"制作成图块。注意【写块】对话框中的【对象】选项组，选择【转换为块】单选按钮，如图 5.87 所示。

(3) 将"1-1 断面图"图块放大 5 倍。

① 在命令行输入"Sc"后按 Enter 键，启动【比例】命令。

② 在**选择对象**：提示下，选择"1-1 断面图"。

③ 在**指定基点或 [位移(D)] <位移>**：提示下，选择"1-1 断面图"的左下角作为放大图像的基点。

图 5.87 【写块】对话框中【对象】选项组的设置

④ 在**指定比例因子或 [复制(C)/参照(R)] <1.0000>**：提示下，输入"5"后按 Enter 键，表示将图形放大 5 倍，结果如图 5.88 所示。

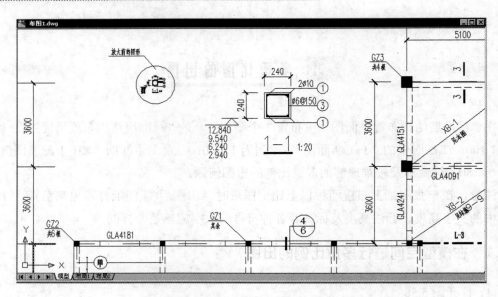

图 5.88　将"1–1断面图"图块放大5倍

为什么要将"1–1断面图"做成图块并放大5倍?

在图 5.87 中,特意保留了放大前的图形,经对比可知,右侧的梁的断面图为放大后的"1–1断面图"的图形。这里需要作下面的计算。

1. 图形尺寸的计算

(1) 在模型空间内是按照主图(即 1∶100 标准层结构布置平面图)的比例打印出图的,打印时图纸上的所有图形均缩小到原来的 1/100,所以需要将 1∶20 的"1–1断面图"再放大 100/20=5 倍。

(2) "1–1断面图"的图形是按 1∶1 的比例绘制的,所以梁的断面的高度和宽度都是 240mm。用【比例】命令将其放大 5 倍后,梁的断面的高度和宽度变成 240×5=1200mm,打印出图时随着主图缩小到原来的 1/100 后为 1200/100=12mm,这样便形成 1∶20 出图比例的梁。

(3) "1–1断面图"放大 100/20=5 倍后,梁的断面的高度和宽度尺寸变成 1200mm,观察图 5.88,标注的梁宽和梁高仍然为 240mm,这是由于将"1–1断面图"做成了图块,使形成"1–1断面图"的众多图元变成一个图元,只是将这个图元放大,而形成这个图元的内部众多图元被锁定,所以图形变大了而尺寸标注值并未随之改变。

2. 文字、尺寸标注和标高符号大小的计算

(1) 在 1∶20 "1–1断面图"中,文字"2φ10"和标注尺寸值的高度均为 3.5×20=70mm,标高符号三角形的高度为 3×20=60mm,将图块放大 5 倍后,文字"2φ10"和标注尺寸值的高度均变为 70×5mm=350mm,标高符号三角形的高度变为 60×5=300mm。

(2) 主图(即标准层结构布置平面图)的出图比例为 1∶100,图中文字高度为 3.5×100=350mm,标高符号三角形的高度变为 3×100=300mm。

(3) 观察图 5.88,对比可知主图和放大后"1–1断面图"图块内的文字高度是相同的。打印缩小到原来的 1/100 后,1∶100 主图和 1∶20 "1–1断面图"内文字高度、标注高度及标高等各种符号的大小肯定是一样的。

特别提示

1：20 的比例即将图形缩小到原来的 1/20，240mm×240mm "1-1 断面图" 缩小到原来的 1/20 后的尺寸大小为 240/20×240/20=12mm×12mm。

(4) 将 "XB-1 配筋图" 图块放大 100/50=2 倍。

特别提示

想一想，"XB-1 配筋图" 做成图块后放大两倍，1/4 和 1/6 轴线之间的距离变成多少？但尺寸标注出的值是多少？为什么两者不一致？

将 "XB-1 配筋图" 做成图块后如果需要修改，可以利用【工具】|【外部参照和在位编辑】|【在位编辑参照】命令将图形激活后进行修改，然后单击【参照编辑】工具栏上的【保存参照编辑】按钮关闭对话框。

执行【在位编辑参照】命令将会对过去插入的所有该图块进行修改，这就是块的联动性。

(5) 插入 "A2" 图框：由于 "A2" 图框图块是按 1：1 比例制作的，所以在【插入】对话框中勾选【统一比例】复选框，将比例值设置为 "100"，结果如图 5.89 所示。

(6) 选择菜单栏中的【文件】|【打印】命令，打开【打印-模型】对话框，按照图 5.90 所示设置该对话框。

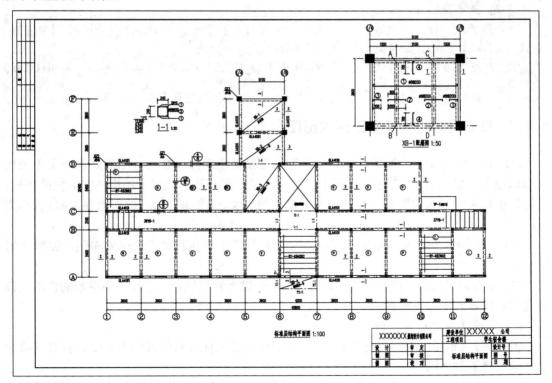

图 5.89　布置图形

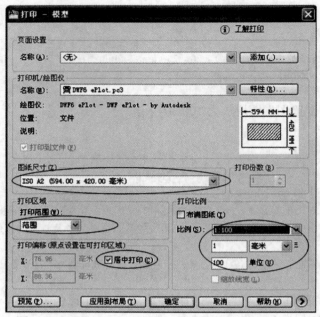

图 5.90　设置【打印-模型】对话框

特别提示

　　注意到了吗？利用模型空间进行多重比例出图，在【打印-模型】对话框内的【打印比例】选项组的设置是按照主图的比例设定的，该案例中主图比例为 1∶100。

　　由于机房的计算机上一般没有安装物理打印机，所以这里选择 CAD 内自带的 ePlot.Pc3 绘图仪进行打印设置。

5.5.2　在布局内进行多重比例的出图

　　(1) 布局和模型空间关系的理解：图形是在模型空间内绘制的，布局好像一张不透明的白纸蒙在模型空间上，在这张白纸上开孔就可以看到开孔的位置上的模型空间内的图形，其他部位模型空间内的图形是被白纸覆盖遮挡的。这里提到的"孔"的概念在 CAD 内称为"视口"。

　　(2) 打开图 5.58，然后单击"布局 1"进入布局 1 内进行多重比例的布图，如图 5.91 所示。

　　(3) 单击视口线，出现蓝色夹点，然后按 Del 键将视口删除，这时在不透明的白纸上没有视口，所以看不到任何图形。

　　(4) 设置【页面设置管理器】对话框。

　　① 右击"布局 1"，弹出快捷菜单，然后选择【页面设置管理器】命令，打开【页面设置管理器】对话框。

　　② 单击【修改】按钮，则进入【页面设置-布局 1】对话框，按照图 5.92 所示设置该对话框。

(5) 插入"A2"图块：选择菜单栏中的【插入】|【图块】命令，打开【插入】对话框，选择"A2"图块并在该对话框中勾选【统一比例】复选框，将比例值设置为"1"。

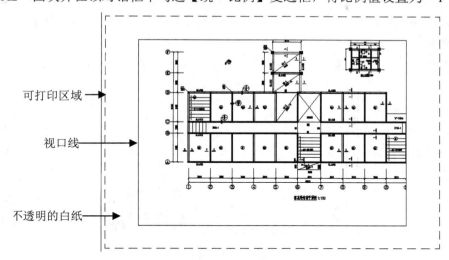

可打印区域

视口线

不透明的白纸

图 5.91　布局界面

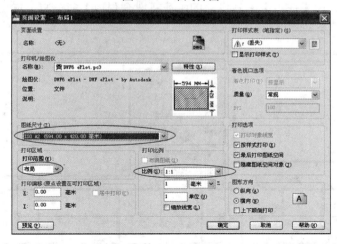

图 5.92　设置【页面设置-布局 1】对话框

特别提示

在布局内是按照 1∶1 的比例出图的，而所有图块都是按 1∶1 的比例制作的，所以将图块插入布局内时不需放大。

(6) 建立视口。

① 建立"视口"图层，所有的视口均应绘制在"视口"图层上，这样，在打印时可以将该图层冻结，以免将视口线打印出来。

② 光标对着任意一个按钮单击鼠标右键，弹出快捷菜单，选择【视口】命令调出【视口】工具栏，单击该工具栏上的【单个视口】按钮。

在指定视口的角点或[开(ON)/关(OFF)/布满(F)/着色打印(S)/锁定(L)/对象(O)/多边形(P)/恢复(R)/2/3/4] <布满>：提示下，在如图 5.93 所示的视口左上角点单击鼠标左键。

在指定对角点：提示下，在如图 5.93 所示的视口右下角点位置单击鼠标左键，这样就建立一个矩形视口。

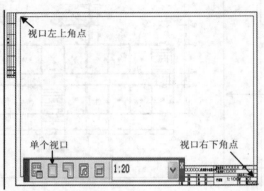

图 5.93　建立视口

③ 修整视口：用【视口】工具栏上的【裁剪现有视口】命令将上面建立的视口修整至如图 5.94 所示的状态。

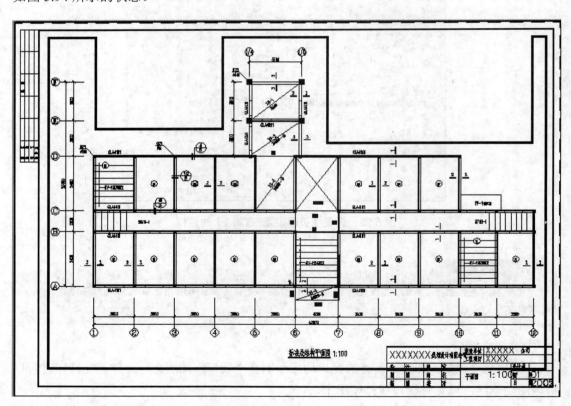

图 5.94　修整视口

④ 用【视口】工具栏上的【单个视口】命令建立如图 5.95 所示的两个视口。注意

观察图 5.95，左上角的视口线为粗线，另外两个视口线为细线，其中粗视口线的视口为当前视口。只需在某个视口内单击鼠标左键，就可以将该视口设定为当前视口。

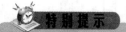 特别提示

如果有多个视口，各视口之间允许交叉、重叠。

⑤ 将左上角视口设为当前视口，并用窗口放大命令调整至只显示"1-1 断面图"的状态，如图 5.96 所示。最后在【视口】工具栏右侧的文本框内设置该图的出图比例为 1：20。

⑥ 将右上角视口设定为当前视口，并将视图调整至只显示"XB-1 配筋图"状态，在【视口】工具栏右侧的文本框内设置该图的出图比例为"1：50"。

⑦ 将主图视口设定为当前视口，并在【视口】工具栏右侧的文本框内设置该图的出图比例为"1：100"。

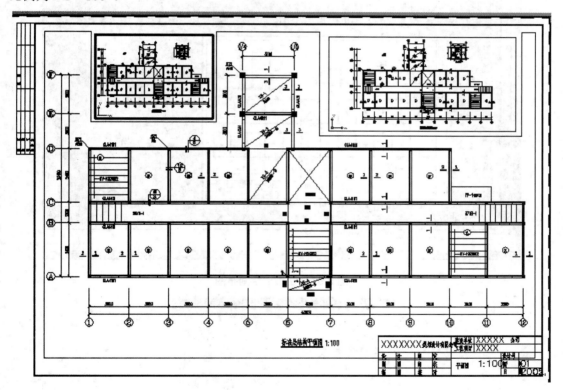

图 5.95　新建两个视口

⑧ 冻结"视口"图层，结果如图 5.97 所示。

(7) 打印。

① 将"视口"图层冻结。

② 右击【布局 1】，弹出快捷菜单，然后选择【打印】命令，打开【打印-布局 1】对话框，如图 5.98 所示，单击【确定】按钮即可打印图形。

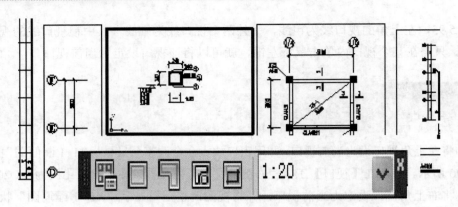

图 5.96　调整视图并设置出图比例

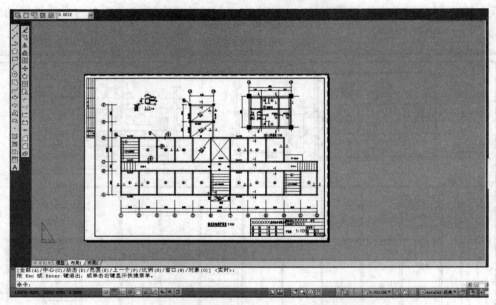

图 5.97　在布局空间布图

图 5.98　设置【打印-布局 1】对话框

特别提示

由于前面在【页面设置管理器】内已经对打印设备、图纸尺寸和打印比例进行了设置，所以图5.96的【打印-布局1】对话框内不需作任何设置。

注意，在布局空间内是以1∶1的比例出图的。

项目小结

本项目在前几个项目的基础上进一步深入学习了绘制宿舍楼基础平面图、标准层结构布置平面图及一些构件详图，在绘图过程中对过去所学命令重复使用，达到熟练掌握的目的。同时，在绘制上述结构施工图时，进一步领悟不同图形的绘制方法。

本项目还介绍了较难理解的多重比例出图的方法，实际工作中经常会在一张图上布置不同比例的图形，在模仿课本实例的基础上，大家需要用心体会。

习　题

一、单选题

1. 出图比例为1∶100的基础平面图在布局内打印时，打印比例为(　　)。
   A. 1∶100　　　　　　　B. 1∶50　　　　　　　C. 1∶1
2. 设置当前视口的方法是在(　　)单击鼠标左键。
   A. 视口内　　　　　　　B. 视口外　　　　　　　C. 视口线上
3. 将按照1∶1比例制作的图块插入布局内时，图块(　　)。
   A. 需要放大　　　　　　B. 不需放大　　　　　　C. 需要缩小
4. 打印时，【视口】图层一般应(　　)。
   A. 冻结　　　　　　　　B. 显示　　　　　　　　C. 锁定
5. 如果有多个视口，各视口之间(　　)交叉、重叠。
   A. 不允许　　　　　　　B. 允许　　　　　　　　C. 不可能
6. 利用模型空间进行多重比例出图，在【打印】对话框内的【打印比例】选项的设置是按照(　　)的出图比例设定的。
   A. 主图　　　　　　　　B. 附图　　　　　　　　C. 都可以
7. 虚线图层应将线型加载为(　　)。
   A. HIDDEN　　　　　　B. Continuous　　　　　　C. DASHDOT
8. 用【圆角】命令修角，模式为【修剪】，圆角半径为(　　)。
   A. 50　　　　　　　　　B. 0　　　　　　　　　　C. 30
9. 当图层被锁定后，该图层上的图形不能被(　　)。
   A. 打印　　　　　　　　B. 修改　　　　　　　　C. 显示

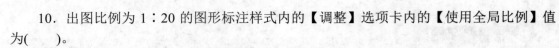
10．出图比例为 1：20 的图形标注样式内的【调整】选项卡内的【使用全局比例】值为(　　)。

    A．10   B．20   C．25

二、简答题

1．【清理】命令有什么作用？

2．简述基础平面图的绘制步骤。

3．将实线变成虚线的方法有哪些？它们之间有什么区别？

4．修改线型比例的方法有哪些？

5．如何测得一条斜线的角度？

6．出图比例为 1：20 的图内，出图前的文字高度一般是多少？

7．什么是视口？

8．没有设定视口时，为什么看不到图形？

9．出图比例为 1：50 的图，如何在其模型空间内插入按照 1：1 比例制作的图块？

10．为什么"1-1 断面图"图块放大 5 倍后，标注出的尺寸值不变呢？

三、绘图题

1．绘制内径为 500mm、外径为 700mm 的圆环。

2．绘制如图 5.99 所示的 TL-2 梁断面图。

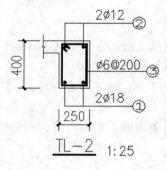

图 5.99

项目 6

绘制三维图形

教学目标

通过学习建筑三维模型的绘制，了解绘制建筑三维模型的步骤，掌握绘制建筑三维模型的基本方法和技巧。

教学要求

能力目标	知识要点	权重
了解绘制建筑三维模型的步骤	绘制建筑三维模型的步骤	10%
能绘制简单的建筑三维模型	绘制建筑三维模型的基本方法和技巧	70%
能将三维模型生成透视图	Dview、三维动态观察	20%

AutoCAD 提供了强大的三维绘图功能，利用这些功能可以绘出形象逼真的立体图形，使一些在二维图形中无法表达的东西清晰而形象地展现在屏幕上。三维绘图对形成更完整的设计概念、进行更合理的设计决策是十分必要的。本项目仍以宿舍楼为例学习建筑三维模型基本的绘制方法和技巧。

6.1 准 备 工 作

1. 空间概念的建立

三维建筑模型和建筑平面图的二维图形的区别是：三维建筑模型是在三维空间上绘制的，每个对象的定位点坐标除了 X 和 Y 方向的数值外，还有 Z 方向的数值，而二维图形只有 X 和 Y 方向的数值，Z 方向的数值为 0。

2. 准备图层

首先，为三维模型新建一个图形文件并将其命名为"宿舍楼三维模型"，然后打开【图层特性管理器】对话框，建立"墙"、"勒脚"、"玻璃"、"门窗框"、"台阶"、"填充"和"阳台"等图层，如图 6.1 所示。

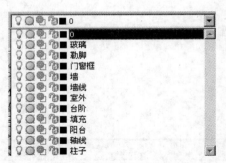

图 6.1　准备图层

3. 准备平面图

(1) 打开"2.107.dwg"图形文件。

(2) 将"2.107.dwg"图形文件内除"墙线"、"室外"和"轴线"外的其他图层冻结。

(3) 选择菜单栏中的【编辑】|【复制】命令，在**选择对象**：提示下，输入"All"后按 Enter 键，再次按 Enter 键结束命令。

(4) 选择菜单栏中的【窗口】|【宿舍楼三维模型】命令，将"宿舍楼三维模型"图形文件切换为当前文件，然后选择菜单栏中的【编辑】|【粘贴】命令或按 Ctrl+V 键，在**指定插入点**：提示下，在屏幕上任意单击一点作为图形的插入点。

(5) 输入"Z"后按 Enter 键，再输入"E"后按 Enter 键，执行【范围缩放】命令。

(6) 删除散水后将"室外"图层关闭并将"阳台"图层设为当前层，绘出阳台平面轮廓，结果如图 6.2 所示。

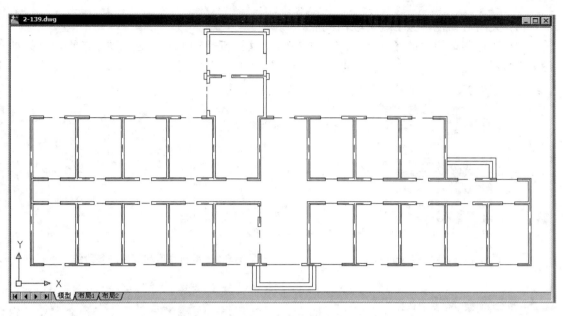

图 6.2　修改后的宿舍楼平面图

这样，通过跨文件复制，将"宿舍楼平面图"引入到"宿舍楼三维模型"图形文件中并加以修改。下面以该平面为基础，绘制宿舍楼标准层三维模型。

6.2　建立墙体的三维模型

1. 对三维墙体的理解

三维墙体是通过改变二维平面墙体的厚度生成的，即将二维平面墙体沿 Z 轴方向拉伸，下面举例说明。

(1) 首先，在绘图区域用绘制多段线命令绘制一条宽度为 240mm、长度为 1800mm 的多段线，如图 6.3 所示。

图 6.3　带有宽度的多段线

(2) 在命令行无任何命令的状态下选择该多段线，则出现两个蓝色夹点。

(3) 选择菜单栏中的【修改】|【特性】命令，打开【对象特性管理器】对话框，将该对话框中的【厚度】选项修改为"1200"并按 Enter 键确认，如图 6.4 所示。

(4) 关闭对话框，按 Esc 键取消夹点。

(5) 选择菜单栏中的【视图】|【三维视图】|【西南等轴测】命令来观察图形，结果如图 6.5 所示。

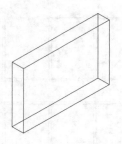

图 6.4　改变多段线的厚度　　　　　　　　　图 6.5　带有宽度和高度的多段线

特别提示

在 AutoCAD 中，称 Z 轴方向的尺寸为厚度，Y 轴方向的尺寸为宽度，X 轴方向的尺寸为长度。

2．建立宿舍楼墙体的三维模型

1）绘制勒脚部分的墙体

其高度为 600mm。

(1) 打开图 "6.2.dwg" 并设定 "勒脚" 层为当前图层，关闭 "阳台" 和 "室外" 图层。

(2) 选择菜单栏中的【视图】|【三维视图】|【西南等轴测】命令并用【窗口放大】命令将视图放大，结果如图 6.6 所示。

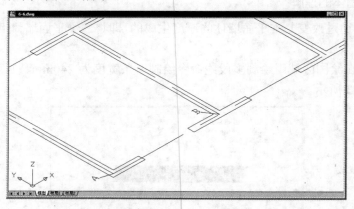

图 6.6　西南等轴测视图

(3) 打开【对象捕捉】并启动绘制【多段线】命令。

① 在**指定起点**：提示下，捕捉如图 6.6 中所示的 A 点作为多段线的起点。

② 在**指定下一个点或** [圆弧(A)/半宽(H)/长度(L)/放弃(U)/宽度(W)]：提示下，输入 "W" 后按 Enter 键。

③ 在**指定起点宽度 <0.0000>**：提示下，输入 "240" 后按 Enter 键。

④ 在**指定端点宽度 <240.0000>**：提示下，按 Enter 键执行尖括号内的默认值 "240"。这样，将多段线的宽度由 "0" 改为 "240"。

⑤ 在**指定下一点或 [圆弧(A)/闭合(C)/半宽(H)/长度(L)/放弃(U)/宽度(W)]**：提示下，捕捉如图 6.6 中所示的 B 点作为多段线的终点，按 Enter 键结束命令。结果绘制出一条宽度为 "240" 的二维多段线，如图 6.7 所示。

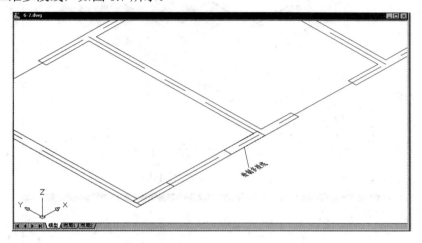

图 6.7 绘制带有宽度的多段线

(4) 利用【对象特性管理器】将厚度修改为 "600"，结果如图 6.8 所示。

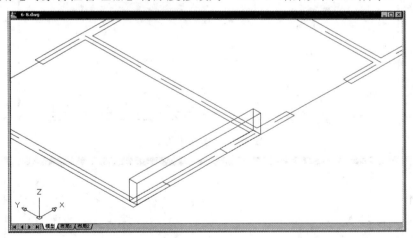

图 6.8 改变墙的厚度

(5) 用相同的方法生成其他勒脚部分的墙，结果如图 6.9 所示。

(6) 将图 6.9 内圆圈所圈定的部分放大，结果如图 6.10 所示，可以发现在建筑的转角处存有缺口，需用多段线编辑命令将转角两侧的墙体连接在一起。

(7) 输入 "Pe" 后按 Enter 键，启动多段线的编辑命令。

① 在**选择多段线或 [多条(M)]**：提示下，选择图 6.10 内的 A 墙体。

② 在**输入选项 [闭合(C)/合并(J)/宽度(W)/编辑顶点(E)/拟合(F)/样条曲线(S)/非曲线化(D)/线型生成(L)/放弃(U)]**：提示下，输入 "J" 后按 Enter 键。

③ 在**选择对象**：提示下，选择图 6.10 内的 B 墙体，按 Enter 键结束命令，结果如图 6.11 所示。

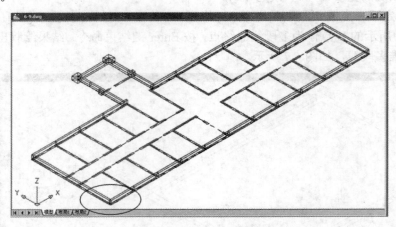

图 6.9　生成勒脚部位的墙

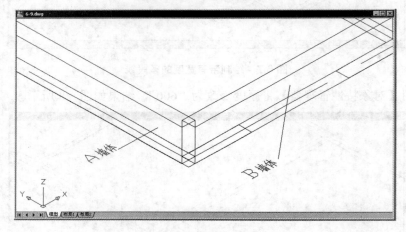

图 6.10　墙的转角处

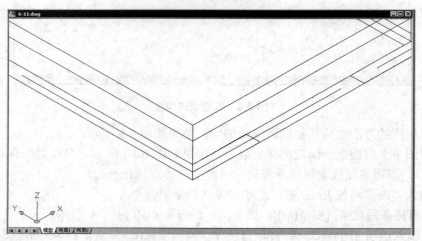

图 6.11　连接转角处的墙体

2) 绘制底层窗下部的墙体

将当前图层切换为"墙"层，然后用相同的方法绘制底层窗下部的墙体，其高度为 900mm，结果如图 6.12 所示。

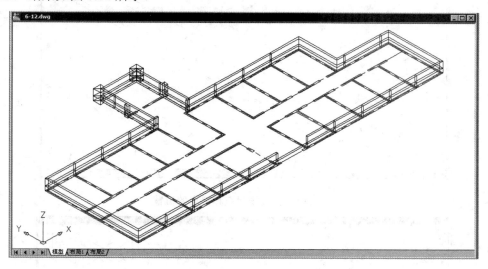

图 6.12 绘制底层窗下部的墙体

特 别 提 示

为便于以后复制三维墙体，将勒脚部位的墙绘制在"勒脚"图层上，将其他的墙体都绘制在"墙"图层上。

3) 绘制窗间墙

窗间墙也可以用上述拉伸多段线的方法绘制，但是比较复杂，这里利用 Elev(高程)命令绘制窗间墙。

(1) 修改 Elev 值。

① 在命令行输入"Elev"后按 Enter 键。

② 在**指定新的默认标高 <0.0000>**：提示下，按 Enter 键，表示当前高程为"0"，即多段线的起点设在 XY 平面上。

③ 在**指定新的默认厚度 <0.0000>**：提示下，输入"1800"，表示当前厚度为"1800"，即窗间墙的高度。

(2) 在命令行输入"PL"后按 Enter 键，启动绘制【多段线】命令。

① 在**指定起点**：提示下，捕捉如图 6.13 中所示的 A 点作为多段线的起点。由于当前线宽为"240"，所以不需修改线的宽度。

② 在**指定下一点或 [圆弧(A)/闭合(C)/半宽(H)/长度(L)/放弃(U)/宽度(W)]**：提示下，捕捉如图 6.13 中所示的 B 点作为多段线的终点，按 Enter 键结束命令，结果如图 6.14 所示。

特 别 提 示

注意：A 点为起点(其高程位于距离 XY 平面 1500mm 处)，B 点为终点(其高程位于 XY 平面上)。

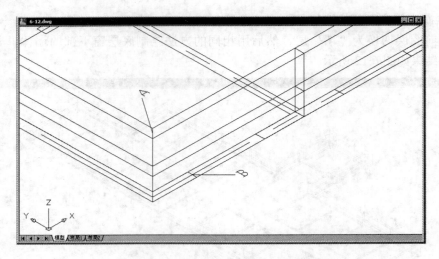

图 6.13　多段线起点和终点的位置

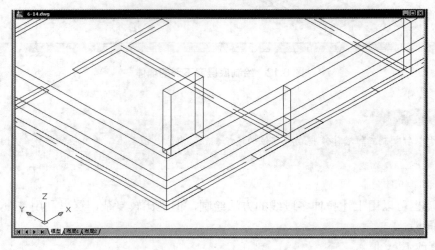

图 6.14　绘制窗间墙

特别提示

图 6.13 中的 A 点和 B 点并不在一个水平面上，但绘制出的多段线的起点和终点却在一个水平面上，这是因为多段线命令是一个二维绘图命令，多段线的 Z 坐标值是由起点的坐标值决定的，所以多段线的终点并不与 B 点相重合，这是绘制三维模型时的一个技巧。

③ 用【多段线】命令绘制其他的窗间墙，结果如图 6.15 所示。

4) 绘制窗上部墙体

(1) 仍用 Elev 命令绘制窗上部墙体。

① 在命令行输入 "Elev" 后按 Enter 键。

② 在**指定新的默认标高 <0.0000>**：提示下，按 Enter 键，表示当前高程为 "0"，即多段线的起点设在 XY 平面上。

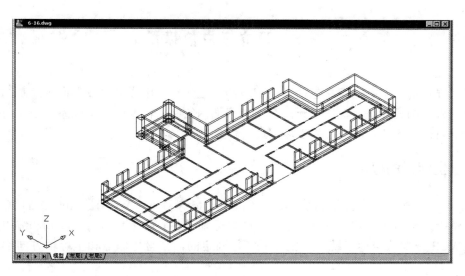

图 6.15　绘制其他窗间墙

③ 在**指定新的默认厚度 <0.0000>**：提示下，输入"600"，表示当前厚度为 600mm，即窗上部墙体的高度。

(2) 在命令行输入"PL"后按 Enter 键，启动绘制【多段线】命令，此时当前线宽仍为"240"。

① 在**指定起点**：提示下，捕捉宿舍楼的任一个转角点。

② 在**指定下一点或 [圆弧(A)/闭合(C)/半宽(H)/长度(L)/放弃(U)/宽度(W)]**：提示下，依次捕捉宿舍楼的其他转角点，最后在首尾闭合处输入"C"(Close)后按 Enter 键结束命令，结果如图 6.16 所示。

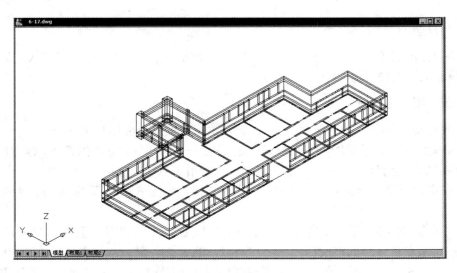

图 6.16　绘制窗上部墙体

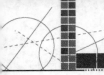

<h1 style="text-align:center">6.3 建立窗户的模型</h1>

在三维建筑模型中，窗户包括窗框和玻璃，这些也是用【多段线】命令绘制的。由于窗框和 XY 平面相互垂直，所以无法在 XY 平面内绘制，需要改变坐标系，使当前坐标系和窗框平面相一致，因此需要先学习用户坐标系。

6.3.1 坐标系的概念

(1) 世界坐标系：世界坐标系(World Coordinate System，WCS)是 AutoCAD 2010 的基本坐标系统，是由 3 个相互垂直并且相交的坐标轴 X、Y 和 Z 组成。在绘制和编辑图形过程中，WCS 是默认坐标系，该坐标系统是固定的，其坐标原点和坐标轴方向都不能被改变。

特别提示

在绘制二维图形时，WCS 完全可以满足用户的要求，在 XY 平面上绘制二维图形时，只需输入 X 轴和 Y 轴坐标，Z 轴坐标由 AutoCAD 自动赋值为 "0"。

(2) 用户坐标系：AutoCAD 还提供了可改变的用户坐标系(User Coordinate System，UCS)以方便用户绘制三维图形，使用户可以重新定义坐标原点的位置，在二维和三维空间里根据自己的需要设定 X、Y 和 Z 的旋转角度，以方便三维模型的绘制。默认状态下，UCS 和 WCS 是重合的。

6.3.2 建立窗框模型

1. 打开图形

将当前图层切换为 "门窗框" 图层并打开 "6.16.dwg" 图形，用【窗口放大】命令将视图调整至如图 6.17 所示的状态。

2. 改变用户坐标系

(1) 在命令行输入 "UCS" 后按 Enter 键，执行改变用户坐标系命令。

① 在输入选项[新建(N)/移动(M)/正交(G)/上一个(P)/恢复(R)/保存(S)/删除(D)/应用(A)/?/世界(W)] <世界>：提示下，输入 "3"，表示用 3 点来定义用户坐标系。

② 在**指定新原点 <0,0,0>**：提示下，用端点捕捉如图 6.17 所示的 A 点作为新用户坐标的原点。

③ 在**在正 X 轴范围上指定点 <202,281,150>**：提示下，用端点捕捉如图 6.17 所示的 B 点，那么 A 点和 B 点的连线即为新用户坐标系的 X 轴，其方向为由 A 点到 B 点。

④ 在 **UCS XY 平面的正 Y 轴范围上指定点<261,282,150. >**：提示下，再次用端点捕捉如图 6.17 所示的 C 点，则 A 点和 C 点的连线即为新用户坐标系的 Y 轴，其方向为由 A 点到 C 点。

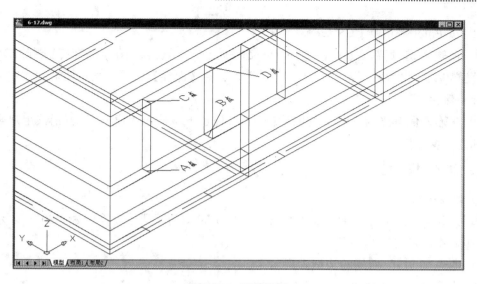

图 6.17　调整视图

新的用户坐标系如图 6.18 所示，其 XY 平面与窗框平面一致，原点在窗洞口的左下角点，Z 轴方向指向屏幕外面。

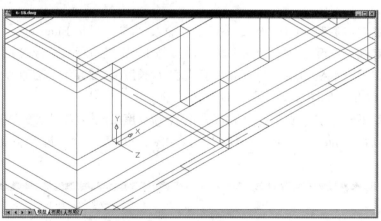

图 6.18　定义用户坐标系

🕐 **特别提示**

要确定 X、Y 和 Z 轴的正轴方向，可将右手背对着屏幕放置，拇指指向 X 轴的正方向，伸出食指和中指，如图 6.19 所示，食指指向 Y 轴的正方向，中指所指的方向即是 Z 轴的正方向。

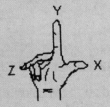

图 6.19　右手定则

(2) 按 Enter 键重复 UCS 命令。

① 在**输入选项[新建(N)/移动(M)/正交(G)/上一个(P)/恢复(R)/保存(S)/删除(D)/应用(A)/?/世界(W)] <世界>：**提示下，输入"S"以选择【保存】选项，表示要把刚才定义的用户坐标系保存。

② 在**输入保存当前 UCS 的名称或 [?]：**提示下，输入"窗框"，表示该用户坐标系的名称为"窗框"。

3．建立窗框模型

1) 改变高程

启动 Elev 命令，新的默认标高仍设定为"0"，新的默认厚度设定为"80"，表示窗框的厚度(即 Z 轴方向尺寸)为 80mm。

2) 建立"洞口"四周的边框模型

(1) 在命令行输入"PL"后按 Enter 键，启动绘制【多段线】命令。

(2) 在**指定起点：**提示下，捕捉如图 6.17 所示的 B 点作为多段线的起点。

(3) 在**指定下一个点或 [圆弧(A)/半宽(H)/长度(L)/放弃(U)/宽度(W)]：**提示下，输入"W"后按 Enter 键。

(4) 在**指定起点宽度 <0.0000>：**提示下，输入"160"后按 Enter 键。

(5) 在**指定端点宽度 <160.0000>：**提示下，按 Enter 键执行尖括号内的默认值"160"。

(6) 在**指定下一点或 [圆弧(A)/闭合(C)/半宽(H)/长度(L)/放弃(U)/宽度(W)]：**提示下，依次捕捉如图 6.17 所示的 A 点、C 点和 D 点。

(7) 在**指定下一点或 [圆弧(A)/闭合(C)/半宽(H)/长度(L)/放弃(U)/宽度(W)]：**提示下，输入"C"(Close)后按 Enter 键结束命令。结果生成如图 6.20 所示的"窗框"，其宽度为 160mm，厚度为 80mm。

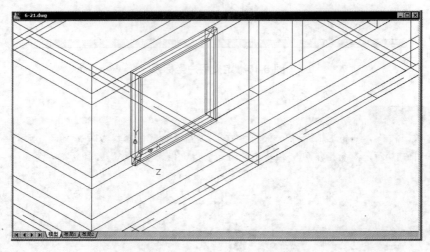

图 6.20　绘制出四周边框

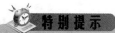 特别提示

由于是沿着窗洞口的外边界绘制多段线的，所以160mm的窗框只有80mm露在外面，另一半则在墙内。

4．建立窗中间窗框的模型

(1) 执行多段线命令。

(2) 在**指定起点**：提示下，捕捉已绘制的上边框的中点作为多段线的起点。

(3) 在**指定下一个点或 [圆弧(A)/半宽(H)/长度(L)/放弃(U)/宽度(W)]**：提示下，输入"W"后按 Enter 键。

(4) 在**指定起点宽度 <0.0000>**：提示下，输入"80"后按 Enter 键。

(5) 在**指定端点宽度 <80.0000>**：提示下，按 Enter 键执行尖括号内的默认值"80"。

(6) 在**指定下一点或 [圆弧(A)/闭合(C)/半宽(H)/长度(L)/放弃(U)/宽度(W)]**：提示下，捕捉已绘制的下边框的中点作为多段线的终点，然后按 Enter 键结束命令，结果如图 6.21所示。

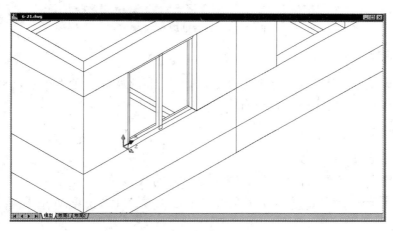

图 6.21　绘制出中间窗框(消隐后图形)

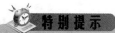 特别提示

选择菜单栏中的【视图】|【消隐】命令可以将三维视图中观察不到的对象隐藏起来，只显示那些不被遮挡的对象。

6.3.3　建立玻璃模型

在三维建模时，将"玻璃"作为一个面来处理，同样用到【多段线】命令，但是这里需要将坐标系恢复到世界坐标系。

1．打开图形

将当前图层切换为"玻璃"图层并打开"6.21.dwg"图形。

2．修改坐标系

(1) 在命令行输入"UCS"后按 Enter 键，执行修改坐标系命令。

(2) 在**输入选项[新建(N)/移动(M)/正交(G)/上一个(P)/恢复(R)/保存(S)/删除(D)/应用(A)/?/世界(W)] <世界>**：提示下，输入"W"后按 Enter 键，表示将恢复到世界坐标系。这样 CAD 又回到原来的世界坐标系下，如图 6.22 所示。

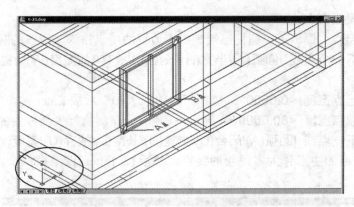

图 6.22　恢复世界坐标系

3．改变高程

启动 Elev 命令，新的默认标高仍设定为"0"，新的默认厚度设定为"1800"，表示玻璃的厚度(即 Z 轴方向尺寸)为 1800mm。

4．绘制玻璃

执行【多段线】命令。

(1) 在**指定起点**：提示下，捕捉如图 6.22 所示的 A 点。

(2) 在**指定下一个点或 [圆弧(A)/半宽(H)/长度(L)/放弃(U)/宽度(W)]**：提示下，输入"W"后按 Enter 键。

(3) 在**指定起点宽度 <80.0000>**：提示下，输入"0"后按 Enter 键。

(4) 在**指定端点宽度 <0.0000>**：提示下，按 Enter 键执行尖括号内的默认值"0"。说明"玻璃"只是一个面，没有宽度。

(5) 在**指定下一点或 [圆弧(A)/闭合(C)/半宽(H)/长度(L)/放弃(U)/宽度(W)]**：提示下，捕捉如图 6.22 所示的 B 点。

(6) 按 Enter 键结束命令，结果如图 6.23 所示，生成的"玻璃"只是带有 1800mm 厚的多段线的线框。

5．移动窗框和玻璃

为了更明确地表示窗框、玻璃和墙之间的关系，以及将来渲染时能够产生足够的阴影关系，下面将"窗框"和"玻璃"向后移动 80mm。

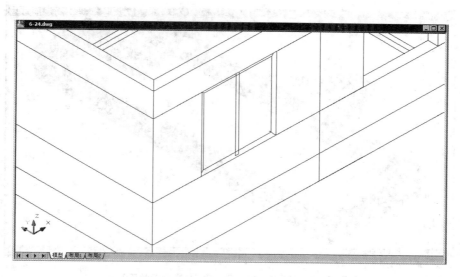

图 6.23 绘制玻璃(消隐后图形)

(1) 在命令行输入"M"后按 Enter 键，启动【移动】命令。

(2) 在**选择对象**：提示下，选择前面绘制的窗框和玻璃，并按 Enter 键进入下一步。

(3) 在**指定基点或** [位移(D)] <位移>：提示下，在绘图区域任意单击一点作为移动的基点。

(4) 在**指定基点或** [位移(D)] <位移>：指定第二个点或 <使用第一个点作为位移>：提示下，输入"@0,80,0"，表示将"窗框"和"玻璃"向 Y 轴正方向移动 80mm。

(5) 按 Enter 键结束命令，结果如图 6.24 所示。

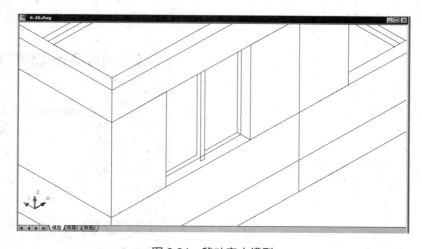

图 6.24 移动窗户模型

用同样的方法可以绘制其他开间的窗或门的三维模型，尺寸相同时还可以用【复制】、【阵列】或【镜像】命令加以复制，结果如图 6.25 所示。

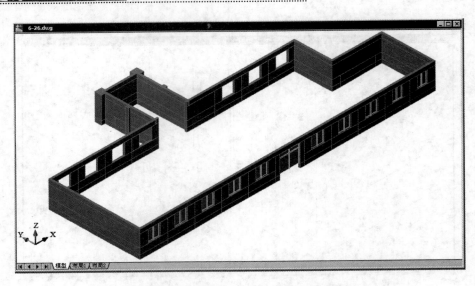

图 6.25　绘制其他开间窗和门(着色后的图形)

6.3.4　复制三维墙、柱和门窗模型

1. 修改 UCS 使其恢复到【窗】坐标体系

(1) 右击任意一个按钮，会弹出工具栏快捷菜单，选择 UCSⅡ选项，这时屏幕上显示出 UCSⅡ工具栏。

(2) 打开 UCSⅡ工具栏的下拉列表(图 6.26)，选择【窗框】坐标系，这样用户坐标系则切换到【窗框】坐标系。

(3) 选择菜单栏中的【工具】|【快速选择】命令，打开【快速选择】对话框，按照图 6.27 所示设置该对话框，然后单击【确定】按钮关闭对话框。结果所有三维墙体上都出现蓝色夹点，如图 6.28 所示。

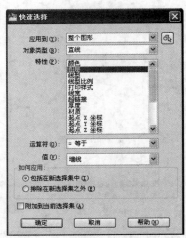

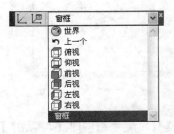

图 6.26　利用 UCSⅡ切换坐标系的显示　　　　图 6.27　设置【快速选择】对话框

(4) 重复【快速选择】命令，按照图 6.29 所示设置对话框，然后单击【确定】按钮关闭对话框，这样就选中了所有的门窗框三维图形。

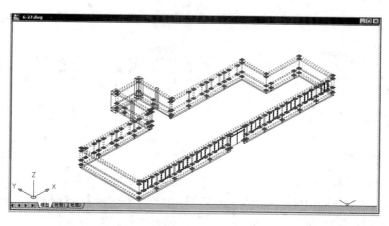

图 6.28　利用【快速选择】对话框选择首层墙

图 6.29　利用【快速选择】对话框选择门窗框

（5）反复使用【快速选择】命令，依次选择柱子和玻璃三维图形。

（6）在命令行输入"Ar"后按 Enter 键，打开【阵列】对话框，将对话框参数设为 4 行、1 列、行偏移为 3300，结果如图 6.30 所示。

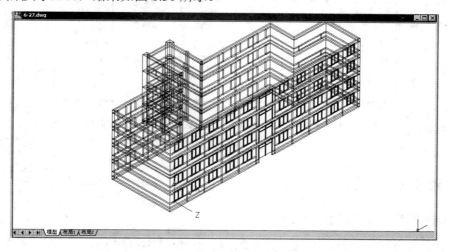

图 6.30　阵列生成 2～4 层

6.4　建立地面、楼板和屋面的三维模型

6.4.1　改变 UCS 和高程

1．修改坐标系

(1) 在命令行输入"UCS"后按 Enter 键，执行修改坐标系命令。

(2) 在输入选项[新建(N)/移动(M)/正交(G)/上一个(P)/恢复(R)/保存(S)/删除(D)/应用(A)/?/世界(W)] <世界>：提示下，输入"W"后按 Enter 键，表示将恢复到世界坐标系。

2．改变高程

(1) 在命令行输入"Elev"后按 Enter 键。

(2) 在指定新的默认标高 <0.0000>：提示下，按 Enter 键。

(3) 在指定新的默认厚度 <80.0000>：提示下，输入"0"，表示当前厚度为 0mm。

6.4.2　改变当前图层和视图

(1) 改变当前图层：建立【屋面】图层并将其设为当前层，然后将"柱"、"门窗框"、"玻璃"、"勒脚"、"墙线"和"轴线"图层关闭。

(2) 选择菜单栏中的【视图】|【三维视图】|【俯视】命令，将视图调整为俯视图状态，结果如图 6.31 所示。

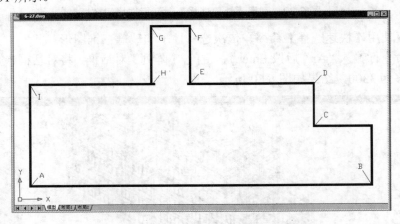

图 6.31　调整视图为俯视图

6.4.3　建立三维模型

1．绘制地面、楼板和屋面轮廓

(1) 在命令行输入"PL"后按 Enter 键，启动绘制【多段线】命令。

(2) 在指定起点：提示下，捕捉如图 6.31 所示的 A 点作为多段线的起点。

(3) 在**指定下一个点或 [圆弧(A)/半宽(H)/长度(L)/放弃(U)/宽度(W)]**：提示下，输入"W"。

(4) 在**指定起点宽度 <80.0000>**：提示下，输入"0"。

(5) 在**指定端点宽度 <0.0000>**：提示下，输入"0"。

(6) 在**指定下一点或 [圆弧(A)/闭合(C)/半宽(H)/长度(L)/放弃(U)/宽度(W)]**：提示下，依次捕捉图 6.31 中的 B、C、D、E、F、G、H 和 I 点。

(7) 在**指定下一点或 [圆弧(A)/闭合(C)/半宽(H)/长度(L)/放弃(U)/宽度(W)]**：提示下，输入"C"后按 Enter 键。

(8) 将"墙"图层关闭，结果如图 6.32 所示。

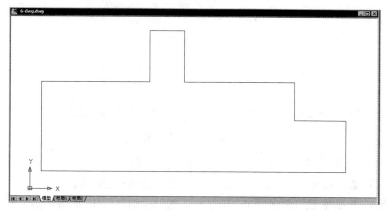

图 6.32 绘制屋面的轮廓

2．偏移

将刚才绘制的屋面的轮廓向外偏移 120mm 后擦除源对象。

3．将多段线变成面域

单击【绘图】工具栏上的【面域】图标 🔲。

1) 选择多段线绘制的屋面轮廓

在**选择对象**：提示下，选择多段线绘制的屋面轮廓，按 Enter 键结束命令。

特别提示

宽度为"0"的多段线绘制的图形当于用金属丝所折成的几何图形，只有轮廓信息，没有内部信息；面域则相当于一张具有几何形状的纸，存有内部信息，如图 6.33 所示。

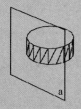

(a) 宽度为"0"的多段线绘制的图形

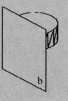

(b) 面域

图 6.33 多段线和面域的区别

2) 拉伸地面、楼板和屋面

(1) 选择菜单栏中的【视图】|【三维视图】|【西南等轴测】命令，将视图调整为轴测视图状态，结果如图 6.34 所示。

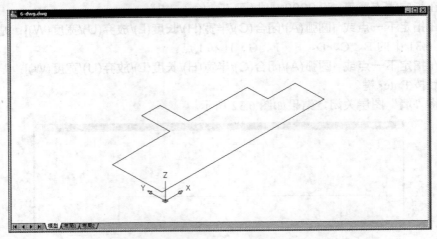

图 6.34 调整视图

(2) 选择菜单栏中的【绘图】|【实体】|【拉伸】命令。

① 在**选择对象**：提示下，选择图 6.34 中多段线变成的面域。

② 在**指定拉伸高度或 [路径(P)]**：提示下，输入"100"，指定将面域向上拉伸 100mm。

③ 在**指定拉伸的倾斜角度 <0>**：提示下，输入"0"，结果如图 6.35 所示。

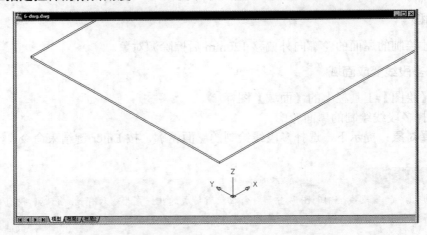

图 6.35 拉伸屋面板

4. 移动形成屋面

(1) 在命令行输入"M"后按 Enter 键，启动【移动】命令。

(2) 在**选择对象**：提示下，选择拉伸后的图形。

(3) 在**指定基点或 [位移(D)] <位移>**：提示下，在绘图区域任意单击一点作为【移动】命令的基点。

(4) 在**指定基点或 [位移(D)] <位移>**：指定第二个点或 <使用第一个点作为位移>：提

示下，输入"@0,0,13700"。

(5) 将"墙"、"勒脚"、"门窗框"、"玻璃"和"柱子"图层打开，结果如图6.36所示。

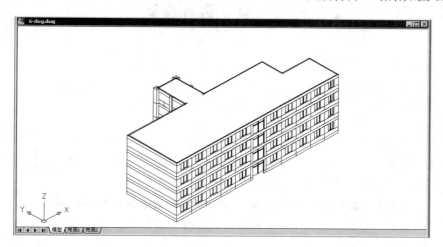

图6.36 建立屋面模型

5．利用屋面阵列生成地面和楼板

将坐标系切换到【窗】坐标系，然后启动【阵列】命令，【阵列】对话框内的参数为4行、1列、行偏移为-3300。

6.4.4 建立女儿墙的三维模型

关闭"屋面"图层，在无命令的状态下选择顶层窗上部的墙体，然后选择菜单栏中的【修改】|【特性】命令，打开【对象特性管理器】对话框，将厚度由"600"修改为"1200"，结果如图6.37所示。

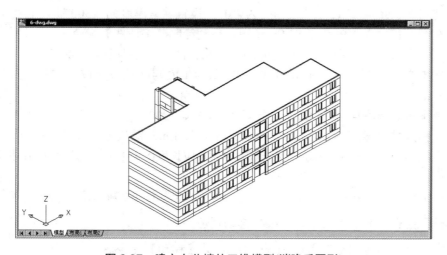

图6.37 建立女儿墙的三维模型(消隐后图形)

6.5 建立阳台模型

下面同样也用【多段线】命令绘制阳台。

6.5.1 绘制二层阳台的挑梁和封边梁

1. 建立新图层

将"阳台"图层打开并建立新图层"阳台 1"，同时将"阳台 1"图层设为当前图层，如图 6.38 所示。注意，当前坐标系为世界坐标系。

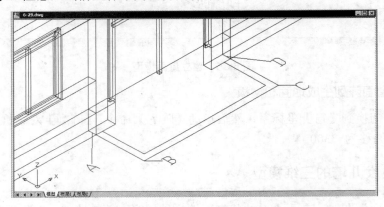

图 6.38 打开"阳台"图层

2. 绘制二层阳台的挑梁和封边梁

(1) 使用 Elev 命令，设置默认标高为"0"，设置默认厚度为"300"。

(2) 在命令行输入"PL"后按 Enter 键，启动绘制【多段线】命令。

(3) 在指定起点：提示下，捕捉如图 6.38 所示的 A 点作为多段线的起点。

(4) 在指定下一个点或 [圆弧(A)/半宽(H)/长度(L)/放弃(U)/宽度(W)]：提示下，输入"W"后按 Enter 键。

(5) 在指定起点宽度 <0.0000>：提示下，输入"200"。

(6) 在指定端点宽度 <200.0000>：提示下，按 Enter 键执行尖括号内的值。

(7) 在指定下一点或 [圆弧(A)/闭合(C)/半宽(H)/长度(L)/放弃(U)/宽度(W)]：提示下，依次捕捉如图 6.38 所示的 B、C 和 D 点。

(8) 按 Enter 键结束命令，关闭"阳台"层，结果如图 6.39 所示。

3. 将二层的"挑梁"和"封边梁"移动就位

(1) 在命令行输入"M"后按 Enter 键，启动【移动】命令。

(2) 在选择对象：提示下，选择刚才绘制的挑梁和封边梁。

(3) 在指定基点或 [位移(D)] <位移>：提示下，在绘图区域任意单击一点作为移动的基点。

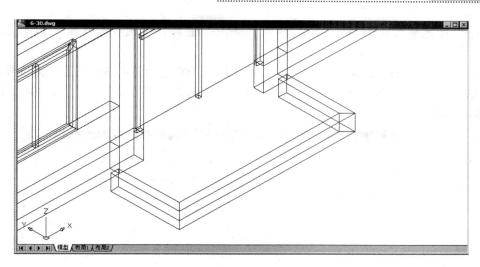

图 6.39　绘制阳台下部的挑梁和封边梁

（4）在指定基点或 [位移(D)] <位移>：指定第二个点或 <使用第一个点作为位移>：提示下，输入"@0 <0,3900"，表示将挑梁和封边梁向 Z 轴正方向移动 3900(3300+600)mm，结果如图 6.40 所示。

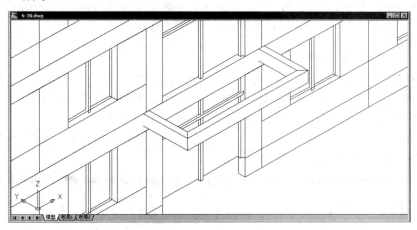

图 6.40　将二层阳台的挑梁和封边梁移动就位

特别提示

"@0 <0，3900"也是极坐标的一种形式，表示在三维空间上的相对位置，其中"@0 <0"与二维极坐标表示形式一样，"3900"表示 Z 轴的位移距离，所以"@0 <0，3900"就表示相对于基点在 XY 平面上移动 0mm，向 Z 轴正方向移动 3900mm 位置的点。

6.5.2　复制生成二层阳台的扶手

（1）在命令行输入"Co"后按 Enter 键，启动【复制】命令。
（2）在选择对象：提示下，选择如图 6.40 所示的挑梁和封边梁。

(3) 在**指定基点或 [位移(D)] <位移>**：提示下，在绘图区域任意单击一点作为复制的基点。

(4) 在**指定基点或 [位移(D)] <位移>：指定第二个点或 <使用第一个点作为位移>**：提示下，输入"@0 <0,1100"，表示将"挑梁"和"封边梁"向 Z 轴正方向移动 1100(900+200)mm，结果如图 6.41 所示。

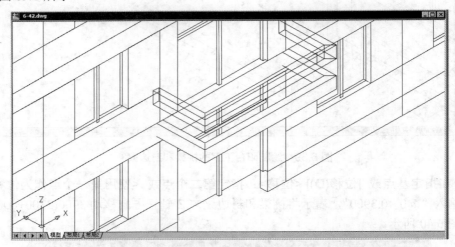

图 6.41　复制生成阳台扶手

(5) 修改阳台扶手的高度。

① 在命令行无命令的状态下，选中复制生成的"阳台扶手"，则出现蓝色夹点。

② 选择菜单栏中的【修改】|【特性】命令，打开【对象特性管理器】对话框，将厚度由"300"修改为"200"，结果如图 6.42 所示。

这样就利用多段线的绘制命令及三维空间上的【移动】、【复制】和【特性修改】命令，生成了"阳台的挑梁"、"封边梁"和"扶手"。

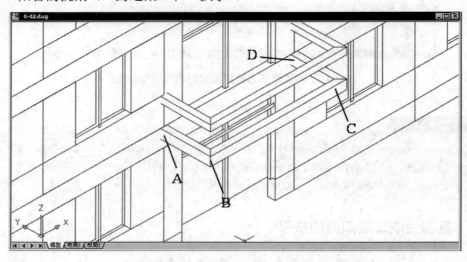

图 6.42　修改扶手的高度

6.5.3 绘制阳台板

为了在渲染建筑模型时不漏光，下面需要绘制阳台板。阳台板是一个规则的长方形，所以可以在【窗】坐标系下绘制一条宽度为 0、厚度为阳台挑出的长度的多段线。这里用绘制三维面(3Dface)的命令绘制阳台板。

三维面是由 3 个或 4 个顶点组成的，每个顶点的 Z 坐标可以不同，也就是说三维面是空间上的面，而不像带有厚度的多段线生成的面那样是与 XY 平面相垂直平面上的二维面。所以，绘制三维面时不必考虑当前坐标系的状态。

(1) 选择菜单栏中的【绘图】|【曲面】|【三维面】命令。

(2) 在**指定第一点或 [不可见(I)]：**提示下，用【端点】捕捉工具选取如图 6.42 所示的 A 点。

(3) 在**指定第二点或 [不可见(I)]：**提示下，用【端点】捕捉工具选取如图 6.42 所示的 B 点。

(4) 在**指定第三点或 [不可见(I)] <退出>：**提示下，用【端点】捕捉工具选取如图 6.42 所示的 C 点。

(5) 在**指定第四点或 [不可见(I)] <创建三侧面>：**提示下，用【端点】捕捉工具选取如图 6.42 所示的 D 点。

(6) 按 Enter 键结束命令，结果如图 6.43 所示。

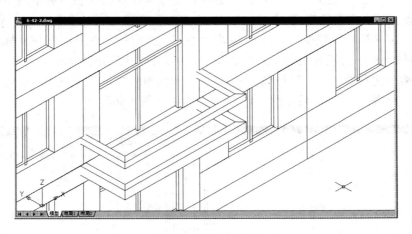

图 6.43 绘制阳台板

6.5.4 绘制阳台花瓶

阳台花瓶模型是一个特殊的三维对象，可以认为其是由花瓶纵断面的一半图形围绕中心纵轴线旋转一周而形成的回转体。通常将花瓶纵断面的一半图形称为轨迹曲线，中心纵轴称为旋转轴。

所以可以借用【旋转曲面】命令，通过轨迹曲线围绕旋转轴旋转一周从而生成阳台花瓶，然后通过【三维旋转】命令将其旋转到合适位置。

1. 复制花瓶

(1) 当前图层仍为"阳台 1"层。继续绘制图 6.43，同时打开项目 4 中图 4.56，然后选择菜单栏中的【窗口】|【垂直平铺】命令，使打开的两个图形文件呈垂直平铺显示状态，结果如图 6.44 所示。

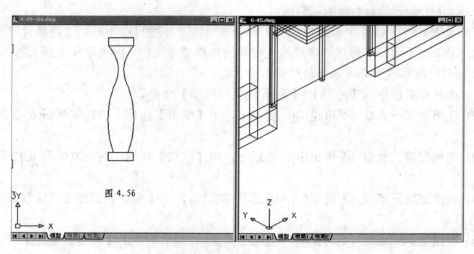

图 6.44　垂直平铺窗口

(2) 将"图 4.56"设为当前图形，在命令行无任何命令的状态下选中图中的"花瓶"，"花瓶"变虚并显示出蓝色夹点。

(3) 将十字光标放到任意一条虚线上(注意不能放在蓝色夹点上)，按住鼠标左键不松开并轻轻地移动光标，会发现所选的花瓶图形随着光标的移动而移动。

(4) 继续按住左键并将图形放到如图 6.43 所示的窗口中，松开左键，这时选择的花瓶图形被复制到该图形中，结果如图 6.45 所示，关闭"图 4.56"。

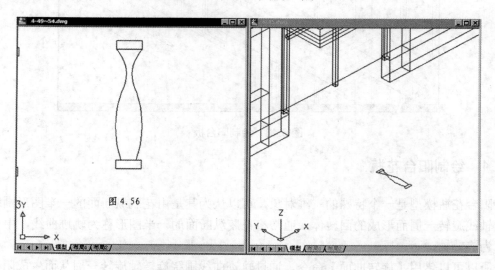

图 6.45　将"花瓶"拖到图 6.43 中

2．使用 Elev 命令修改高程

设置默认标高为"0"，默认厚度为"0"。

3．绘制旋转轴

(1) 在命令行输入"PL"后按 Enter 键，启动绘制【多段线】命令。

(2) 在**指定起点**：提示下，选择如图 6.46 所示的 A 点(即"花瓶"底部的中点)。

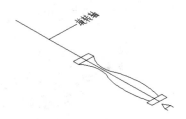

图 6.46　绘制旋转轴

(3) 在**当前线宽为 200.0000，指定下一个点或 [圆弧(A)/半宽(H)/长度(L)/放弃(U)/宽度(W)]**：提示下，打开【正交】功能并将光标向 Y 轴正方向拖动，在高于花瓶的位置单击鼠标左键，按 Enter 键结束命令，结果如图 6.46 所示。

4．修整"花瓶"

(1) 用【修剪】和【删除】命令将"花瓶"修整至如图 6.47 所示效果。

图 6.47　绘制旋转轴并修整"花瓶"

(2) 在命令行输入"Pe"后按 Enter 键，启动多段线的编辑命令。

(3) 在**选择多段线或 [多条(M)]**：提示下，单击选择组成半个花瓶的弧。

(4) 在**选定的对象不是多段线是否将其转换为多段线? <Y>**：提示下，按 Enter 键执行尖括号内的"Y"，表示要将其转换为多段线。

(5) 在**输入选项 [闭合(C)/合并(J)/宽度(W)/编辑顶点(E)/拟合(F)/样条曲线(S)/非曲线化(D)/线型生成(L)/放弃(U)]**：提示下，输入"J"按 Enter 键。

(6) 在**选择对象**：提示下，选择图 6.47 中的组成半个花瓶的其他图元，按 Enter 键。

这样，就用多段线的编辑命令将组成花瓶的弧和直线连接成了整体。

5. 通过旋转曲面生成的花瓶模型

(1) 选择菜单栏中的【绘图】|【曲面】|【旋转曲面】命令。

(2) 在**选择要旋转的对象**：提示下，选择半个"花瓶"为旋转对象。

(3) 在**选择定义旋转轴的对象**：提示下，选择图 6.47 中的旋转轴作为旋转曲面的旋转轴。

(4) 在**指定起点角度 <0>**：提示下，输入"0"，表示从 0°开始旋转。

(5) 在**指定包含角 (+=逆时针，－=顺时针) <360>**：提示下，输入"360"，表示将围绕旋转轴旋转 360°，即一周。结果生成如图 6.48 所示的花瓶，它是由网络面组成的。

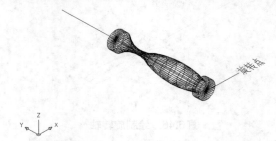

图 6.48　使用旋转曲面生成的"花瓶"

特别提示

系统变量 Surftab1 控制着回转体的曲面光滑程度，Surftab1 越大曲面越光滑，默认状态下的 Surftab1 值为 6，如图 6.47 所示的是 Surftab1 为 36 时生成的花瓶。

刚才使用旋转曲面生成的"花瓶"是躺着的，需使用【三维旋转】命令将其竖起来。

6. 使用【三维旋转】命令旋转"花瓶"

(1) 选择菜单栏中的【修改】|【三维操作】|【三维旋转】命令。

(2) 在**选择对象**：提示下，选择图 6.48 中的"花瓶"模型。

(3) 在**指定轴上的第一个点或定义轴依据 [对象(O)/最近的(L)/视图(V)/X 轴(X)/Y 轴(Y)/Z 轴(Z)/两点(2)]**：提示下，输入"X"，表示将围绕 X 轴进行旋转。

(4) 在**指定 X 轴上的点 <0, 0, 0>**：提示下，捕捉如图 6.48 所示的旋转点。

(5) 在**指定旋转角度或 [参照 (R)]**：提示下，输入"90"，表示将逆时针旋转 90°，结果如图 6.49 所示。

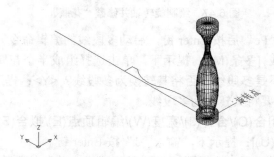

图 6.49　使用【三维旋转】命令旋转后的"花瓶"

(6) 将旋转轴和轨迹曲线删除。

7. 移动"花瓶"到合适的位置

(1) 选择菜单栏中的【视口】|【两个视口】命令，在**输入配置选项 [水平(H)/垂直(V)] < 垂直>：**提示下，按 Enter 键执行尖括号内的垂直默认值，表示将要垂直平铺两个视口，结果如图 6.50 所示。

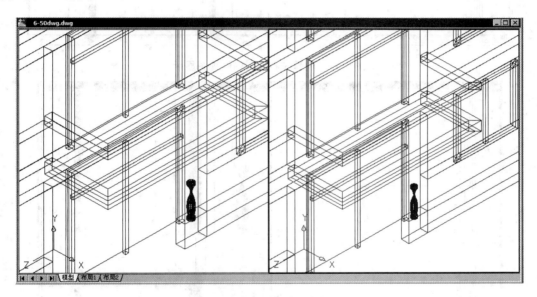

图 6.50　垂直平铺两个视口

(2) 在左视口内单击鼠标左键，将其设为当前视口，然后选择菜单栏中的【视图】|【三维视图】|【左视图】命令，将视图调整为左视图状态。

(3) 在右视口内单击鼠标左键，将其设为当前视口，然后选择菜单栏中的【视图】|【三维视图】|【主视图】命令，将视图调整为前视图状态，结果如图 6.51 所示。

(4) 左视图内显示"花瓶"的前后和上下位置关系，主视图内显示"花瓶"的左右和上下位置关系。用【移动】命令并结合两个视口的位置关系，将"花瓶"的位置调整至如图 6.52 所示的效果。

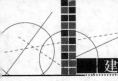

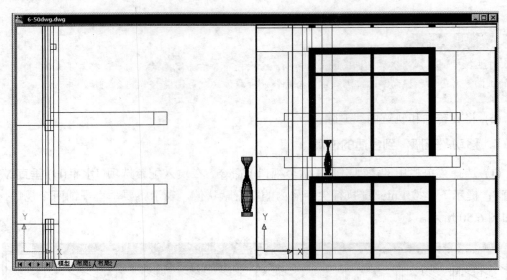

图 6.51　调整左右视口内的视图显示

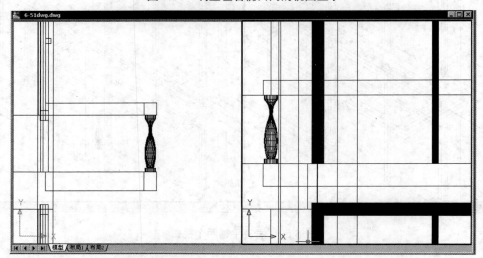

图 6.52　将"花瓶"放到合适的位置

(5) 选择菜单栏中的【视口】|【合并】命令。

① 在**选择主视口 <当前视口>**：提示下，按 Enter 键，表示选择当前视口。

② 在**选择要合并的视口**：提示下，在另外一个视口内单击左键，这样又将两个视口合并为一个视口。

(6) 选择菜单栏中的【三维视图】|【西南等轴测】命令，结果如图 6.53 所示。

8．阵列花瓶

(1) 注意观察图 6.53 内的坐标系，需将其调整为世界坐标系。

(2) 在命令行输入"Ar"后按 Enter 键执行【阵列】命令，【阵列】对话框内的设定参数为 1 行、12 列、列偏移为 381，结果如图 6.54 所示。

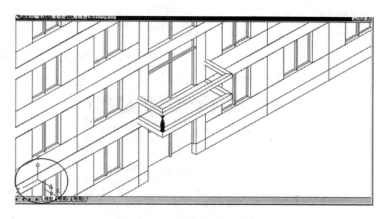

图 6.53　"花瓶"的三维视图

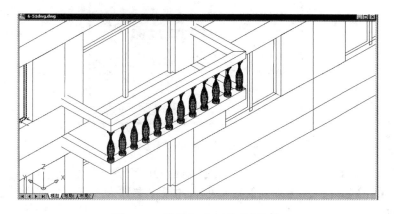

图 6.54　阵列生成正面"花瓶"

（3）用相同的方法阵列生成两侧的"花瓶"，【阵列】对话框内的设定参数为 5 行、1 列、行偏移为 360，结果如图 6.55 所示。

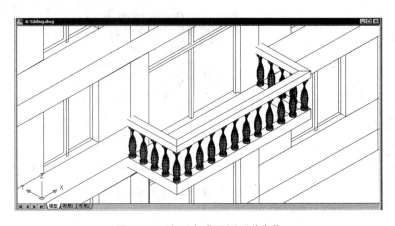

图 6.55　阵列生成两侧"花瓶"

9. 阵列生成 3 层和 4 层的阳台

(1) 将坐标系切换到【窗】坐标系。

(2) 选择菜单栏中的【工具】|【快速选择】命令，执行【快速选择】命令。

(3) 按照图 6.56 所示设定【快速选择】对话框。

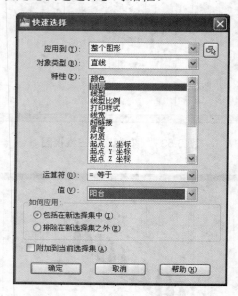

图 6.56　设置【快速选择】对话框

(4) 单击【确定】按钮关闭对话框，组成阳台的所有图元均被选中。

(5) 启动【阵列】命令，【阵列】对话框内的设定参数为 3 行、1 列、行偏移为 3300，结果如图 6.57 所示。

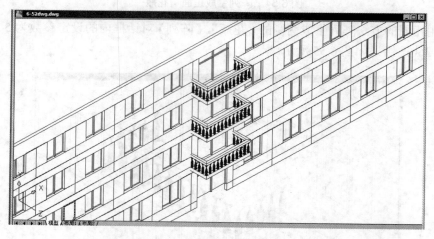

图 6.57　阵列生成 3 层和 4 层的阳台

6.6 绘 制 台 阶

1．网络造型和三维实体的区别

如前所述，绘制三维墙、三维窗户及三维阳台都是用网格造型的方法，生成的三维对象是由许多面组成的，没有内部信息。实体造型不同于网格造型，使用实体造型生成的三维对象被当成一个具体的具有物理属性的单独对象来应用。可以利用【建模】工具栏(图 6.58)上的图标绘制长方体、圆柱体及圆锥体等实体,也可拉伸二维图形形成实体。另外 AutoCAD还提供了布尔运算命令，利用该命令可以对两个以上的实体进行合并、修剪等编辑操作，布尔运算是组合实体生成复杂实体的重要方法。

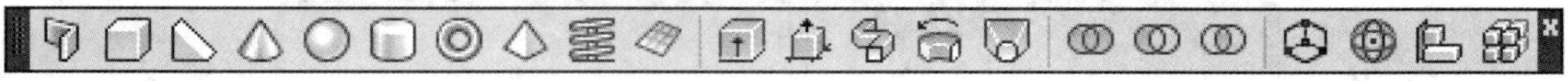

图 6.58　【建模】工具栏

2．准备工作

(1) 将"台阶"图层设为当前图层，同时打开"室外"图层。

(2) 将"台阶"修改成如图 6.59 所示的 4 个封闭的矩形。

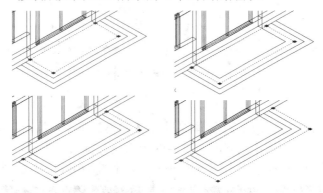

图 6.59　修改平面"台阶"

(3) 将坐标系切换到世界坐标系。

3．建立台阶模型

(1) 选择菜单栏中的【绘图】|【实体】|【拉伸】命令，执行【拉伸】命令。

① 在选择对象：提示下，选择最里面的矩形。

② 在指定拉伸高度或 [路径(P)]:提示下,输入"600",表示向 Z 轴正方向拉伸 600mm。

③ 在指定拉伸的倾斜角度 <0>：提示下，按 Enter 键，表示拉伸的倾斜角度为 0，结果如图 6.60 所示。

(2) 用相同的方法拉伸另外 3 个矩形，中间的矩形分别向 Z 轴正方向拉伸 450mm 和300mm，最外面的矩形向 Z 轴正方向拉伸 150mm，结果如图 6.61 所示。

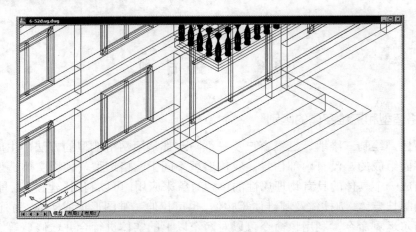

图 6.60　拉伸最里面的矩形

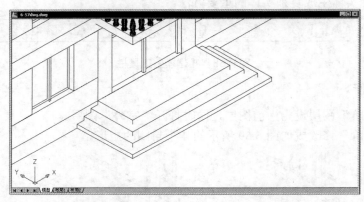

图 6.61　被拉伸后的"台阶"

4．进行布尔运算

(1) 选择菜单栏中的【修改】|【实体编辑】|【并集】命令，执行布尔运算。

(2) 在**选择对象**：提示下，选择刚才拉伸的全部"台阶"。

(3) 按 Enter 键结束命令，结果如图 6.62 所示。对比图 6.61 和图 6.62 中台阶显示的区别。

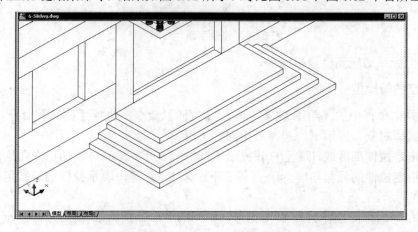

图 6.62　进行布尔运算后的台阶

6.7 绘制窗台线和窗眉线

6.7.1 准备工作

(1) 将坐标系切换到【窗】坐标系，并将"墙"图层设为当前层。

(2) 使用 Elev 命令修改高程：设置默认标高为"0"，设置默认厚度为"120"。

6.7.2 建立窗台线和窗眉线模型

1．建立底层窗台线模型

(1) 在命令行输入"PL"后按 Enter 键，启动绘制【多段线】命令。

(2) 在指定起点：提示下，捕捉图 6.63 中所示的 A 点作为多段线的起点。

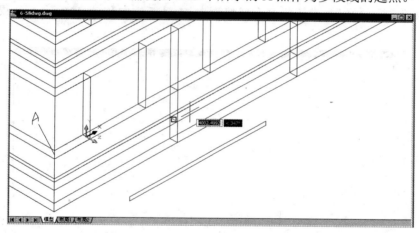

图 6.63 捕捉 A 点作为多段线的起点

(3) 在**指定下一个点或** [圆弧(A)/半宽(H)/长度(L)/放弃(U)/宽度(W)]：提示下，输入"W"后按 Enter 键。

(4) 在**指定起点宽度** <0.0000>：提示下，输入"120"。

(5) 在**指定端点宽度** <120.0000>：提示下，按 Enter 键执行尖括号内的值。

(6) 在**指定下一点或** [圆弧(A)/闭合(C)/半宽(H)/长度(L)/放弃(U)/宽度(W)]：提示下，打开【正交】功能，将光标向 X 轴的正方向拖动，输入"20220"，表示该窗台线长度为20220mm。

(7) 按 Enter 键结束命令，结果如图 6.64 所示。

2．移动底层窗台线模型

(1) 向 Z 轴正方向移动 120mm。

① 在命令行输入"M"后按 Enter 键，启动【移动】命令。

② 在**选择对象**：提示下，选择刚才建立的窗台线模型。

③ 在**指定基点或** [位移(D)] <位移>：提示下，在绘图区域任意单击一点作为移动的基点。

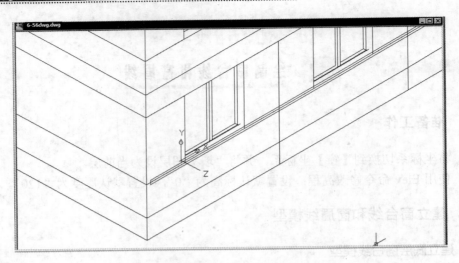

图 6.64　绘制窗台

④ 在**指定基点或 [位移(D)] <位移>：指定第二个点或 <使用第一个点作为位移>：** 提示下，输入 "@0,0,120"，表示将窗台线模型向 Z 轴正方向移动 120mm，结果如图 6.65 所示。

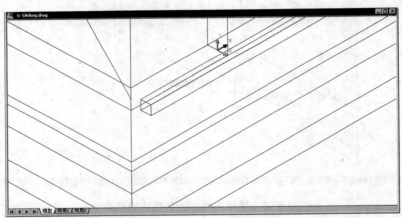

图 6.65　向 Z 轴正方向移动 120mm 后的窗台线

(2) 用【移动】命令将窗台线向 X 轴负方向移动 120mm，结果如图 6.66 所示。

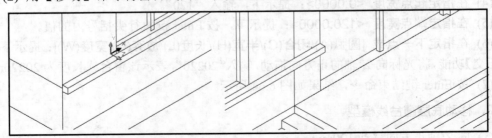

图 6.66　向 X 轴负方向移动 120mm 后的窗台线

3．其他窗台线和窗眉线

用相同的方法生成其他窗台线和窗眉线，结果如图 6.67 所示。

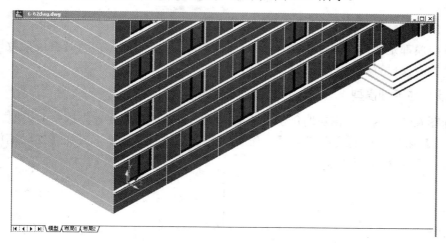

图 6.67　建立窗台线和窗眉线模型

6.8　着 色 处 理

由于绘制三维模型的线比较多，有时很难分辨建模元素之间的空间关系，因此，AutoCAD 提供了几种对三维对象进行着色的方法，使用这些方法对观察三维模型以及对三维模型效果显示有很大的帮助。

AutoCAD 提供了一套着色方法，这套着色方法位于【视觉样式】工具栏上，如图 6.68 所示。

图 6.68　【视觉样式】工具栏

【二维线框】显示方法是用直线和曲线显示对象边缘；【三维线框】显示方法也是用直线和曲线显示对象边缘轮廓，与二维线框不同的是坐标系的图标显示为三维着色形式；【三维隐藏】是将三维对象中观察不到的线隐藏起来，而只显示那些前面无遮挡的对象，这种限制方法符合实际观察对象的情况；【真实着色】可以对多边形平面间的对象着色，并使对象的边平滑化，将显示已附着到对象的材质。【概念着色】可以对多边形平面间的对象着色，并使对象的边平滑化。着色使用古氏面样式，一种冷色和暖色之间的转场而不是从深色到浅色的转场。效果缺乏真实感，但是可以更方便地查看模型的细节。

6.9 生 成 透 视 图

三维建模都是在轴测视图中操作的，当对模型进行渲染时，需要带有透视效果的透视图，这样就需要设置合适的三维视点。

1. 建立地平面模型

打开图 6.67，为了在渲染时能够产生建筑的阴影，这里需要建立地平面模型。

(1) 选择菜单栏中的【视图】|【三维视图】|【俯视图】命令，并用【实时缩放】命令调整视图，结果如图 6.69 所示。

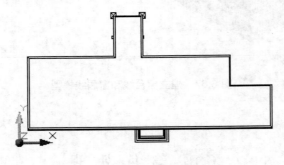

图 6.69　调整视图

(2) 在命令行输入 "Rec" 后按 Enter 键，启动绘制矩形命令，绘制如图 6.70 所示的矩形。

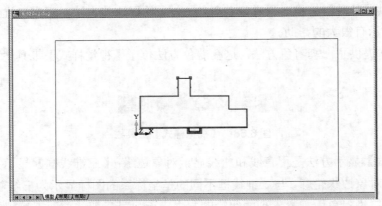

图 6.70　绘制矩形

(3) 由于矩形属于多段线，只有轮廓信息而没有内部信息，所以需要将矩形变成面域。在命令行输入 "Reg" 后按 Enter 键，启动【面域】命令，在选择对象：提示下，选择矩形后按 Enter 键结束命令。

(4) 选择菜单栏中的【视图】|【三维视图】|【西南等轴测】命令，将视图调整至轴测图状态，结果如图 6.71 所示。

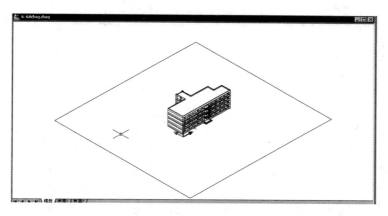

图 6.71　建立地平面模型

2．设置三维视点

(1) 在命令行输入"Dview"后按 Enter 键，执行【设置三维视点】命令。

(2) 在选择对象或 <使用 DVIEWBLOCK>：提示下，按 Enter 键，表示将 AutoCAD 的三维建筑实例作为设置三维视点时显示的目标对象，结果如图 6.72 所示。

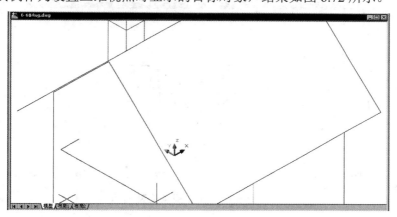

图 6.72　显示的目标对象

(3) 在输入选项[相机(CA)/目标(TA)/距离(D)/点(PO)/平移(PA)/缩放(Z)/扭曲(TW)/剪裁(CL)/隐藏(H)/关(O)/放弃(U)]：提示下，输入"d"以选择【距离】选项，表示将改变视点和目标对象的距离，此时绘图区域上方出现一个表示视点距离的滑动条，如图 6.73 所示。

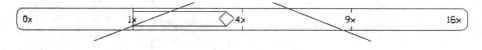

图 6.73　【视点距离】滑条

(4) 在指定新的相机目标距离 <20.0000>：提示下，输入"200000"，表示视点到目标对象的距离为 200000mm，结果如图 6.74 所示。

(5) 在输入选项[相机(CA)/目标(TA)/距离(D)/点(PO)/平移(PA)/缩放(Z)/扭曲(TW)/剪裁(CL)/隐藏(H)/关(O)/放弃(U)]：提示下，输入"CA"，选择相机(即视点)的位置。

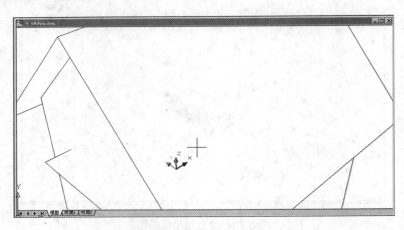

图 6.74　视点距离调整至"200000"的视图

（6）在指定相机位置，输入与 XY 平面的角度，或 [切换角度单位(T)] <35.2644>：提示下，移动光标使视点向下移动，以人眼的高度来观察模型，结果如图 6.75 所示。

（7）按 Enter 键结束命令。

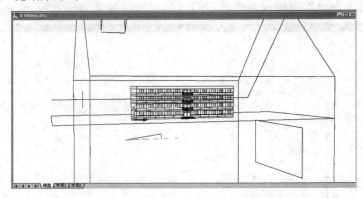

图 6.75　改变视点位置

在透视图中，除使用 Dview 命令调整视点的位置和透视角度外，还可以使用【三维动态观察】命令。下面用该命令将视图调整至如图 6.76 所示的效果。

图 6.76　用【三维动态观察】调整后的模型

特别提示

在透视图中，AutoCAD 不承认用鼠标在绘图区域单击的点，所以不能在透视图中进行任何鼠标操作，也不能用【实时缩放】和【平移】命令进行视图缩放。

6.10 三维模型的格式转换

有时需要在 AutoCAD 与其他软件之间进行图形数据交换，如将 AutoCAD 中的三维建筑模型转换到 3ds Max 软件中，以求更精细更逼真的渲染效果。不同的软件有其独特的文件格式，针对不同格式的文件，AutoCAD 提供了不同的数据输入和输出方法。

DXF 格式是 AutoDesk 公司开发的一种图形文件格式，是图形数据交换领域的一种标准格式，有很多软件能够输入和输出 DXF 格式。

(1) 选择菜单栏中的【视图】|【三维视图】|【西南等轴测】命令，使视图成为轴测视图。

(2) 选择菜单栏中的【文件】|【另存为】命令，弹出【图形另存为】对话框，打开【文件类型】下拉列表，里面有 AutoCAD R12 到 AutoCAD 2007 共 4 个版本的 DXF 格式，如图 6.77 所示。

图 6.77 AutoCAD 保存的格式类型

(3) 由于很多软件只支持 AutoCAD R12 版本的 DXF 格式，所以选择【保存类型】下拉列表中的 AutoCAD R12/LT2 DXF(*.dxf)选项。

(4) 单击【确定】按钮关闭对话框。

项目小结

(1) 主要介绍了通过绘制带有宽度和厚度的多段线来绘制三维墙体的最基本的方法和技巧，其中用【多段线】命令设置其宽度，用 Elev 命令设置其厚度，这种方法在建筑构建的建模中经常被采用。

(2) 介绍了用户坐标系 UCS 的概念以及在用户坐标系下绘制窗框等图形的方法。用户坐标系在三维建模中是一个非常重要的概念，学习中要掌握用户坐标系的定义方法以及用户坐标系和世界坐标系之间的切换方法。

(3) 为了便于观察建模效果，讲述了对三维对象进行渲染着色的 7 种方法。

(4) 通过阳台的绘制，学习了【三维面】(3Dface)、【旋转曲面】(Revsurf)和【三维旋转】(Rotate 3D)等命令，这些也是建立三维模型的基本创建命令；另外，通过台阶的绘制介绍了常用的通过拉伸二维图形生成三维实体的方法，以及布尔运算。

(5) 介绍了透视图的生成和三维模型格式的转换。

习　题

一、单选题

1. 在 AutoCAD 中，Z 轴方向的尺寸称为(　　)。
   A. 厚度　　　　　　　　　B. 长度　　　　　　　　　C. 高度
2. 多段线的 Z 坐标值是由(　　)的坐标值决定的。
   A. 中点　　　　　　　　　B. 起点　　　　　　　　　C. 终点
3. 系统变量 Surftab1 控制着回转体的曲面光滑程度，Surftab1(　　)曲面越光滑。
   A. 越大　　　　　　　　　B. 越小　　　　　　　　　C. 位于中间值
4. 网络造型和三维实体的区别为网络造型没有(　　)。
   A. 内部信息　　　　　　　B. 外部信息　　　　　　　C. 内部和外部信息
5. 用户(　　)在透视图中进行鼠标操作。
   A. 不能　　　　　　　　　B. 能　　　　　　　　　　C. 不一定

二、简答题

1. 简述 Elev 命令的作用。
2. 简述【快速选择】对话框中【附加到当前选择集】复选框的作用。
3. 简述多段线和面域的区别。
4. 根据右手定则，在三维空间中围绕某坐标轴进行旋转的正方向是怎样确定的？
5. 如果设定两个以上的视口，应如何设定当前视口？

附录 1

AutoCAD 常用命令
快捷输入法

序号	命令	快捷键	命令说明	序号	命令	快捷键	命令说明
1	LINE	L	直线	39	DIMLINEAR	DLI	线性标注
2	XLINE	XL	参照线	40	DIMCONTINUE	DCO	连续标注
3	MLINE	ML	多线	41	DIMBASELINE	DBA	基线标注
4	PLINE	PL	多段线	42	DIMALIGNED	DAL	对齐标注
5	POLYGON	POL	正多边形	43	DIMRADIUS	DRA	半径标注
6	RECTANG	REC	矩形	44	DIMDIAMETER	DDI	直径标注
7	ARC	A	画弧	45	DIMANGULAR	DAN	角度标注
8	CIRCLE	C	画圆	46	DIMARC	DAR	弧长标注
9	SPLINE	SPL	样条曲线	47	DIMCENTER	DCE	圆心标注
10	ELLIPSE	EL	椭圆	48	QLEADER	LE	引线标注
11	INSERT	I	插入图块	49	DIMQ		快速标注
12	MAKE BLOCK	B	创建块	50	DIMEDIE		编辑标注
13	WRITE BLOCK	W	写块	51	DIMTEDIT		编辑标注文字
14	POINT	PO	画点	52	DIMSTYLE		标注更新
15	HATCH	H	填充	53	DIMSTYLE	D	标注样式
16	REGION	REG	面域	54	HATCHEDIT	HE	编辑填充
17	TEXT	DT	单行文本	55	PEDIT	PE	编辑多段线
18	MTEXT	T	多行文本	56	SPLINEDIT	SPE	编辑样条曲线
19	ERASE	E	删除	57	MLEDIT		编辑多线
20	COPY	CO	复制	58	ATTEDIT	ATE	编辑属性
21	MIRROR	MI	镜像	58	BATTMAN		块属性管理器
22	OFFSET	O	偏移	60	DDEDIT	ED	编辑文字
23	ARRAY	AR	阵列	61	LAYER	LA	图层管理
24	MOVE	M	移动	62	MATCHPROP	MA	特性匹配
25	ROTATE	RO	旋转	63	PROPERTIES	CH MO	对象特征
26	SCALE	SC	比例缩放	64	NEW	Ctrl+N	新建文件
27	STRETCH	S	拉伸	65	OPEN	Ctrl+O	打开文件
28	TRIM	TR	修剪	66	SAVE	Ctrl+S	保存文件
29	EXTEND	EX	延伸	67	UNDO	U	回退一步
30	BREAK	BR	打断	68	PAN	P	平移
31	JOIN	J	合并	69	ZOOM+↙	Z+↙	实时缩放
32	CHAMFER	CHA	直角	70	ZOOM+W	Z+W	窗口缩放
33	FILLET	F	圆角	71	ZOOM+P	Z+P	前一视图
34	EXPLODE	X	分解	72	ZOOM+E	Z+E	范围缩放
35	LIMITS		图形界限	73	DIST	DI	测量距离
36	COPYCLIP	Ctrl+C	跨文件复制	74	AREA		测量面积
37	PASTCLIP	Ctrl+V	跨文件粘贴	75	MEASURE	ME	定距等分
38	帮助主体	F1		76	DIVIDE	DIV	定数等分

附录 2
某宿舍楼建筑施工图

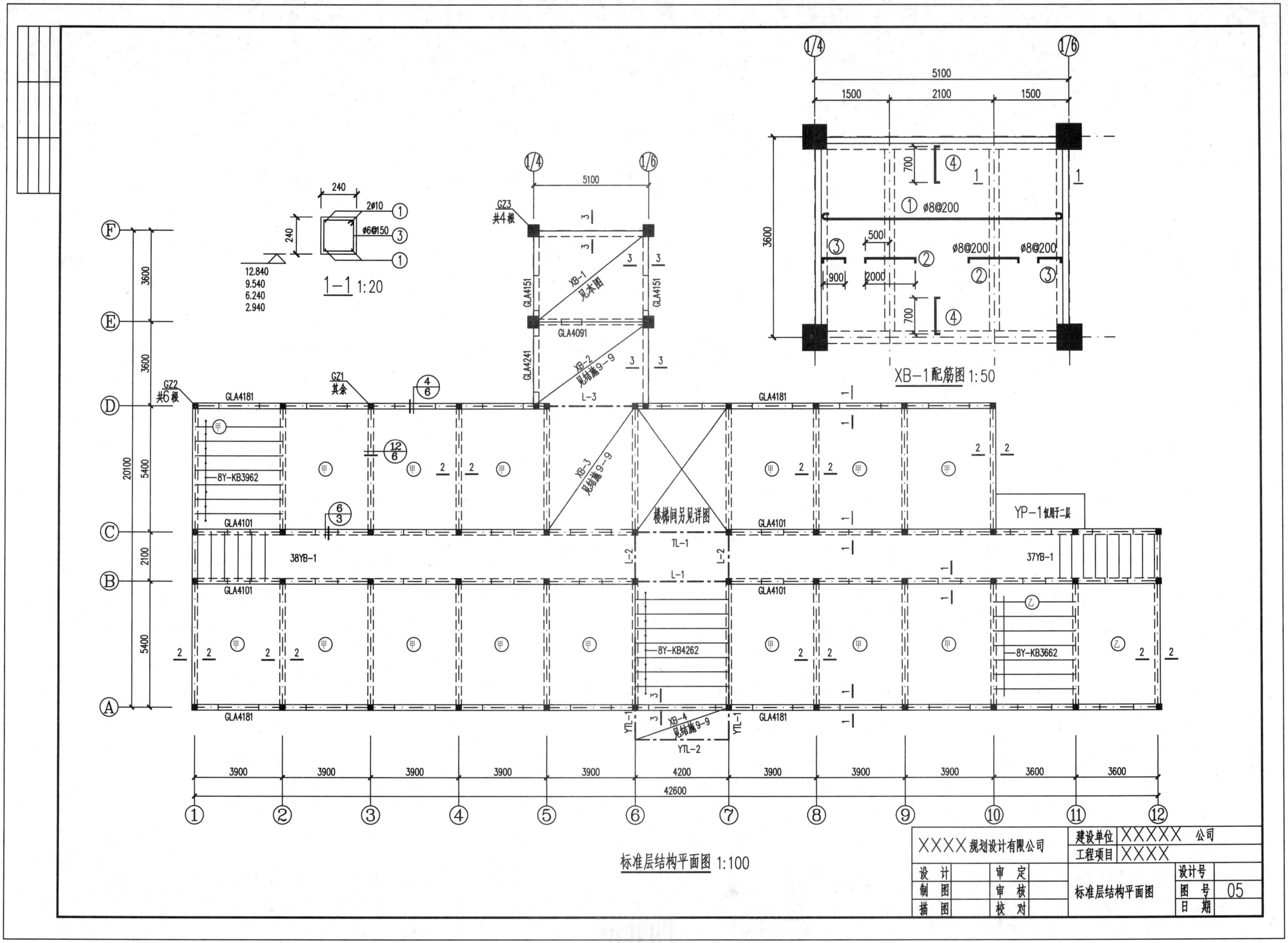

附图2.5 标准层结构平面图

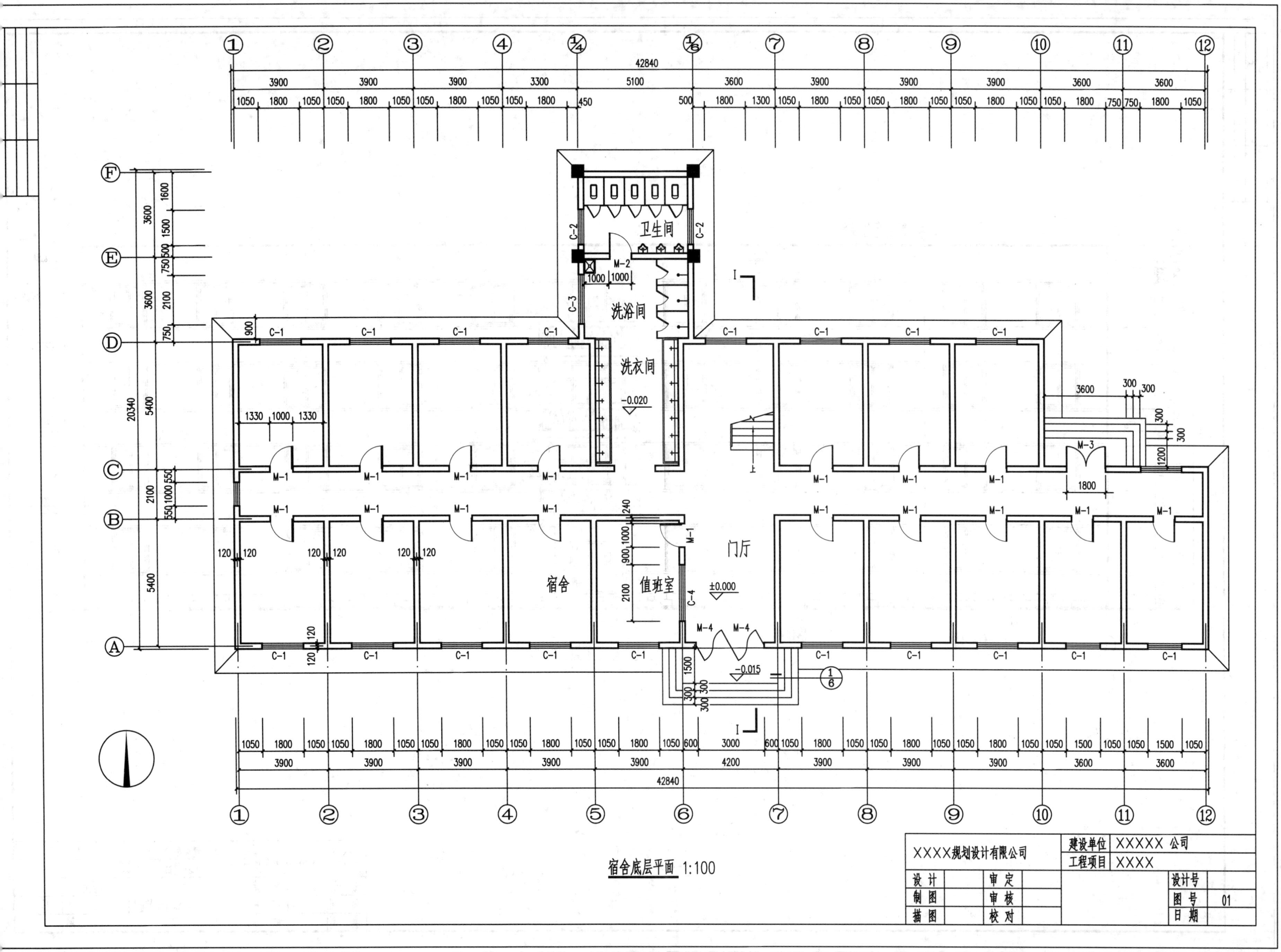

附图2.1　宿舍楼底层平面图

宿舍底层平面 1:100

宿舍

值班室

门厅

洗衣间

洗浴间

卫生间

±0.000

−0.020

−0.015

42840

20340

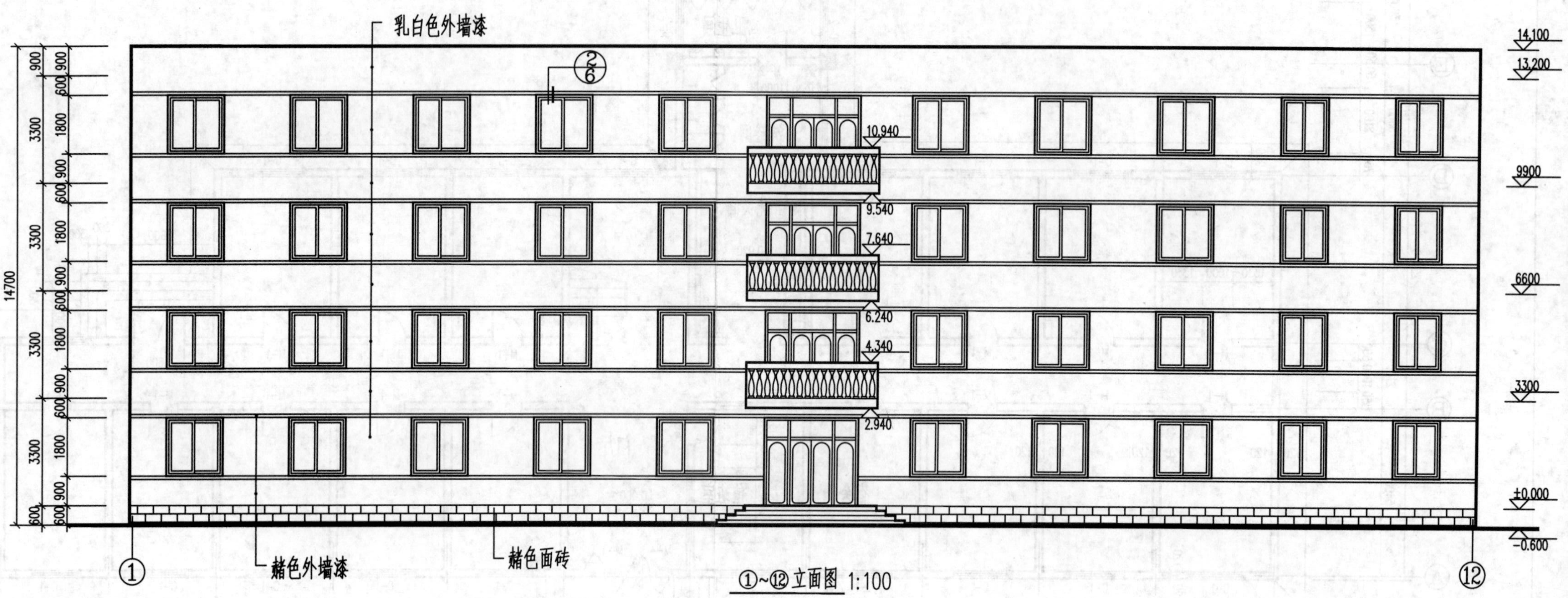

附图2.2 ①～⑫立面图

①～⑫立面图 1:100

乳白色外墙涂

赭色外墙涂

赭色外墙涂

赭色面砖

14700

600 | 3300 | 3300 | 3300 | 3300 | 900

600 900 | 1800 | 600 900 | 1800 | 600 900 | 1800 | 600 900 | 1800 | 600 900

2.940 4.340 6.240 7.640 9.540 10.940

-0.600
±0.000
3.300
6.600
9.900
13.200
14.100

XXXXX规划设计有限公司		建设单位	XXXXX公司			
设　计	审　定	工程项目	XXXX			
制　图	审　核	①～⑫立面图		设计号		
描　图	校　对			图　号	02	
				日　期		

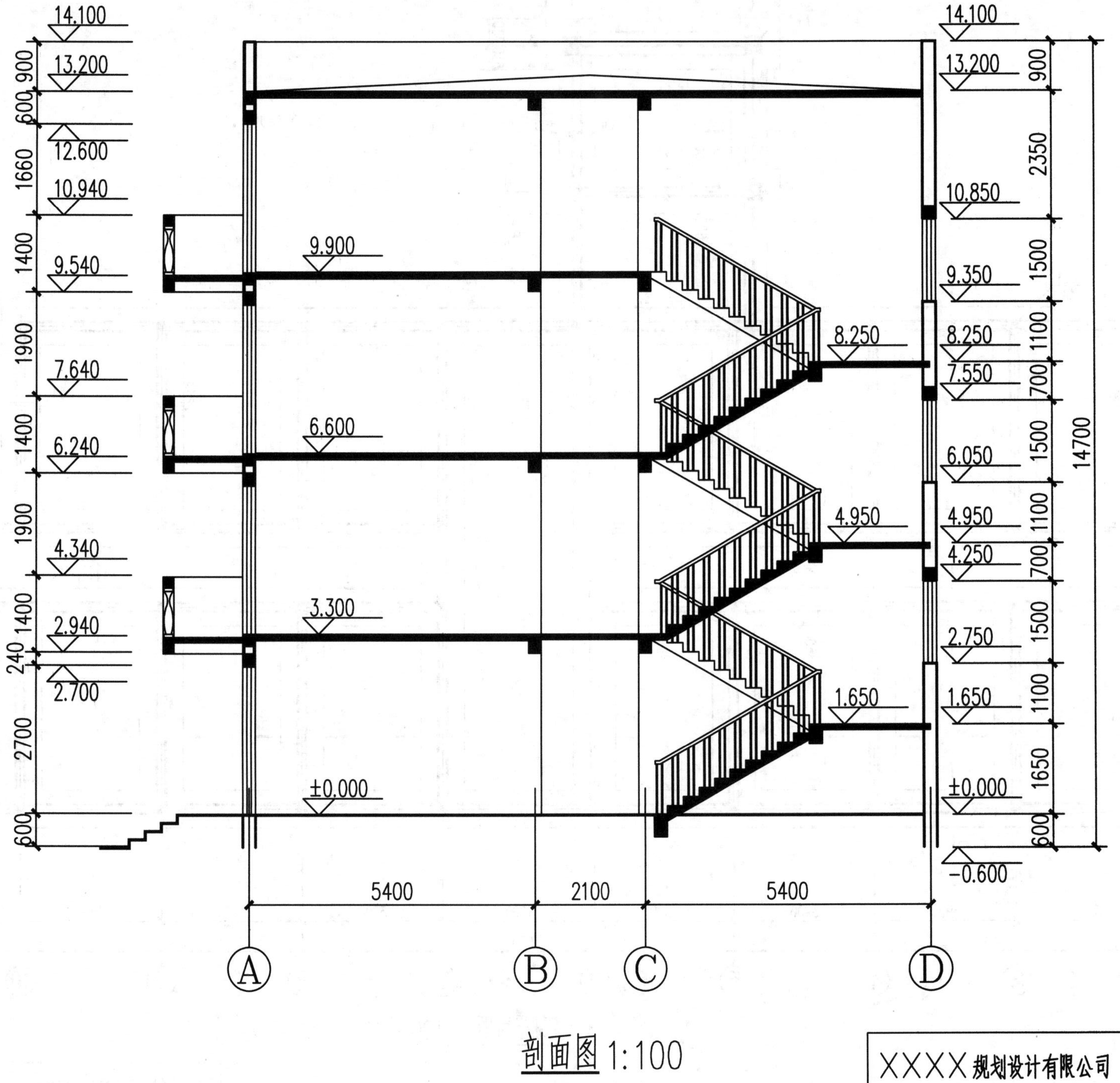

剖面图 1:100

附图2.3 剖面图

XXXX规划设计有限公司

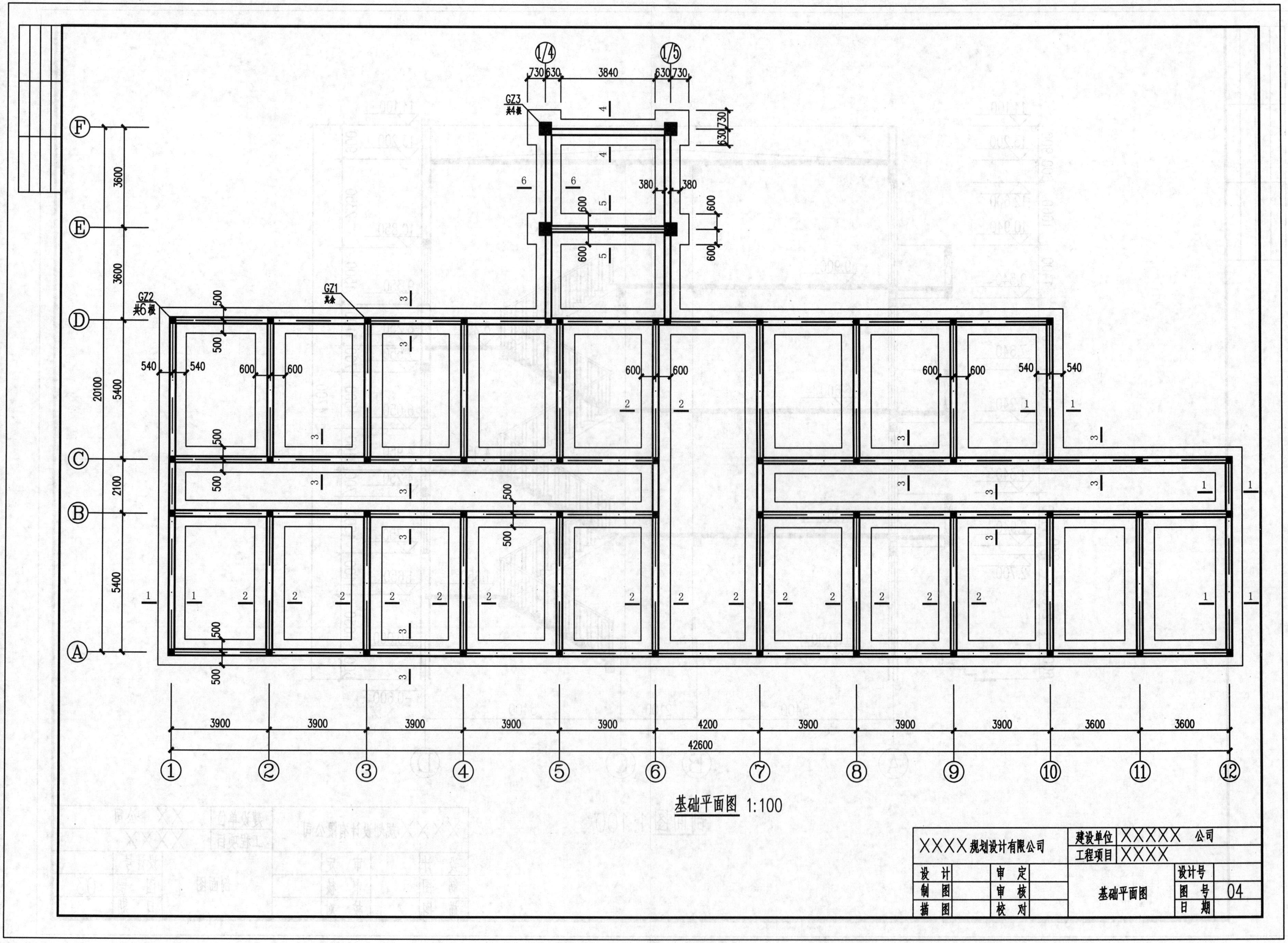

基础平面图 1:100

附图2.4 基础平面图

参 考 文 献

[1] 高志清. AutoCAD 2000建筑设计范例精粹[M]. 北京：中国水利水电出版社，2000.

[2] 陈通. AutoCAD 2000中文版入门与提高[M]. 北京：清华大学出版社，2000.

[3] 敖仕恒，等. AutoCAD 2006中文版建筑设计实例精讲[M]. 北京：人民邮电出版社，2006.

[4] 邵谦谦，等. AutoCAD 2006中文版建筑制图应用教程[M]. 北京：电子工业出版社，2005.

[5] 吴承霞，陈式浩. 建筑结构[M]. 北京：高等教育出版社，2006.

[6] 毛家华，莫章金. 建筑工程制图与识图[M]. 北京：高等教育出版社，2007.

[7] 郭慧. AutoCAD建筑制图教程[M]. 北京：北京大学出版社，2009.

北京大学出版社高职高专土建系列教材书目

序号	书　名	书　号	编著者	定价	出版时间	配套情况
		"互联网+"创新规划教材				
1	建筑工程概论	978-7-301-25934-4	申淑荣等	40.00	2015.8	PPT/二维码
2	建筑构造(第二版)	978-7-301-26480-5	肖 芳	42.00	2016.1	APP/PPT/二维码
3	建筑三维平法结构图集(第二版)	978-7-301-29049-1	傅华夏	68.00	2018.1	APP
4	建筑三维平法结构识图教程(第二版)	978-7-301-29121-4	傅华夏	68.00	2018.1	APP/PPT
5	建筑构造与识图	978-7-301-27838-3	孙 伟	40.00	2017.1	APP/二维码
6	建筑识图与构造	978-7-301-28876-4	林秋怡等	46.00	2017.11	PPT/二维码
7	建筑结构基础与识图	978-7-301-27215-2	周 晖	58.00	2016.9	APP/二维码
8	建筑工程制图与识图(第2版)	978-7-301-24408-1	白丽红等	34.00	2016.8	APP/二维码
9	建筑制图习题集(第二版)	978-7-301-30425-9	白丽红等	28.00	2019.5	APP/答案
10	建筑制图(第三版)	978-7-301-28411-7	高丽荣	38.00	2017.7	APP/PPT/二维码
11	建筑制图习题集(第三版)	978-7-301-27897-0	高丽荣	35.00	2017.7	APP
12	AutoCAD建筑制图教程(第三版)	978-7-301-29036-1	郭 慧	49.00	2018.4	PPT/素材/二维码
13	建筑装饰构造(第二版)	978-7-301-26572-7	赵志文等	39.50	2016.1	PPT/二维码
14	建筑工程施工技术(第三版)	978-7-301-27675-4	钟汉华等	66.00	2016.11	APP/二维码
15	建筑施工技术(第三版)	978-7-301-28575-6	陈雄辉	54.00	2018.1	PPT/二维码
16	建筑施工技术	978-7-301-28756-9	陆艳侠	58.00	2018.1	PPT/二维码
17	建筑施工技术	978-7-301-29854-1	徐 淳	59.50	2018.9	APP/PPT/二维码
18	高层建筑施工	978-7-301-28232-8	吴俊臣	65.00	2017.4	PPT/答案
19	建筑力学(第三版)	978-7-301-28600-5	刘明晖	55.00	2017.8	PPT/二维码
20	建筑力学与结构(少学时版)(第二版)	978-7-301-29022-4	吴承霞等	46.00	2017.12	PPT/答案
21	建筑力学与结构(第三版)	978-7-301-29209-9	吴承霞等	59.50	2018.5	APP/PPT/二维码
22	工程地质与土力学 (第三版)	978-7-301-30230-9	杨仲元	50.00	2019.3	PPT/二维码
23	建筑施工机械(第二版)	978-7-301-28247-2	吴志强等	35.00	2017.5	PPT/答案
24	建筑设备基础知识与识图(第二版)	978-7-301-24586-6	靳慧征等	47.00	2016.8	二维码
25	建筑供配电与照明工程	978-7-301-29227-3	羊 梅	38.00	2018.2	PPT/答案/二维码
26	建筑工程测量(第二版)	978-7-301-28296-0	石 东等	51.00	2017.5	PPT/二维码
27	建筑工程测量(第三版)	978-7-301-29113-9	张敬伟等	49.00	2018.1	PPT/答案/二维码
28	建筑工程测量实验与实训指导(第三版)	978-7-301-29112-2	张敬伟等	29.00	2018.1	答案/二维码
29	建筑工程资料管理(第二版)	978-7-301-29210-5	孙 刚等	47.00	2018.3	PPT/二维码
30	建筑工程质量与安全管理(第二版)	978-7-301-27219-0	郑 伟	55.00	2016.8	PPT/二维码
31	建筑工程质量事故分析(第三版)	978-7-301-29305-8	郑文新等	39.00	2018.8	PPT/二维码
32	建设工程监理概论 (第三版)	978-7-301-28832-0	徐锡权等	44.00	2018.2	PPT/答案/二维码
33	工程建设监理案例分析教程(第二版)	978-7-301-27864-2	刘志麟等	50.00	2017.1	PPT/二维码
34	工程项目招投标与合同管理(第三版)	978-7-301-28439-1	周艳冬	44.00	2017.7	PPT/二维码
35	建设工程招投标与合同管理(第四版)	978-7-301-29827-5	宋春岩	42.00	2018.9	PPT/答案/试题/教案
36	工程项目招投标与合同管理(第三版)	978-7-301-29692-9	李洪军等	47.00	2018.8	PPT/二维码
37	建设工程项目管理 (第三版)	978-7-301-30314-6	王 辉	40.00	2018.8	PPT/二维码
38	建设工程法规(第三版)	978-7-301-29221-1	皇甫婧琪	44.00	2018.4	PPT/二维码
39	建筑工程经济(第三版)	978-7-301-28723-1	张宁宁等	36.00	2017.9	PPT/答案/二维码
40	建筑施工企业会计 (第三版)	978-7-301-30273-6	辛艳红	44.00	2019.3	PPT/二维码
41	建筑工程施工组织设计(第二版)	978-7-301-29103-0	鄢维峰等	37.00	2018.1	PPT/答案/二维码
42	建筑工程施工组织实训(第二版)	978-7-301-30176-0	鄢维峰等	41.00	2019.1	PPT/二维码
43	建筑施工组织设计	978-7-301-30236-1	徐运明等	43.00	2019.1	PPT/二维码
44	建筑工程计量与计价——透过案例学造价(第二版)	978-7-301-23852-3	张 强	59.00	2017.1	PPT/二维码
45	建筑工程计量与计价	978-7-301-27866-6	吴育萍等	49.00	2017.1	PPT/二维码
46	建筑工程计量与计价(第三版)	978-7-301-25344-1	肖明和等	65.00	2017.1	APP/二维码
47	安装工程计量与计价(第四版)	978-7-301-16737-3	冯 钢	59.00	2018.1	PPT/答案/二维码
48	建筑工程材料	978-7-301-28982-2	向积波等	42.00	2018.1	PPT/二维码
49	建筑材料与检测(第二版)	978-7-301-25347-2	梅 杨等	35.00	2015.2	PPT/答案/二维码
50	建筑材料与检测	978-7-301-28809-2	陈玉萍	44.00	2017.11	PPT/二维码
51	建筑材料与检测实验指导 (第二版)	978-7-301-30269-9	王美芬等	24.00	2019.3	二维码
52	市政工程概论	978-7-301-28260-1	郭 福等	46.00	2017.5	PPT/二维码
53	市政工程计量与计价(第三版)	978-7-301-27983-0	郭良娟等	59.00	2017.2	PPT/二维码

序号	书 名	书 号	编著者	定价	出版时间	配套情况
54	✎市政管道工程施工	978-7-301-26629-8	雷彩虹	46.00	2016.5	PPT/二维码
55	✎市政道路工程施工	978-7-301-26632-8	张雪丽	49.00	2016.5	PPT/二维码
56	✎市政工程材料检测	978-7-301-29572-2	李继伟等	44.00	2018.9	PPT/二维码
57	✎中外建筑史(第三版)	978-7-301-28689-0	袁新华等	42.00	2017.9	PPT/二维码
58	✎房地产投资分析	978-7-301-27529-0	刘永胜	47.00	2016.9	PPT/二维码
59	✎城乡规划原理与设计(原城市规划原理与设计)	978-7-301-27771-3	谭婧婧等	43.00	2017.1	PPT/素材/二维码
60	✎BIM 应用：Revit 建筑案例教程	978-7-301-29693-6	林标锋等	58.00	2018.9	APP/PPT/二维码/试题/教案
61	✎居住区规划设计（第二版）	978-7-301-30133-3	张 燕	59.00	2019.5	PPT/二维码
	"十二五"职业教育国家规划教材					
1	★建筑装饰施工技术(第二版)	978-7-301-24482-1	王 军	37.00	2014.7	PPT
2	★建筑工程应用文写作(第二版)	978-7-301-24480-7	赵 立等	50.00	2014.8	PPT
3	★建筑工程经济(第二版)	978-7-301-24492-0	胡六星等	41.00	2014.9	PPT/答案
4	★工程造价概论	978-7-301-24696-2	周艳冬	31.00	2015.1	PPT/答案
5	★建设工程监理(第二版)	978-7-301-24490-6	斯 庆	35.00	2015.1	PPT/答案
6	★建筑节能工程与施工	978-7-301-24274-2	吴明军等	35.00	2015.5	PPT
7	★土木工程实用力学(第二版)	978-7-301-24681-8	马景善	47.00	2015.7	PPT
8	★建筑工程计量与计价(第三版)	978-7-301-25344-1	肖明和等	65.00	2017.1	APP/二维码
9	★建筑工程计量与计价实训(第三版)	978-7-301-25345-8	肖明和等	29.00	2015.7	
	基 础 课 程					
1	建设法规及相关知识	978-7-301-22748-0	唐茂华等	34.00	2013.9	PPT
2	建筑工程法规实务(第二版)	978-7-301-26188-0	杨陈慧等	49.50	2017.6	PPT
3	建筑法规	978-7301-19371-6	董 伟等	39.00	2011.9	PPT
4	建设工程法规	978-7-301-20912-7	王先恕	32.00	2012.7	PPT
5	AutoCAD 建筑绘图教程(第二版)	978-7-301-24540-8	唐英敏等	44.00	2014.7	PPT
6	建筑 CAD 项目教程(2010 版)	978-7-301-20979-0	郭 慧	38.00	2012.9	素材
7	建筑工程专业英语(第二版)	978-7-301-26597-0	吴承霞	24.00	2016.2	PPT
8	建筑工程专业英语	978-7-301-20003-2	韩 薇等	24.00	2012.2	PPT
9	建筑识图与构造(第二版)	978-7-301-23774-8	郑贵超	40.00	2014.2	PPT/答案
10	房屋建筑构造	978-7-301-19883-4	李少红	26.00	2012.1	PPT
11	建筑识图	978-7-301-21893-8	邓志勇等	35.00	2013.1	PPT
12	建筑识图与房屋构造	978-7-301-22860-9	贠 禄等	54.00	2013.9	PPT/答案
13	建筑构造与设计	978-7-301-23506-5	陈玉萍	38.00	2014.1	PPT/答案
14	房屋建筑构造	978-7-301-23588-1	李元玲等	45.00	2014.1	PPT
15	房屋建筑构造习题集	978-7-301-26005-0	李元玲	26.00	2015.8	PPT/答案
16	建筑构造与施工图识读	978-7-301-24470-8	南学平	52.00	2014.8	PPT
17	建筑工程识图实训教程	978-7-301-26057-9	孙 伟	32.00	2015.12	PPT
18	◎建筑工程制图(第二版)(附习题册)	978-7-301-21120-5	肖明和	48.00	2012.8	PPT
19	建筑制图与识图(第二版)	978-7-301-24386-2	曹雪梅	38.00	2015.8	PPT
20	建筑制图与识图习题册	978-7-301-18652-7	曹雪梅等	30.00	2011.4	
21	建筑制图与识图(第二版)	978-7-301-25834-7	李元玲	32.00	2016.9	PPT
22	建筑制图与识图习题集	978-7-301-20425-2	李元玲	24.00	2012.3	PPT
23	新编建筑工程制图	978-7-301-21140-3	方筱松	30.00	2012.8	PPT
24	新编建筑工程制图习题集	978-7-301-16834-9	方筱松	22.00	2012.8	
	建 筑 施 工 类					
1	建筑工程测量	978-7-301-16727-4	赵景利	30.00	2010.2	PPT/答案
2	建筑工程测量实训(第二版)	978-7-301-24833-1	杨凤华	34.00	2015.3	答案
3	建筑工程测量	978-7-301-19992-3	潘益民	38.00	2012.2	PPT
4	建筑工程测量	978-7-301-28757-6	赵 昕	50.00	2018.1	PPT/二维码
5	建筑工程测量	978-7-301-22485-4	景 铎等	34.00	2013.6	PPT
6	建筑施工技术	978-7-301-16726-7	叶 雯等	44.00	2010.8	PPT/素材
7	建筑施工技术	978-7-301-19997-8	苏小梅	38.00	2012.1	PPT
8	基础工程施工	978-7-301-20917-2	董 伟等	35.00	2012.7	PPT
9	建筑施工技术实训(第二版)	978-7-301-24368-8	周晓龙	30.00	2014.7	
10	PKPM 软件的应用(第二版)	978-7-301-22625-4	王 娜等	34.00	2013.6	
11	◎建筑结构(第二版)(上册)	978-7-301-21106-9	徐锡权	41.00	2013.4	PPT/答案
12	◎建筑结构(第二版)(下册)	978-7-301-22584-4	徐锡权	42.00	2013.6	PPT/答案

序号	书 名	书 号	编著者	定价	出版时间	配套情况
13	建筑结构学习指导与技能训练(上册)	978-7-301-25929-0	徐锡权	28.00	2015.8	PPT
14	建筑结构学习指导与技能训练(下册)	978-7-301-25933-7	徐锡权	28.00	2015.8	PPT
15	建筑结构(第二版)	978-7-301-25832-3	唐春平等	48.00	2018.6	PPT
16	建筑结构基础	978-7-301-21125-0	王中发	36.00	2012.8	PPT
17	建筑结构原理及应用	978-7-301-18732-6	史美东	45.00	2012.8	PPT
18	建筑结构与识图	978-7-301-26935-0	相秉志	37.00	2016.2	
19	建筑力学与结构	978-7-301-20988-2	陈水广	32.00	2012.8	PPT
20	建筑力学与结构	978-7-301-23348-1	杨丽君等	44.00	2014.1	PPT
21	建筑结构与施工图	978-7-301-22188-4	朱希文等	35.00	2013.3	PPT
22	建筑材料(第二版)	978-7-301-24633-7	林祖宏	35.00	2014.8	PPT
23	建筑材料与检测(第二版)	978-7-301-26550-5	王 辉	40.00	2016.1	PPT
24	建筑材料与检测试验指导(第二版)	978-7-301-28471-1	王 辉	23.00	2017.7	PPT
25	建筑材料选择与应用	978-7-301-21948-5	申淑荣等	39.00	2013.3	PPT
26	建筑材料检测实训	978-7-301-22317-8	申淑荣等	24.00	2013.4	
27	建筑材料	978-7-301-24208-7	任晓菲	40.00	2014.7	PPT/答案
28	建筑材料检测试验指导	978-7-301-24782-2	陈东佐等	20.00	2014.9	PPT
29	◎地基与基础(第二版)	978-7-301-23304-7	肖明和等	42.00	2013.11	PPT/答案
30	地基与基础实训	978-7-301-23174-6	肖明和等	25.00	2013.10	PPT
31	土力学与地基基础	978-7-301-23675-8	叶火炎等	35.00	2014.1	PPT
32	土力学与基础工程	978-7-301-23590-4	宁培淋等	32.00	2014.1	PPT
33	土力学与地基基础	978-7-301-25525-4	陈东佐	45.00	2015.2	PPT/答案
34	建筑施工组织与进度控制	978-7-301-21223-3	张廷瑞	36.00	2012.9	PPT
35	建筑施工组织项目式教程	978-7-301-19901-5	杨红玉	44.00	2012.1	PPT/答案
36	钢筋混凝土工程施工与组织	978-7-301-19587-1	高 雁	32.00	2012.5	PPT
37	建筑施工工艺	978-7-301-24687-0	李源清等	49.50	2015.1	PPT/答案
	工 程 管 理 类					
1	建筑工程经济	978-7-301-24346-6	刘晓丽等	38.00	2014.7	PPT/答案
2	建筑工程项目管理(第二版)	978-7-301-26944-2	范红岩等	42.00	2016.3	PPT
3	建设工程项目管理(第二版)	978-7-301-28235-9	冯松山等	45.00	2017.6	PPT
4	建筑施工组织与管理(第二版)	978-7-301-22149-5	翟丽旻等	43.00	2013.4	PPT/答案
5	建设工程合同管理	978-7-301-22612-4	刘庭江	46.00	2013.6	PPT/答案
6	建筑工程招投标与合同管理	978-7-301-16802-8	程超胜	30.00	2012.9	PPT
7	工程招投标与合同管理实务	978-7-301-19035-7	杨甲奇等	48.00	2011.8	ppt
8	工程招投标与合同管理实务	978-7-301-19290-0	郑文新等	43.00	2011.8	ppt
9	建设工程招投标与合同管理实务	978-7-301-20404-7	杨云会等	42.00	2012.4	PPT/答案/习题
10	工程招投标与合同管理	978-7-301-17455-5	文新平	37.00	2012.9	PPT
11	建筑工程安全管理(第2版)	978-7-301-25480-6	宋 健等	42.00	2015.8	PPT/答案
12	施工项目质量与安全管理	978-7-301-21275-2	钟汉华	45.00	2012.10	PPT/答案
13	工程造价控制(第2版)	978-7-301-24594-1	斯 庆	32.00	2014.8	PPT/答案
14	工程造价管理(第二版)	978-7-301-27050-9	徐锡权	44.00	2016.5	PPT
15	建筑工程造价管理	978-7-301-20360-6	柴 琦等	27.00	2012.3	PPT
16	工程造价管理(第2版)	978-7-301-28269-4	曾 浩等	38.00	2017.5	PPT/答案
17	工程造价案例分析	978-7-301-22985-9	甄 凤	30.00	2013.8	PPT
18	建设工程造价控制与管理	978-7-301-24273-5	胡芳珍等	38.00	2014.6	PPT/答案
19	◎建筑工程造价	978-7-301-21892-1	孙咏梅	40.00	2013.2	PPT
20	建筑工程计量与计价	978-7-301-26570-3	杨建林	46.00	2016.1	PPT
21	建筑工程计量与计价综合实训	978-7-301-23568-3	龚小兰	28.00	2014.1	
22	建筑工程估价	978-7-301-22802-9	张 英	43.00	2013.8	PPT
23	安装工程计量与计价综合实训	978-7-301-23294-1	成春燕	49.00	2013.10	素材
24	建筑安装工程计量与计价	978-7-301-26004-3	景巧玲等	56.00	2016.1	PPT
25	建筑安装工程计量与计价实训(第二版)	978-7-301-25683-1	景巧玲等	36.00	2015.7	
26	建筑水电安装工程计量与计价(第二版)	978-7-301-26329-7	陈连姝	51.00	2016.1	PPT
27	建筑与装饰装修工程工程量清单(第二版)	978-7-301-25753-1	翟丽旻等	36.00	2015.5	PPT
28	建筑工程清单编制	978-7-301-19387-7	叶晓容	24.00	2011.8	PPT
29	建设项目评估(第二版)	978-7-301-28708-8	高志云等	38.00	2017.9	PPT
30	钢筋工程清单编制	978-7-301-20114-5	贾莲英	36.00	2012.2	PPT
31	建筑装饰工程预算(第二版)	978-7-301-25801-9	范菊雨	44.00	2015.7	PPT
32	建筑装饰工程计量与计价	978-7-301-20055-1	李茂英	42.00	2012.2	PPT

序号	书　名	书　号	编著者	定价	出版时间	配套情况
33	建筑工程安全技术与管理实务	978-7-301-21187-8	沈万岳	48.00	2012.9	PPT
		建筑设计类				
1	建筑装饰CAD项目教程	978-7-301-20950-9	郭　慧	35.00	2013.1	PPT/素材
2	建筑设计基础	978-7-301-25961-0	周圆圆	42.00	2015.7	
3	室内设计基础	978-7-301-15613-1	李书青	32.00	2009.8	PPT
4	建筑装饰材料(第二版)	978-7-301-22356-7	焦　涛等	34.00	2013.5	PPT
5	设计构成	978-7-301-15504-2	戴碧锋	30.00	2009.8	PPT
6	设计色彩	978-7-301-21211-0	龙黎黎	46.00	2012.9	PPT
7	设计素描	978-7-301-22391-8	司马金桃	29.00	2013.4	PPT
8	建筑素描表现与创意	978-7-301-15541-7	于修国	25.00	2009.8	
9	3ds Max效果图制作	978-7-301-22870-8	刘　晗等	45.00	2013.7	PPT
10	Photoshop效果图后期制作	978-7-301-16073-2	脱忠伟等	52.00	2011.1	素材
11	3ds Max & V-Ray建筑设计表现案例教程	978-7-301-25093-8	郑恩峰	40.00	2014.12	PPT
12	建筑表现技法	978-7-301-19216-0	张　峰	32.00	2011.8	PPT
13	装饰施工读图与识图	978-7-301-19991-6	杨丽君	33.00	2012.5	PPT
14	构成设计	978-7-301-24130-1	耿雪莉	49.00	2014.6	PPT
15	装饰材料与施工(第2版)	978-7-301-25049-5	宋志春	41.00	2015.6	PPT
		规划园林类				
1	居住区景观设计	978-7-301-20587-7	张群成	47.00	2012.5	PPT
2	园林植物识别与应用	978-7-301-17485-2	潘　利等	34.00	2012.9	PPT
3	园林工程施工组织管理	978-7-301-22364-2	潘　利等	35.00	2013.4	PPT
4	园林景观计算机辅助设计	978-7-301-24500-2	于化强等	48.00	2014.8	PPT
5	建筑·园林·装饰设计初步	978-7-301-24575-0	王金贵	38.00	2014.10	PPT
		房地产类				
1	房地产开发与经营(第2版)	978-7-301-23084-8	张建中等	33.00	2013.9	PPT/答案
2	房地产估价(第2版)	978-7-301-22945-3	张　勇等	35.00	2013.9	PPT/答案
3	房地产估价理论与实务	978-7-301-19327-3	褚菁晶	35.00	2011.8	PPT/答案
4	物业管理理论与实务	978-7-301-19354-9	裴艳慧	52.00	2011.9	PPT
5	房地产营销与策划	978-7-301-18731-9	应佐萍	42.00	2012.8	PPT
6	房地产投资分析与实务	978-7-301-24832-4	高志云	35.00	2014.9	PPT
7	物业管理实务	978-7-301-27163-6	胡大见	44.00	2016.6	
		市政与路桥				
1	市政工程施工图案例图集	978-7-301-24824-9	陈亿琳	43.00	2015.3	PDF
2	市政工程计价	978-7-301-22117-4	彭以舟等	39.00	2013.3	PPT
3	市政桥梁工程	978-7-301-16688-8	刘　江等	42.00	2010.8	PPT/素材
4	市政工程材料	978-7-301-22452-6	郑晓国	37.00	2013.5	PPT
5	路基路面工程	978-7-301-19299-3	偶昌宝等	34.00	2011.8	PPT/素材
6	道路工程技术	978-7-301-19363-1	刘　雨等	33.00	2011.12	PPT
7	城市道路设计与施工	978-7-301-21947-8	吴颖峰	39.00	2013.1	PPT
8	建筑给排水工程技术	978-7-301-25224-6	刘　芳等	46.00	2014.12	PPT
9	建筑给水排水工程	978-7-301-20047-6	叶巧云	38.00	2012.2	PPT
10	数字测图技术	978-7-301-22656-8	赵　红	36.00	2013.6	PPT
11	数字测图技术实训指导	978-7-301-22679-7	赵　红	27.00	2013.6	PPT
12	道路工程测量(含技能训练手册)	978-7-301-21967-6	田树涛等	45.00	2013.2	PPT
13	道路工程识图与AutoCAD	978-7-301-26210-8	王容玲等	35.00	2016.1	PPT
		交通运输类				
1	桥梁施工与维护	978-7-301-23834-9	梁　斌	50.00	2014.2	PPT
2	铁路轨道施工与维护	978-7-301-23524-9	梁　斌	36.00	2014.1	PPT
3	铁路轨道构造	978-7-301-23153-1	梁　斌	32.00	2013.10	PPT
4	城市公共交通运营管理	978-7-301-24108-0	张洪满	40.00	2014.5	PPT
5	城市轨道交通车站行车工作	978-7-301-24210-0	操　杰	31.00	2014.7	PPT
6	公路运输计划与调度实训教程	978-7-301-24503-3	高福军	31.00	2014.7	PPT/答案
		建筑设备类				
1	建筑设备识图与施工工艺(第2版)	978-7-301-25254-3	周业梅	44.00	2015.12	PPT
2	水泵与水泵站技术	978-7-301-22510-3	刘振华	40.00	2013.5	PPT
3	智能建筑环境设备自动化	978-7-301-21090-1	余志强	40.00	2012.8	PPT
4	流体力学及泵与风机	978-7-301-25279-6	王　宁等	35.00	2015.1	PPT/答案

注：✍为"互联网+"创新规划教材；★为"十二五"职业教育国家规划教材；◎为国家级、省级精品课程配套教材，省重点教材。如需相关教学资源如电子课件、习题答案、样书等可联系我们获取。联系方式：010-62756290，010-62750667，pup_6@163.com，欢迎来电咨询。